高 等 职 业 教 育 教 材

环境监测

谢国莉　主编

曹奇光　李艳波　副主编

化学工业出版社

·北 京·

内容简介

本书介绍了环境监测的基础知识和操作技术，内容主要包括环境监测基础、水和废水监测、环境空气监测、固体废物监测、土壤质量监测、环境污染生物监测、物理性污染监测等七部分内容。将理论知识与实验内容相结合，突出专业素质和职业能力的培养，以二维码链接了微课，方便随时扫码学习。每部分都有相应的拓展阅读材料，可以帮助了解行业新规范、新技术。每部分有相应的课后练习，便于复习和巩固所学内容。

本书为高等职业教育环境保护类专业教材，同时也可以作为环境保护相关企事业单位的培训教材，以及环境专业“1+X”职业技能等级证书培训参考用书。

图书在版编目（CIP）数据

环境监测／谢国莉主编；曹奇光，李艳波副主编
. -- 北京：化学工业出版社，2022.11（2024.7 重印）
高等职业教育教材
ISBN 978-7-122-42254-5

Ⅰ. ①环… Ⅱ. ①谢… ②曹… ③李… Ⅲ. ①环境监测－高等职业教育－教材 Ⅳ. ①X83

中国版本图书馆 CIP 数据核字（2022）第 177184 号

责任编辑：王文峡　　文字编辑：王丽娜
责任校对：田睿涵　　装帧设计：韩　飞

出版发行：化学工业出版社（北京市东城区青年湖南街 13 号　邮政编码 100011）
印　　装：河北鑫兆源印刷有限公司
787mm×1092mm　1/16　印张 13¾　字数 339 千字　2024 年 7 月北京第 1 版第 3 次印刷

购书咨询：010-64518888　　售后服务：010-64518899
网　　址：http://www.cip.com.cn
凡购买本书，如有缺损质量问题，本社销售中心负责调换。

定　　价：**46.00 元**

前言

生态文明建设是一项宏伟的系统工程，而环境监测是推进生态文明建设的重要支撑。近年来，我国加速推进生态文明建设，环境监测也逐步实现从手工到自动、从粗放到精准、从分散封闭到集成联动、从现状监测到预测预警的全面深刻转变。环境监测是环境保护工作的基础，是环境立法、环境规划和环境决策的依据，也是环境管理的重要手段之一。环境监测的目的是获取环境中各项指标及污染状况，准确全面地反映环境质量现状并预测发展趋势，为环境规划、环境管理、环境评价以及环境污染控制提供科学依据。

本书以现行标准和技术规范为依据，以环境监测的基础知识和基本技术为主线，在环境监测内容中融入行业和企业新技术、新方法、新标准。本书紧密结合环境监测高技能人才的实际需求，系统介绍了环境监测基础、水和废水监测、环境空气监测、固体废物监测、土壤质量监测、环境污染生物监测、物理性污染监测等七部分内容。主要涵盖环境监测方案的制订、样品的采集保存和预处理、监测分析方法以及环境监测过程中的质量保证和质量控制，将理论知识与实验内容相结合，突出对学生专业素质和职业能力的培养。每节后编辑了一定量的题目，方便学生复习巩固所学知识点，帮助学生查漏补缺。每章编排了拓展阅读内容，包括行业新方法、新标准、新技术等内容，有助于提高学生学习兴趣，开拓学生思路，培养学生的创新思维。

本书以二维码链接了微课视频等资源，将纸质教材与数字资源充分融合，方便读者随时扫码学习，能够更好地满足线上和线下混合式教学需求。教材中融入课程思政内容，注重劳动教育，帮助学生树立正确的价值观。

本书由北京电子科技职业学院谢国莉、曹奇光、张晓辉、路鹏、明朗、李松，福建农业职业技术学院李艳波，上海出版印刷高等专科学校翟建，北京农学院夏孟婧，杨凌职业技术学院李青，天津渤海职业技术学院褚文伟，四川水利职业技术学院杜欢，亦庄环境科技集团有限公司石晔，哈希公司刁惠芳编写。本书由谢国莉担任主编，曹奇光、李艳波担任副主编。

由于编者水平有限，书中难免出现疏漏和欠妥之处，敬请广大读者予以批评指正。

编者

2022 年 4 月

目录

第1章　环境监测基础　1

第2章　水和废水监测　25

第3章 环境空气监测 87

第4章 固体废物监测 137

第5章 土壤质量监测 153

第6章 环境污染生物监测 173

二维码一览表

第1章 环境监测基础

【重点内容】

① 环境监测的概念及重要意义；
② 环境监测的基本流程；
③ 环境污染物的概念；
④ 环境标准的概念、分类，常见的环境标准；
⑤ 环境监测中数据应具备的五性；
⑥ 环境监测质量保证主要概念的区分。

【知识目标】

① 掌握环境监测的概念；
② 熟悉环境监测的基本流程；
③ 掌握环境标准的概念和分类；
④ 熟悉我国主要的环境标准；
⑤ 了解质量保证和质量控制的重要意义。

【能力目标】

① 会正确查找环境标准；
② 能正确选择实验室用水；
③ 能正确选择实验试剂；
④ 会正确清洗实验室常用的玻璃仪器。

【素质目标】

① 通过学习环境标准，树立实事求是的职业素养；
② 通过学习环境监测的发展，培养创新思维。

1.1 环境监测概述

1.1.1 环境污染及环境监测

1.1.1.1 环境监测概念

环境监测就是运用现代科学技术手段对代表环境污染和环境质量的各种环境要素（环境污染物）进行监视、监控和测定，从而科学评价环境质量及其变化趋势的操作过程。环境监测是环境保护、环境质量管理和评价的科学依据，是环境科学的一个重要组成部分。环境监测在对污染物监测的同时，已延伸为对生物、生态变化的大环境监测。环境监测机构按照规定的程序和有关的标准、法规，全方位、多角度连续地获得各种监测信息，实现信息的捕获、传递、解析、综合及控制。

1.1.1.2 环境监测的过程及方案

环境监测的过程一般为接受任务、现场调查和收集资料、监测方案设计、样品采集、样品运输和保存、样品的预处理、分析测试、数据处理、综合评价等。环境监测结果的科学、准确有赖于监测过程中每一细节的把握，以及监测前有目的、有计划、有组织的充分的准备工作，尤为重要的是在监测前制订切实可行的监测方案。环境监测主要由采样技术、测试技术、数据处理技术构成，在明确监测目的的前提下，监测方案由以下几方面组成：a. 采样方案，包括设计网点、采样时间、采样频率、采样方法、样品的运输、样品的储存、样品的预处理等；b. 分析测定方案，包括监测方法的选择、监测操作、制定质量保证体系等；c. 数据处理方案，包括数据处理方法、监测报告、综合评价等。环境监测的流程如图 1-1 所示。

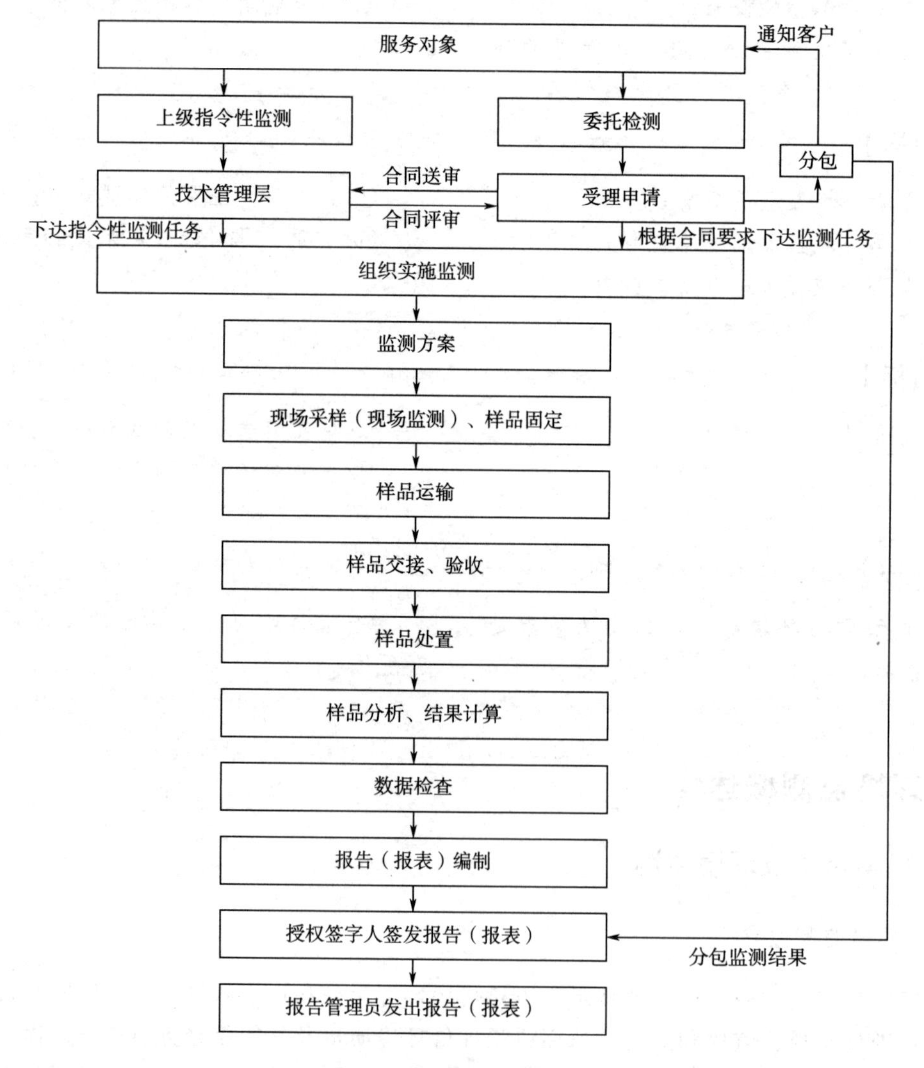

图 1-1 环境监测流程图

1.1.2　环境监测的分类

环境监测按照监测目的可以分为三类，即监视性监测、特定目的监测和研究性监测。若按照监测对象可以分为水和废水监测、环境空气和废气监测、噪声监测、土壤污染监测、固体废物监测、生物污染监测、放射性污染监测等。

1.1.2.1　按监测目的分类

（1）监视性监测　又叫常规监测或例行监测，是对各环境要素进行定期的、经常性的监测，是监测站第一位的主体工作，用以确定环境质量及污染状况、评价控制措施的效果、衡量环境标准实施情况、积累监测数据，一般包括环境质量和污染源的监督监测。中国已形成了各级监视性监测网站。

（2）特定目的监测　又叫特例监测或应急监测，按目的不同又可分为以下几种。

① 污染事故监测。污染事故发生时，及时进行现场追踪监测，确定污染程度、危害范围和大小、污染物种类、扩散方向和速度，查找污染发生的原因，为控制污染提供科学依据。

② 纠纷仲裁监测。主要解决污染事故纠纷，执行环境法规过程中产生矛盾进行裁定。纠纷仲裁监测由国家指定的权威监测部门进行，以提供具有法律效力的数据作为仲裁凭据。

③ 考核验证监测。主要是为环境管理制度和措施实施考核，包括人员考核、方法验证、新建项目的环境考核评价、污染治理后的验收监测等。

④ 咨询服务监测。主要为环境管理、工程治理等部门提供服务，以满足社会各部门、科研机构和生产单位的需要。

（3）研究性监测　又叫科研监测，属于高层次、高水平、技术比较复杂的一种监测，通常由多个部门、多个学科协作共同完成。其任务是研究污染物自污染源排出后，其迁移变化的趋势和规律，以及污染物对人体和生物体的危害及影响程度，包括标法研制监测、污染规律研究监测、背景调查监测、综合研究监测等。

1.1.2.2　按监测对象分类

环境监测按监测对象主要可分为水和废水监测、环境空气和废气监测、噪声监测、土壤污染监测、固体废物监测、生物污染监测、放射性污染监测等。

（1）水和废水监测　是对环境水体（江、河、湖、库和地下水等）和水污染源（生活污水、医院污水和工业废水等）的监测。物理性质的监测项目有水温、色度、浊度、残渣、透明度、电导率、矿化度；金属化合物的监测项目有汞、镉、铅、铜、锌、铬；非金属无机物的监测项目有 pH、溶解氧、氰化物、氟化物、含氮化合物、硫化物、砷；有机化合物的监测项目有化学需氧量、高锰酸盐指数、生化需氧量、总有机碳和总需氧量、挥发酚、矿物油；生物监测项目有细菌总数、大肠菌群；水文、气象监测项目有流量、流速、水深、潮汐、风向、风速等；以及为了解污染的长期和综合效果对水下底质进行监测。

（2）环境空气和废气监测　是对大气污染物及大气污染源的监测。分子状态污染物监测项目有二氧化硫、二氧化碳、一氧化碳、臭氧、总烃、氟化物；粒子状态污染物监测项目有总悬浮颗粒物、可吸入颗粒物、自然降尘、总悬浮颗粒物中的主要成分；对大气降水进行常规监测以及大气污染生物监测；以及对影响污染物扩散的风向、风速、气温、气压、雨量、湿度等气象因素，太阳辐射，能见度等进行监测。

（3）噪声监测　随着现代工业和交通运输业的发展，噪声污染日趋严重，影响人们的正常生活和身体健康，因此噪声监测和噪声控制备受关注。噪声监测主要是对城市区域环境噪声、城市交通噪声和工业企业噪声等的监测。

（4）土壤污染监测　土壤污染的主要来源是工业废物（污水、废渣）、农药、牲畜排泄物、生物残体和大气沉降物等。污染物超过土壤自净能力后，使土壤生产能力下降，对地下水、地表水也造成污染。土壤污染监测主要是对土壤水分含量、有机农药、铜、铬、镉、铅的监测。

（5）固体废物监测　固体废物主要来源于人类的生产和消费活动，被弃用的固体、泥状物质及非液体等，其分类方法很多，其中对于环境影响最大的是工业有害固体废物和城市垃圾。固体废物监测主要是对有害物质的监测、有害特性的监测和生活垃圾的特性分析等。

（6）生物污染监测　生物从环境（大气、水体和土壤等）中吸取营养物质的同时，有害污染物也被吸入并累积于体内，使动植物被损害甚至死亡；通过食物链，也会影响人类健康。生物污染监测项目一般视具体情况而定，植物与土壤监测项目类似，水生生物与水体污染监测项目类似。

（7）放射性污染监测　随着科技进步和原子能工业的发展，以及人类对放射性物质的使用，环境中放射性物质含量增高，监视与防止放射性污染愈显重要。放射性污染监测主要是对环境物质中的各种放射线进行监测。

1.1.3　环境监测的发展

环境监测是环境科学的一个分支学科，随着环境污染、环境问题的日益突出及科学技术的进步而产生和发展起来，并逐步形成系统的、完整的环境监测体系。普遍认为它的发展经历了三个阶段。

（1）污染监测阶段或被动监测阶段　随着工业的发展，工业发达国家相继发生了震惊世界的公害事件，而这些都是化学污染物的作用结果，为确定化学污染物的组成、含量，环境分析应运而生。环境分析以间歇采样、现场或实验室分析为主要工作方式，对象是水、空气、土壤、生物环境要素中的各种化学污染物。因此，环境分析是分析化学的发展，也是环境监测的一部分。

（2）环境监测阶段或主动监测、目的监测阶段　由于环境体系相当复杂，污染要素众多，除化学因素外，还有物理因素（如噪声、振动、电磁波、放射性、热污染等）、生物因素（如生物量测定、细菌鉴定和计数等）等，环境质量是诸多因素共同作用的结果。监测也由点到面，而且扩展到一定空间范围（区域、甚至全球）；在时间上也由间歇到连续直至长期监测；在监测内容上对所有影响环境质量的要素进行分别监测，从而综合评价环境质量，此阶段为环境监测成熟阶段。

（3）污染防治监测阶段或自动监测阶段　尽管环境监测已能综合各环境因素来评价环境质量，但还不能及时地监视环境质量变化、预测变化趋势，更不能根据监测结果发布采取应急措施的指令。人们需要在极短的时间内观察到环境因素的变化，预测预报未来环境质量，当污染程度接近或超过环境标准时即可采取保护措施。基于此在环境监测中建立了自动连续监测系统，使用遥感遥测技术，监测仪器用计算机遥控并传送到中心控制室同时显示污染态势，真正实现了监测的实时性、连续性和完整性。

1.1.4　环境监测的目的和意义

环境监测是环境保护的“眼睛”，其最终目的是客观、全面、及时、准确地反映环境质量现状及发展变化趋势，为环境保护、环境管理、环境规划、污染源控制、环境评价提供科学依据。其具体的目的如下。

① 与环境质量标准比较，评价环境质量优劣。

② 根据掌握的污染物分布和浓度、污染速度和发展趋势以及影响程度，追踪污染源、确定控制和防治方法、评价保护措施的效果。

③ 根据长期积累的数据和资料，为研究环境容量、实施总量控制和目标管理、预测预报环境质量提供依据。

④ 为保护人类健康、合理使用自然资源、改善人类环境及制定和修改环境法规与环境质量标准等服务。

⑤ 为环境科学的研究提供基础数据。

1.1.5　环境监测的特点及原则

1.1.5.1　环境监测的特点

环境监测就其对象、手段、时间和空间的多变性，污染物繁杂和变异性而言，其特点如下。

(1) 生产性　环境监测具备生产过程的基本环节，类似于工业生产的模式，采用方法标准化和技术规范化的管理模式，数据就是环境监测的基本产品。

1-1 环境监测的概念、特点及分类

(2) 综合性　环境监测的对象包括大气、水、土壤、固体、生物等客体；环境监测手段包括化学的、物理的、生物的等多种方法；监测数据解析评价涉及自然和社会的诸多领域，所以具有很强的综合性。只有综合应用各种手段、综合分析各种客体、综合评价各种信息，才能准确地揭示监测信息的内涵，说明环境质量状况。

(3) 追踪性　要保证监测资料的准确性和可比性，就必须依靠可靠的量值传递体系进行资料追踪溯源，为此必须建立环境监测的质量保证体系。

(4) 持续性　环境污染物的特点决定了只有长期测定积累大量的数据，且监测结果的准确度越高，即只有在代表性的监测点位上持续监测，才能客观、准确地揭示环境质量及发展变化趋势。

(5) 执法性　环境监测不仅要及时、准确提供监测数据，还要根据监测结果和综合分析、评价结论，为主管部门提供决策建议，并授权对决策对象执行法规情况进行执法性监督控制。

1.1.5.2　环境监测的原则

环境监测应遵循优先监测的原则。对优先污染物进行的监测称为优先监测。优先污染物是指难以降解、在环境中有一定残留水平、出现频率较高、具有生物积累性、毒性较大以及现代已有检出方法的化学品。

综上所述，优先监测原则就是对下列污染物实行优先监测。

① 对环境影响大的污染物。

② 已有可靠监测方法并获得准确数据的污染物。

③ 已有环境标准或其他依据的污染物。

④ 在环境中的含量已接近或超过规定标准浓度的污染物。

⑤ 环境样品有代表性的污染物。

1.1.5.3 环境监测的要求

环境监测是为环境保护、评价环境质量、制定环境管理和规划措施，为建立各项环境保护法规、法令、条例提供资料、信息依据。为确保监测结果准确可靠、正确判断并能科学地反映实际，环境监测要满足下述要求。

（1）代表性　主要是指取得具有代表性的能够反映总体真实状况的样品，因此样品必须按照有关规定的要求、方法采集。

（2）完整性　主要是指监测过程中的每一细节，尤其是监测的整体方案设计及实施，监测数据和相关信息要无一缺漏地按预期计划及时获取。

（3）可比性　主要是指在监测方法、环境条件、数据表达方式等相同的前提下，实验室之间对同一样品的监测结果相互可比，以及同一实验室对同一样品的监测结果应该达到相关项目之间的数据可比，相同项目没有特殊情况时，历年同期的数据也是可比的。

（4）准确性　主要指测定值与真实值的符合程度。

（5）精密性　主要指多次测定值有良好的重复性和再现性。

准确性和精密性是监测分析结果的固有属性，必须按照所用方法使之正确实现。

【思考与练习 1.1】

1. 什么是优先污染物？在环境监测中如何贯彻优先监测原则？
2. 环境监测的意义是什么？
3. 如何才能获得准确监测结果？
4. 环境监测的作用是什么？
5. 环境监测的步骤和方案是什么？
6. 环境监测的类型有哪些？

1.2 环境标准

1.2.1 环境标准的概念和作用

1.2.1.1 环境标准的概念

环境标准是关于控制污染、保护环境的各种标准的总称，是国家为了保护人民健康和社会财产安全、防治环境污染、促进生态良性循环，同时又合理利用资源、促进经济发展，而根据环保法和有关政策在综合分析自然环境特征、生物和人体的承受力、控制污染的经济能力、技术可行的基础上，对环境中污染物的允许含量及污染源排放的数量、浓度、时间、速率（限量阈值）和技术规范所作的规定。

1.2.1.2　环境标准的作用

① 环境标准是环保法规的重要组成部分和具体体现，其具有法律效力，是执法的依据。

② 环境标准是推动环境保护科学进步及清洁生产工艺的动力。

③ 环境标准是环境监测的基本依据。

④ 环境标准是环境保护规划目标的体现。

⑤ 环境标准具有环境投资导向作用。

⑥ 环境标准在提高全民环境意识，促进污染治理方面具有十分重要的作用。

1.2.1.3　环境标准制定原则

① 以国家的环境保护政策、法规为依据，以保护人体健康和改善环境质量为目标，促进环境效益、经济效益、社会效益的统一。

② 环境标准既要科学合理，又要便于实施，同时还要兼顾技术经济条件。

③ 环境标准应便于实施与监督，并不断修改、补充，逐步充实、完善。

④ 各类环境标准、规范之间应协调配套。

⑤ 积极采用和等效采用适合中国国情的国标标准。

1.2.2　环境标准的分类和分级

中国环境标准分为：国家环境保护标准、地方环境保护标准和国家环境保护行业标准，其体系构成见图 1-2。

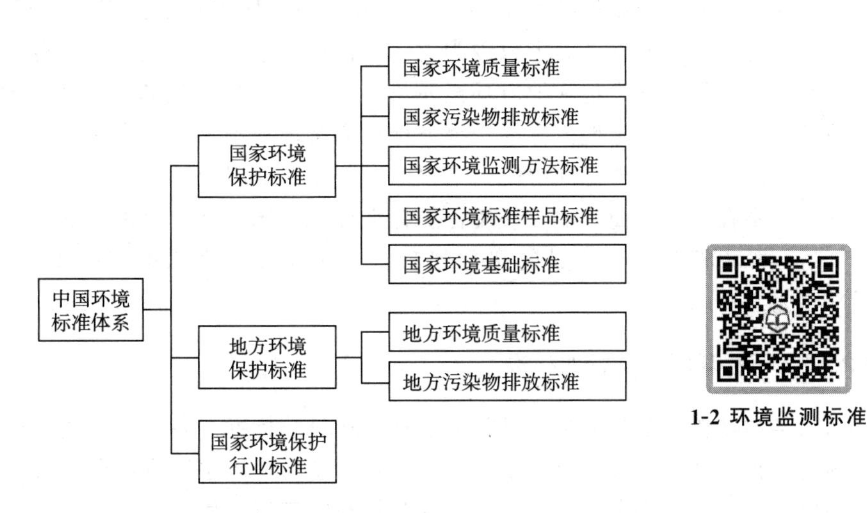

图 1-2　中国环境标准体系构成

1.2.2.1　国家环境保护标准

国家环境保护标准包括：国家环境质量标准、国家污染物排放标准、国家环境监测方法标准、国家环境标准样品标准和国家环境基础标准等五类。

（1）国家环境质量标准　是为了保障人类健康、维护生态环境和保护社会物质财富，并留有一定安全余量，而对环境中有害物质和因素所作的限制性规定。它是衡量环境质量的依据、环保政策的目标、环境管理的依据，也是制定污染物控制标准的基础。

（2）国家污染物排放标准　根据国家环境质量标准，以及采用的污染控制技术，并考虑经济承受能力，对排入环境的有害物质和产生污染的各种因素所作的限制性规定，一般也称为污染物控制标准。

（3）国家环境监测方法标准　为监测环境质量和污染物排放，规范采样、样品处理、分析测试、数据处理等所作的统一规定。包括对分析方法、测定方法、采样方法、实验方法、检验方法等所作的统一规定，环境中最常见的是对分析方法、测定方法和采样方法的规定。

（4）国家环境标准样品标准　为保证环境监测数据的准确、可靠，对用于量值传递或质量控制的材料、实物样品研制标准样品。标准样品在环境管理中起着甄别的作用：可用来评价分析仪器，鉴别其灵敏度；验证分析方法；评价分析者的技术，使操作技术规范化。

（5）国家环境基础标准　对环境标准工作中，需要统一的技术性术语、符号、代号（代码）、图形、量纲、单位以及信息编码等所作的统一规定，称为国家环境基础标准。

除上述环境标准外，在环境保护工作中，对还需要统一的技术要求也制定了一些标准，包括：执行的各项环境管理制度、检测技术、环境区划和规划的技术要求、规范、导则等。例如，环境保护仪器、设备标准等，它是为了保证污染治理设备的效率和环境监测数据的可靠性和可比性，而对环境保护仪器、设备的技术要求所作的规定。

1.2.2.2　地方环境保护标准

我国幅员辽阔，自然条件、环境基本状况、经济基础、产业分布、主要污染因子差异较大，有时一项标准很难覆盖和适应全国。地方环境保护标准是对国家环境标准的补充和完善。但应注意，地方标准制定权限为省、自治区、直辖市人民政府所有。

地方环境保护标准包括地方环境质量标准和地方污染物排放标准。环境标准样品标准、环境基础标准等不制定地方标准；地方标准通常增加国家标准中未作规定的污染物项目，或制定“严于”国家排放标准中的污染物浓度限值。所以，国家环境保护标准与地方环境保护标准的关系在执行方面，地方环境保护标准优先于国家环境保护标准。

近年来为控制环境质量的恶化趋势，一些地方已将总量控制指标纳入地方环境保护标准。

1.2.2.3　国家环境保护行业标准

污染物排放标准分为综合排放标准和行业排放标准。各类行业的生产特点不同，排放污染物的种类、强度、方式差别很大，例如，冶金行业废水以重金属污染物为主，有机化工厂废水以有机污染物为主。行业排放标准是针对特定行业生产工艺、产污和排污状况、污染控制技术评估、污染控制成本分析，并参考国外排放法规和典型污染源达标案例等综合情况制定的污染排放控制标准；而综合排放标准适用于没有行业排放标准的所有领域。显然，行业排放标准是根据行业的污染情况制定的，它更具有可操作性。根据技术、人力和经济可能性，应该逐步、大幅度增加行业排放标准，逐步缩小综合排放标准的适用面。

随着我国各类标准的不断建立、补充和完善，可能出现地方排放标准、行业排放标准等各类标准内容交叉、重叠等现象，执行的依据是“从严”。

1.2.3　环境标准简介

国家环境标准代码介绍如下：GB——国家标准；GB/T——国家推荐标准；GB/Z——国家指导性技术文件；GHZB——国家环境质量标准；GWPB——国家污染物排放标准；GWKB——国家污染物控制标准；HJ——中华人民共和国生态环境部标准；HJ/T——中华人民共和国生态环境部推荐标准。

1.2.3.1　水质标准

水是人类重要资源及一切生物生存的基本物质之一，水质污染是环境污染中最主要的污染之一。目前我国已经颁布的水质标准主要有以下几种。水环境质量标准：《地表水环境质量标准》（GB 3838—2002）、《海水水质标准》（GB 3097—1997）、《渔业水质标准》（GB 11607—89）、《农田灌溉水质标准》（GB 5084—2021）。污染物排放标准：《污水综合排放标准》（GB 8978—1996）和一系列行业水污染物排放标准，例如，《合成氨工业水污染物排放标准》（GB 13458—2013）、《纺织染整工业水污染物排放标准》（GB 4287—2012）、《钢铁工业水污染物排放标准》（GB 13456—2012）等。我国也陆续颁布了一些综合规定某工业的生产过程中水污染物和大气污染物排放限值的行业排放标准，例如，《石油炼制工业污染物排放标准》（GB 31570—2015）、《无机化学工业污染物排放标准》（GB 31573—2015）、《炼焦化学工业污染物排放标准》（GB 16171—2012）等。

根据技术、经济及社会发展情况，标准通常几年修订一次。但每个标准的标准号通常是不变的，仅改变发布年份，新标准自然代替老标准。例如，GB 3838—2002 代替 GB 3838—1988。水环境质量标准和污染物排放标准一般都配套测定方法标准，便于执行。

（1）《地表水环境质量标准》（GB 3838—2002）　该标准适用于中华人民共和国领域内江河、湖泊、运河、渠道、水库等具有使用功能的地表水水域。具有特定功能的水域，执行相应的专业用水水质标准。其目的是保障人体健康、维护生态平衡、保护水资源、控制水污染以及改善地表水质量和促进生产。依据地表水水域环境功能和保护目标，按功能高低依次划分为五类：

Ⅰ类　主要适用于源头水、国家自然保护区；

Ⅱ类　主要适用于集中式生活饮用水地表水源地一级保护区、珍稀水生生物栖息地、鱼虾类产卵场、仔稚幼鱼的索饵场等；

Ⅲ类　主要适用于集中式生活饮用水地表水源地二级保护区、鱼虾类越冬场、洄游通道、水产养殖区等渔业水域及游泳区；

Ⅳ类　主要适用于一般工业用水区及人体非直接接触的娱乐用水区；

Ⅴ类　主要适用于农业用水区及一般景观要求水域。

对应地表水上述五类水域功能，将地表水环境质量标准基本项目标准值分为五类，不同功能类别分别执行相应类别的标准值。水域功能类别高的标准值严于水域功能类别低的标准值。同一水域兼有多类使用功能的，执行最高功能类别对应的标准值。

（2）《海水水质标准》（GB 3097—1997）　该标准适用于中华人民共和国管辖的海域。

按照海域的不同使用功能和保护目标，海水水质分为四类：

第一类　适用于海洋渔业水域、海上自然保护区和珍稀濒危海洋生物保护区；

第二类　适用于水产养殖区、海水浴场、人体直接接触海水的海上运动或娱乐区，以及与人类食用直接有关的工业用水区；

第三类　适用于一般工业用水区、滨海风景旅游区；

第四类　适用于海洋港口水域、海洋开发作业区。

(3)《污水综合排放标准》(GB 8978—1996)　污水综合排放标准是为了保证环境水体质量，对排放污水的一切企、事业单位所作的规定。这里可以是浓度控制，也可以是总量控制。前者执行方便，后者是基于受纳水体的功能和实际，得到允许总量，再予分配的方法，它更科学，但实际执行较困难。发达国家大多采用排污许可证和行业排放标准相结合的方法，这是以总量控制为基础的双重控制，排污许可证规定了在有效期内向指定受纳水体排放限定的污染物种类和数量，实际是以总量为基础；而行业排放标准则是根据各行业特点所制定的，符合生产实际。这种方法需要大量的基础研究作为前提。2016 年《国务院办公厅关于印发〈控制污染物排放许可制实施方案〉的通知》(国办发〔2016〕81 号)，明确了排污许可制度改革的顶层设计和总体思路。环境保护部（现为生态环境部）自 2017 年陆续颁布了钢铁工业、汽车制造业、水泥工业等重点行业的排污许可证申请与核发技术规范，将行业污染物排放浓度和总量控制相结合，落实相关措施和企业主体责任，逐步与国际接轨。

《污水综合排放标准》(GB 8978—1996) 适用于排放污水的一切企、事业单位，按地表水域使用功能要求和污水排放去向，分别执行一、二、三级标准。本标准将排放的污染物按其性质及控制方式分为两类。

第一类污染物，不分行业和污水排放方式，也不分受纳水体的功能类别，一律在车间或车间处理设施排放口采样，其最高允许排放浓度必须符合表 1-1 的规定。第一类污染物是指能在环境或动、植物体内积累，对人体健康产生长远不良影响的污染物。

表 1-1　第一类污染物最高允许排放浓度　　单位：mg/L

序号	污染物	最高允许排放浓度	序号	污染物	最高允许排放浓度
1	总汞	0.05	8	总镍	1.0
2	烷基汞	不得检出	9	苯并［a］芘	0.00003
3	总镉	0.1	10	总铍	0.005
4	总铬	1.5	11	总银	0.5
5	六价铬	0.5	12	总 α 放射性	1Bq/L
6	总砷	0.5	13	总 β 放射性	10Bq/L
7	总铅	1.0			

第二类污染物，指长远影响小于第一类的污染物。在排污单位的排放口采样，其最高允许排放浓度按国标规定执行。对第二类污染物 1997 年 12 月 31 日前和 1998 年 1 月 1 日后建设的单位分别执行不同标准值；同时有 29 个行业的行业标准纳入本标准（最高允许排水量、最高允许排放浓度）。

(4) 行业水污染物排放标准　依据相关法律法规，为保护环境和防治污染，同时促进各个行业的工艺和污染治理技术的进步和发展，针对各个行业生产过程中的特征污染物，制定各行业的水污染物排放标准。标准根据排污单位水污染物排放去向，分为直接排放和间接排放。直接向环境排放水污染物的行为为直接排放，向公共污水处理系统排放水污染物的行为为间接排放。根据时间节点和现有企业、新建企业的不同情况，规定水污染物排放浓度限值。若排污单位位于国土开发密度已经较高、环境承载能力开始减弱，或环境容量较小、生态环境脆弱，容易发生严重环境污染问题而需要采取特别保护措施的地区，即环境敏感区，标准中也规定了相应水污染物的特别排放浓度限值。若行业污染物涉及《污水综合排放标准》(GB 8978—1996) 中规定的 13 项第一类污染物，则同样要求其在车间或车间处理设施排放口采样。

1.2.3.2　空气和废气标准

我国已颁发的空气环境质量标准主要有：《环境空气质量标准》(GB 3095—2012)、《室内空气质量标准》(GB/T 18883—2002)、《乘用车内空气质量评价指南》(GB/T 27630—2011)。

污染物排放标准分为固定源污染物排放标准和移动源污染物排放标准。固定源污染物排放标准主要规定了各个行业生产过程中排放的大气污染物的浓度限值和排放量，如《锅炉大气污染物排放标准》(GB 13271—2014)、《水泥工业大气污染物排放标准》(GB 4915—2013)、《电子玻璃工业大气污染物排放标准》(GB 29495—2013)、《砖瓦工业大气污染物排放标准》(GB 29620　2013) 等。移动源污染物排放标准规定了交通工具排放的大气污染物的浓度限值和测量方法，如《轻型汽车污染物排放限值及测量方法（中国第六阶段）》(GB18352.6—2016)、《重型车用汽油发动机与汽车排气污染物排放限值及测量方法（中国Ⅲ、Ⅳ阶段）》(GB 14762—2008)、《船舶发动机排气污染物排放限值及测量方法（中国第一、二阶段）》(GB 15097—2016) 等。

《环境空气质量标准》(GB 3095—2012) 的制定目的是控制和改善空气质量，为人民生活和生产创造清洁适宜的环境，防止生态破坏，保护人民健康，促进经济发展。

环境空气功能区分为两类：一类区为自然保护区、风景名胜区和其他需要特殊保护的区域；二类区为居住区、商业交通居民混合区、文化区、工业区和农村地区。

标准的浓度限值分为两级，一类区适用一级浓度限值，二类区适用二级浓度限值。标准将环境空气污染物分为基本项目和其他项目两类，基本项目在全国范围内实施，其他项目由国务院环境保护行政主管部门或者省级人民政府根据实际情况，确定具体实施方式。一、二类环境空气功能区基本项目浓度限值见表 1-2 和其他项目浓度限值见表 1-3。

表 1-2　环境空气污染物基本项目浓度限值

序号	污染物项目	平均时间	浓度限值		单位
			一级	二级	
1	二氧化硫 (SO_2)	年平均	20	60	μg/m^3
		24h 平均	50	150	
		1h 平均	150	500	
2	二氧化氮 (NO_2)	年平均	40	40	
		24h 平均	80	80	
		1h 平均	200	200	

续表

序号	污染物项目	平均时间	浓度限值		单位
			一级	二级	
3	一氧化碳（CO）	24h平均	4	4	mg/m^3
		1h平均	10	10	
4	臭氧（O_3）	日最大8h平均	100	160	$\mu g/m^3$
		1h平均	160	200	
5	颗粒物（粒径≤10 μm）	年平均	40	70	
		24h平均	50	150	
6	颗粒物（粒径≤2.5 μm）	年平均	15	35	
		24h平均	35	75	

表1-3　环境空气污染物其他项目浓度限值

序号	污染物项目	平均时间	浓度限值		单位
			一级	二级	
1	总悬浮颗粒物（TSP）	年平均	80	200	$\mu g/m^3$
		24h平均	120	300	
2	氮氧化物（NO_x）	年平均	50	50	
		24h平均	100	100	
		1h平均	250	250	
3	铅（Pb）	年平均	0.5	0.5	
		季平均	1	1	
4	苯并[*a*]芘	年平均	0.001	0.001	
		24h平均	0.0025	0.0025	

1.2.3.3　土壤环境质量与固体废物控制标准

为防止农用污泥、建材和农用粉煤灰、农药、农用城镇垃圾及有色金属、建材工业固体废物等对土壤、农作物、地表水、地下水的污染，保障农牧渔业生产和人体健康，我国制定了有关土壤环境质量与固体废物控制标准。其中主要的标准有《土壤环境质量　农用地土壤污染风险管控标准（试行）》（GB 15618—2018）、《含多氯联苯废物污染控制标准》（GB 13015—2017）、《生活垃圾焚烧污染控制标准》（GB 18485—2014）等。

1.2.3.4　噪声标准

我国现行的国家标准为《声环境质量标准》（GB 3096—2008）和《社会生活环境噪声排放标准》（GB 22337—2008）两大标准。其中，《声环境质量标准》规定了五类声环境功能区的环境噪声限值及测量方法，适用于声环境质量评价与管理，但不适用于机场周围区域受飞机通过（起飞、降落、低空飞越）噪声的影响；《社会生活环境噪声排放标准》规定了营业性文化娱乐场所和商业经营活动中可能产生环境噪声污染的设备、设施边界噪声排放限值和测量方法，适用于其产生噪声的管理、评价和控制。

【思考与练习 1.2】

1. 国家环境保护标准包括 5 类：____。

2. 以下国家环境标准代码分别是指：GB____________；GB/T______________；GB/Z________________；GHZB________________；GWPB________________；GWKB______________；HJ______________；HJ/T______________。

3. 第一类污染物，不分行业和污水排放方式，也不分受纳水体的功能类别，一律在__________________________采样。

4.《地表水环境质量标准》(GB 3838—2002) 中依据地表水水域环境功能和保护目标，按功能高低依次划分为______类。

1.3 环境监测质量保证

1.3.1 质量保证的意义

环境监测工作的成果就是监测数据。然而，由于环境监测所面对的环境要素极为广泛，既有固态的土壤、废渣、废料，也有气态的空气和废气，还有液态的水和污水，更有物理的以及生物的诸多要素。可想而知，环境样品的成分往往是极为复杂的，随机变化明显、浓度范围宽，而且具有极强的时间和空间特性。同一个样品往往涉及一个较大的区域范围，又由于受人类生产和生活活动的影响，待测物的浓度也表现着时间分布上的变化。在许多情况下，对于同一个环境样品常常需要众多实验室按规定和计划，同时进行监测。如果没有一个科学的环境监测质量保证程序，由于人员的技术水平、仪器设备、地域等差异，难免出现调查资料互相矛盾、数据不能利用的现象，造成大量人力、物力和财力的浪费。错误的数据必然导致错误的判断和错误的决策，造成的后果将是十分严重的。因此，人们常说："错误的数据比没有数据更可怕。"为此，必须在环境监测的各个环节中开展质量保证工作，这是实现监测数据具有准确性、精密性和可比性的重要基础。只有取得合乎质量要求的监测结果，才能正确地指导人们认识环境、评价环境、管理环境和治理环境，这就是实施环境监测质量保证的根本意义。

1.3.2 质量保证和质量控制

1.3.2.1 质量保证

质量保证是一个比较大的概念，它是指对整个监测过程的全面质量管理或质量控制。因此，质量保证也就必然体现在环境监测过程的每一个工作环节中。这些工作通常是由许多人来分别完成的，其中任何一项工作的失误都可能导致最终结果的失败。因此，如何保证每一个步骤都准确无误，一旦出现错误又能及时发现并予以纠正，这是应当重视和考虑的问题。

质量保证的目的就在于确保分析数据达到预定的准确度和精密度。为达到这一目的的所应采取的措施和工作步骤都应当按事先规约执行，由此使整个监测工作处于受检状态。

质量保证的具体措施有：①根据需要和可能确定监测指标及数据的质量要求；②规定相应的分析监测系统。其内容包括采样，样品预处理、储存、运输、实验室供应，仪器设备、器皿的选择和校准，试剂、溶剂和基准物质的选用，统一监测方法，质量控制程序，数据的记录和整理，各类人员的要求和技术培训，实验室的清洁度和安全，以及编写有关的文件、指南和手册等。

1.3.2.2 质量控制

环境监测质量控制是环境监测质量保证的一个部分，它包括实验室内部质量控制和外部质量控制两个部分。实验室内部质量控制，是实验室自我控制质量的常规程序，它能反映分析质量稳定性变化，以便及时发现分析中异常情况，采取相应的校正措施。其内容包括空白试验、校准曲线核查、仪器设备的定期标定、平行样分析、加标样分析、密码样品分析和编制质量控制图等。外部质量控制通常是由上级监测站或环境管理部门委派有经验的人员对监测站的工作进行考核及评估，以便对数据质量进行对立评价，各实验室可以从中发现所存在的系统误差等问题，以便及时校正、提高监测质量。通常采用的方法是由检查人员下发考核样品（标准样品或密码样品），由检查的监测站进行分析，以此对实验室的工作进行评价。

1.3.3 质量保证体系构成

质量保证体系是对环境监测全过程进行全面质量管理的一个大的系统，其功能就是要使监测工作的各个环节和步骤都能充分体现并满足“代表性、完整性、可比性、准确性、精密性”的要求，从而保证监测数据的可靠性。

质量保证体系主要由布点系统、采样系统、运储系统、分析测试系统、数据处理系统和综合评价系统六个关键系统构成。这六个系统的内容及其控制要点见表 1-4。

表 1-4 质量保证体系及控制要点

质量保证体系	内容	控制要点
布点系统	(1) 监测目标系统的控制 (2) 监测点位和点数的优化控制	控制空间代表性及可比性
采样系统	(1) 采样次数和采样频率优化 (2) 采集工具方法的统一规范化	控制时间代表性及可比性
运储系统	(1) 样品的运输过程控制 (2) 样品固定保存控制	控制可靠性及代表性
分析测试系统	(1) 分析方法准确度、精密度、检测范围控制 (2) 分析人员素质及实验室间质量的控制	控制准确性、精密性、可靠性及可比性
数据处理系统	(1) 数据整理、处理及精度检验控制 (2) 数据分布、分类管理制度的控制	控制可靠性、可比性、完整性及科学性
综合评价系统	(1) 信息量的控制 (2) 成果表达控制 (3) 结论完整性、透彻性及对策控制	控制真实性、完整性、科学性及适用性

质量保证体系是环境监测管理的核心，是对监测工作全过程进行科学管理和监督的有力保障。质量保证体系是在长期的监测工作实践中从无数成功的经验和失败的教训中不断总结发展而形成的，它的实施为环境监测质量保证奠定了坚实的基础。

1.3.4　质量保证重要概念

1.3.4.1　监测数据的五性

从质量保证和质量控制的角度出发，为了使监测数据能够准确地反映环境质量的现状，预测污染的发展趋势，要求环境监测数据具有代表性、准确性、精密性、可比性和完整性。环境监测数据的“五性”反映了对监测工作的质量要求。

（1）代表性　是指在具有代表性的时间、地点，并按规定的采样要求采集有效样品。所采集的样品必须能反映环境总体的真实状况，监测数据能真实代表某污染物在环境中的存在状态和环境状况。

任何污染物在环境中的分布不可能是十分均匀的，因此要使监测数据如实反映环境质量现状和污染源的排放情况，必须充分考虑到所测污染物的时空分布。首先要优化布设采样点位，使所采集的环境样品具有代表性。

（2）准确性　指测定值与真实值的符合程度，监测数据的准确性受从试样的现场固定、保存、传输，到实验室分析等环节影响。一般以监测数据的准确度来表征。

准确度常用以度量一个特定分析程序所获得的分析结果（单次测定值或重复测定值的均值）与假定的或公认的真值之间的符合程度。一个分析方法或测量系统的准确度是反映该分析方法或该测量系统存在的系统误差或随机误差的综合指标，它决定着这个分析结果的可靠性。准确度用绝对误差或相对误差表示。

准确度的评价方法：可用测量标准样品或以标准样品做回收率测定的办法评价分析方法和测量系统的准确度。

① 标准样品分析。分析标准样品，由所得结果了解分析方法的准确度。

② 回收率测定。在样品中加入一定量标准物质测其回收率，这是目前实验室中常用的确定准确度的方法。从多次回收试验的结果中，还可以发现方法的系统误差。按式（1-1）计算回收率 P

$$\text{回收率}\ P=\frac{\text{加标试样测定值}-\text{试样测定值}}{\text{加标量}}\times 100\% \tag{1-1}$$

③ 不同方法的比较。通常认为，不同原理的分析方法具有相同不准确性的可能性极小，当对同一样品用不同原理的分析方法测定，并获得一致的测定结果时，可将其作为真值的最佳估计。

当用不同分析方法对同一样品进行重复测定时，若所得结果一致，或经统计检验表明其差异不显著时，则可认为这些方法都具有较好的准确度；若所得结果呈现显著性差异，则应以被公认的可靠方法为准。

（3）精密性　精密性和准确性是监测分析结果的固有属性，必须按照所用方法的特性使之正确实现。数据的准确性是指测定值与真值的符合程度，而其精密性则表现为测定值有无良好的重复性和再现性。

精密性以监测数据的精密度来表征，是使用特定的分析程序在受控条件下重复分析均一样品所得测定值之间的一致程度。它反映了分析方法或测量系统存在的随机误差的大小。测试结果的随机误差越小，测试的精密度越高。

精密度通常用极差、平均偏差和相对平均偏差、标准偏差和相对标准偏差表示。标准偏差在数理统计中属于无偏估计量因而常被采用。

为满足某些特殊需要，引用三个精密度的专用术语，分别是平行性、重复性和再现性。

平行性是指在同一实验室中，当分析人员、分析设备和分析时间都相同时，用同一分析方法对同一样品进行双份或多份平行样测定结果之间的符合程度。

重复性是指在同一实验室中，当分析人员、分析设备和分析时间中的任一项不相同时，用同一分析方法对同一样品进行双份或多份平行样测定结果之间的符合程度。

再现性是指用相同的方法，对同一样品在不同条件下测得的单个结果之间的一致程度，不同条件是指不同实验室、不同分析人员、不同设备、不同（或相同）时间。

在考查精密度时还应注意以下几个问题：

① 分析结果的精密度与样品中待测物质的浓度水平有关，因此，必要时应取两个或两个以上不同浓度水平的样品进行分析方法精密度的检查。

② 精密度可因与测定有关的实验条件的改变而变动，通常由一整批分析结果得到的精密度，往往高于分散在一段较长时间里的分析结果的精密度。如可能，最好将组成固定的样品分为若干批分散在适当长的时期内进行分析。

③ 标准偏差的可靠程度受测量次数的影响，因此，对标准偏差作较好估计时（如确定某种方法的精密度）需要足够多的测量次数。

④ 通常以分析标准溶液的办法了解方法的精密度，这与分析实际样品的精密度可能存在一定的差异。

⑤ 准确度良好的数据必定具有良好的精密度，而精密度差的数据则难以判别其准确度。

（4）可比性　指用不用测量方法测量同一样品的某污染物时，所得结果的吻合程度。在测定环境标准样品的定值时，使用不同标准分析方法得出的数据应具有良好的可比性。可比性不仅要求各实验室之间对同一样品的监测结果应相互可比，也要求每个实验室对同一样品的监测结果应该达到相关项目之间的数据可比，相同项目在没有特殊情况时，历年同期的数据也是可比的。在此基础上，还应通过标准物质的量值传递与溯源，以实现区域间、行业间的数据一致、可比，以及大的环境区域之间、不同时间之间监测数据的可比。

例如，用离子色谱法测定 NO_3^--N 的结果与酚二磺酸分光光度法的结果应基本一致；用气相色谱法测定氯苯类的结果应与气相色谱-质谱法的结果相近。

过去我国使用紫外分光光度法测定石油类，这一方法与红外法测定结果就没有可比性。因为紫外法使用的石油醚萃取剂与红外法使用的四氯化碳萃取剂效果不同，其次紫外法的吸收波长与红外法也不同，他们所测定的是不同的石油成分。

（5）完整性　完整性强调工作总体规划的切实完成，即保证按预期计划取得有系统性和连续性的有效样品，而且无缺漏地获得这些样品的监测结果及有关信息。

只有达到这“五性”质量指标的监测结果，才是真正正确可靠，也才能在使用中具有权威性和法律性。

1.3.4.2 灵敏度

灵敏度是指某方法对单位浓度或单位量待测物质变化所产生的响应量的变化程度，它可以用仪器的响应量或其他指示量与对应的待测物质的浓度或量之比来描述。如分光光度法常以校准曲线的斜率度量灵敏度。一个方法的灵敏度可因实验条件的变化而改变。在一定的实验条件下，灵敏度具有相对的稳定性。

1.3.4.3 检出限

检出限为某特定分析方法在给定的置信度内可从样品中检出待测物质的最小浓度或最小量。所谓“检出”是指定性检出，即判定样品中存有浓度高于空白的待测物质。

1.3.4.4 测定限

测定限为定量范围的两端，分别为测定上限与测定下限。

(1) 测定下限　在测定误差能满足预定要求的前提下，用特定方法能准确地定量检出待测定物质的最小浓度或最小量，称为该方法的测定下限。

测定下限反映出分析方法能准确地定量测定低浓度水平待测物质的极限可能性。在没有系统误差的前提下，它受精密度要求的限制（精密度通常以相对标准偏差表示）。分析方法的精密度要求越高，测定下限高于检出限越多。

(2) 测定上限　在测定误差能满足预定要求的前提下，用特定方法能够准确地定量检出待测物质的最大浓度或最大量，称为该方法的测定上限。

对没有（或消除了）系统误差的特定分析方法的精密度要求不同，测定上限也将不同。

1.3.4.5 最佳测定范围

最佳测定范围也称有效测定范围，指在测定误差能满足预定要求的前提下，特定方法的测定下限至测定上限之间的浓度范围。在此范围内能够准确地定量测定待测物质的浓度或量。

最佳测定范围应小于分析方法的适用范围。对测量结果的精密度（通常以相对标准偏差表示）要求越高，相应的最佳测定范围越小。分析方法特性关系如图1-3所示。

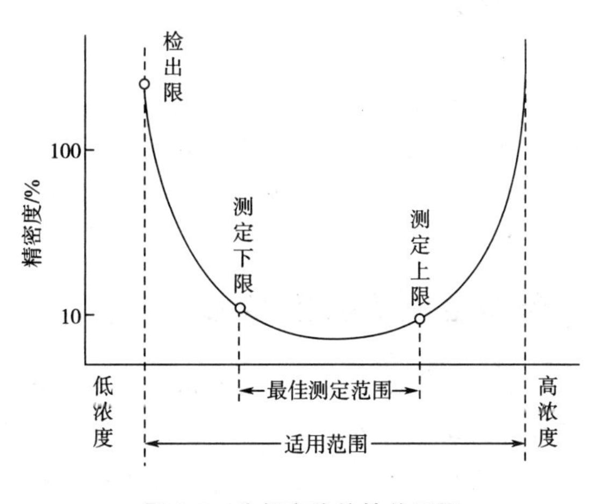

图1-3 分析方法特性关系图

1.3.4.6 校准曲线

校准曲线包括标准曲线和工作曲线，前者用标准溶液系列直接测量，没有经过样品的预处理过程，这对于样品或基体复杂的样品往往会加大误差；而后者所使用的标准溶液经过了与水样相同的消解、净化、测量等全过程。

凡应用校准曲线的分析方法，都是在样品测得信号值后，从校准曲线上查得其含量（或浓度）。因此，能否绘制准确的校准曲线，直接影响到样品分析结果的准确与否。此外，校准曲线也确定了分析方法的测定范围。

1.3.4.7 加标回收

在测定样品的同时，于同一样品的子样中加入一定量的标准物质进行测定，将其测定结果扣除样品的测定值，以计算回收率。

加标回收率的测定结果可以反映测试结果的准确度。当按照平行加标进行回收率测定时，所得结果既可以反映测试结果的准确度，也可以判断其精密度。

在实际测定过程中，有的将标准溶液加入经过处理后的待测水样中，这不够合理，尤其是测定有机污染成分而试样需经净化处理时，或者测定挥发酚、氨氮、硫化物等需要蒸馏预处理的污染成分时，不能反映预处理过程中的玷污或损失情况，虽然回收率较好，但不能完全说明数据准确。

进行加标回收率测定时，还应注意以下几点。

① 加标物的形态应该和待测物的形态相同。

② 加标量应和样品中所含待测物的测量精密度控制在相同的范围内，一般情况下作如下规定：

a. 加标量应尽量与样品中待测物质含量相等或相近，并应注意对样品容积的影响；

b. 当样品中待测物含量接近方法检出限时，加标量应控制在校准曲线的低浓度范围；

c. 在任何情况下加标量均不得大于待测物含量的 3 倍；

d. 加标后的测定值不应超出方法测量上限的 90%；

e. 当样品中待测物质浓度高于校准曲线的中间浓度时，加标量应控制在待测物浓度的一半量。

③ 由于加标样和样品的分析条件完全相同，其中干扰物质和不正确操作等因素所产生的影响相等。当以其测定结果的减差计算回收率时，常不能确切反映样品测定结果的实际差错。

【思考与练习 1.3】

1. 环境监测质量控制包括__________和__________两个部分。
2. 环境监测数据应具有的“五性”包括______、______、______、______和______。
3. 环境监测质量保证的重要意义是什么？
4. 质量保证体系主要由哪六个关键系统构成？

1.4 环境监测实验室基础

实验室分析是环境监测的核心步骤，实验室的基本操作技能是否正确直接影响到环境监测结果的可靠与否。环境监测实验室基本操作包括实验室用水的选配、化学试剂的配制、玻璃仪器的洗涤及其他仪器设备的选用和维护。此外，实验室安全意识和注意事项也是非常重要的内容。

1.4.1 实验室用水

水是实验室最常用的溶剂，配制试剂和标准溶液、洗涤均需大量使用水。它的质量对分析结果有着广泛的和根本的影响，对于不同用途，应使用不同质量的水。

1.4.1.1　纯水的制备

纯水的制备是将原水中可溶性和非可溶性杂质全部除去的水处理方法，制备纯水的方法很多。通常多用蒸馏法、离子交换法、电渗析法。

（1）蒸馏法　以蒸馏法制备的纯水常称为蒸馏水，水中常含有可溶性气体和挥发性物质。蒸馏水的质量因蒸馏器的材料与结构的不同而不同。制造蒸馏器的材料通常有金属、化学玻璃和石英玻璃三种。下面分别介绍几种不同蒸馏器及其蒸馏水。

① 金属蒸馏器：金属蒸馏器内壁为纯铜、黄铜、青铜，也有镀纯锡的。所得蒸馏水含有微量金属杂质，只适用于清洗容器和配置一般试液。

② 玻璃蒸馏器：玻璃蒸馏器由含低碱高硼硅酸盐的“硬质玻璃”制成，含二氧化硅约80%。经蒸馏所得的水中含痕量金属，还可能有微量玻璃溶出物如硼、砷等。适用于配制一般定量分析试液，不宜用以配制分析重金属或痕量非金属试液。

③ 石英蒸馏器：石英蒸馏器含二氧化硅 99.9%以上。所得蒸馏水仅含痕量金属杂质，不含玻璃溶出物。特别适用于配制对痕量非金属进行分析的试液。

有时一次蒸馏的效果较差，需要多次蒸馏。例如，第一次蒸馏时加入几滴硫酸，除去重金属；第二次蒸馏时加少许碱溶液，中和可能存在的酸；第三次蒸馏时不加入酸或碱。

（2）离子交换法　以离子交换法制备的水称为去离子水或无离子水。水中不能完全除去有机物和非电解质，因此较适用于配制痕量金属分析试液，而不适用于配制有机分析试液。

在实际工作中，常将离子交换法和蒸馏法联用，即将离子交换水再蒸馏一次或以蒸馏水代替原水进行离子交换处理，这样就可以得到既无电解质又无微生物及热原质等杂质的纯水。

（3）电渗析法　它与离子交换法相比具有设备和操作管理简单、不需将酸碱再生使用的优点，实用价值较大。其缺点是在水的纯度提高后，水的电导率就逐渐降低，如继续增高电压，就会迫使水分子电离为 H^+ 和 OH^- 离子，使得大量的电消耗在水的电离上，水质却提高得很少。因此，也有将电渗析法和离子交换法结合起来制备纯水的方法，即先用电渗析法把水中大量离子除去后，再用离子交换法除去少量离子，这样制得的纯水不仅纯度高，而且有如下优点：

① 不需将酸碱再生使用。

② 易设备化、易搬迁、灵活性大。可以置于生产用水设备旁边，就地取纯水使用。

③ 系统简单。

④ 操作方便。

1.4.1.2　纯水的检验

水质的检验方法较多，常用的方法主要有两种，电测法和化学分析法。光谱法和极谱法有时也用于水质的检验。

1.4.1.3　纯水的贮存

制备好的纯水要妥善保存，不要暴露于空气中，否则空气中二氧化碳、氨、尘埃以及其他杂质的污染会使水质下降。由于非电解质无适当的检验方法，因此可用水中金属离子的变化来观察其污染情况。因纯水贮存在硬质或涂石蜡的玻璃瓶中都会使金属离子含量增加，故宜贮存于聚乙烯容器中或衬有聚乙烯膜的瓶中，最好是贮存于石英或高纯聚四氟乙烯容器中。

1.4.1.4 特殊要求的实验室用水

在分析某些指标时，分析过程中所用纯水中的这些指标含量愈低愈好，这就提出某些特殊要求的蒸馏水以及制取方法。

（1）无氯水　加入亚硫酸钠等还原剂将自来水中的余氯还原为氯离子，以 *N*,*N*-二乙基对苯二胺（DPD）检查不显色，即可用附有缓冲球的全玻璃蒸馏器（以下各项中的蒸馏器均同此）进行蒸馏制取。

（2）无氨水　向水中加入硫酸使其 $pH<2$，并使水中各种形态的氨或胺最终都变成不挥发的盐类，收集馏出液即可（注意避免实验室内空气中含有氨而重新污染，应在无氨气的实验室进行蒸馏）。

（3）无二氧化碳水　将蒸馏水或去离子水煮沸至少 10min（水多时），或使水量蒸发 10%以上（水少时），加盖放冷即可。也可将惰性气体或纯氮通入蒸馏水或离子水至饱和制得。

（4）无砷水　一般蒸馏水或去离子水都能达到基本无砷的要求。应注意避免使用软质玻璃（钠钙玻璃）制成的蒸馏器、树脂管和贮水瓶。进行痕量砷的分析时，需使用石英蒸馏器或聚乙烯的树脂管和贮水桶。

（5）无铅（无重金属）水　用氢型强酸性阳离子交换树脂处理原水即可制得。注意贮水器应预先作无铅处理，用 6mol/L 硝酸溶液浸泡过夜后，用无铅水洗净。

（6）无酚水　向水中加入氢氧化钠至 $pH>11$，使水中的酚生成不挥发的酚钠后进行蒸馏即可制得（或可同时加入少量高锰酸钾溶液使水呈红紫色，再行蒸馏）。

（7）不含有机物的蒸馏水　加入少量高锰酸钾的碱性溶液于水中使其呈紫红色，再行蒸馏即可（在整个蒸馏过程中水应始终保持紫红色，否则应随时补加高锰酸钾）。

1.4.2 化学试剂等级及取用

1.4.2.1 化学试剂等级

化学试剂在分析监测实验中是不可缺少的物质，试剂的质量及选择恰当与否，将直接影响到分析监测结果的成败。因此，对从事分析监测的人员来说，应对试剂的性质、用途、配制方法等进行充分的了解，以免因试剂选择不当而影响分析监测的结果。表 1-5 是我国化学试剂等级标志与某些国家化学试剂等级标志的对照表。

表 1-5　化学试剂等级对照表

<table>
<tr><td colspan="2">质量次序</td><td>1</td><td>2</td><td>3</td><td>4</td><td></td></tr>
<tr><td rowspan="5">我国化学试剂等级标志</td><td>级别</td><td>一级品</td><td>二级品</td><td>三级品</td><td>四级品</td><td></td></tr>
<tr><td rowspan="2">中文标志</td><td>保证试剂</td><td>分析试剂</td><td>化学纯</td><td>化学用</td><td rowspan="2">生物试剂</td></tr>
<tr><td>优级纯</td><td>分析纯</td><td>纯</td><td>实验试剂</td></tr>
<tr><td>符号</td><td>G. R.</td><td>A. R.</td><td>C. P.</td><td>L. R.</td><td>B. R. C. R.</td></tr>
<tr><td>标签颜色</td><td>绿</td><td>红</td><td>蓝</td><td>棕红色</td><td>黄色等</td></tr>
<tr><td colspan="2" rowspan="2">德、美、英等国
通用等级符号</td><td>G. R.</td><td>A. R.</td><td>C. P.</td><td></td><td></td></tr>
<tr><td>化学纯</td><td>分析纯</td><td>纯</td><td></td><td></td></tr>
</table>

此外，还有一些特殊用途的所谓高纯试剂。例如，“色谱纯”试剂，是在高灵敏度下以 10^{-10}g 下无杂质峰来表示；“光谱纯”试剂，是以光谱分析时出现的干扰谱线的数目和强度大小来衡量的，它不能被认为是化学分析的基准试剂，这点需特别注意。

在环境样品分析监测中，一级品可用于配制标准溶液；二级品常用于配制定量分析中的普通试剂，在通常情况下，未注明规格的试剂，均指分析试剂（即二级品）；三级品只能用于配制半定量或定性分析中的普通试液和清洁液等。

1.4.2.2　化学试剂的取用

取用化学试剂时，必须首先核对试剂瓶标签上的试剂名称、规格及浓度等，确保准确无误后方可取用。打开瓶塞后应将其倒置在桌面上，不能横放，以免受到污染。取完试剂后应立即盖好瓶塞（绝不可盖错），并将试剂瓶放回原处，注意标签应该朝外放置。

（1）固体试剂的取用　固体试剂通常盛放在便于取用的广口瓶中。取用固体试剂要用洁净干燥的药勺；用过的药勺必须洗净干燥后存放在洁净的器皿中；任何化学试剂都不得用手直接取用。

取用试剂时，不要超过指定用量，多取的试剂不能倒回原瓶，可以放入指定的容器中留作他用。往试管（特别是湿试管）中加入粉末状固体时，可用药勺或将试剂放在对折的纸槽中，伸入平放的试管中约 2/3 处，然后竖直试管，使试剂落入试管底部。

（2）液体试剂的取用　液体试剂和配制的溶液通常放在细口瓶或带有滴管的滴瓶中。

① 从细口瓶中取用液体试剂。从细口瓶中取用液体试剂时采用倾注法。先将瓶塞取下倒置在桌面上，再把试剂瓶贴有标签的一面握在手心中，然后逐渐倾斜瓶子让试剂沿试管内壁流下，或沿玻璃棒注入烧杯中。取足所需量后，应将试剂瓶瓶口在试管口或玻璃棒上靠一下，再逐渐竖起以免残留在试剂瓶口的液滴流到瓶的外壁。应注意绝不能悬空向容器中倾倒液体试剂或使瓶塞底部直接与桌面接触。

当需要量取一定体积的液体试剂时，可根据试剂用量不同选用适当容量的量筒。对量筒内液体体积读数时，视线的位置很重要，一定要平视，仰视或俯视都会造成较大的误差。对于浸润玻璃的无色透明液体，读数时，视线要与凹液面下部最低点相切；对于浸润玻璃的有色或不透明液体，读数时，视线要与凹液面上边缘相切；对于水银或其他不浸润玻璃的液体，读数时则需要看液面的最高点。

② 从滴瓶中取用液体试剂。从滴瓶中取用少量液体试剂时，先提起滴管，使管口离开液面，再用手指紧捏胶帽排出管内空气。然后将滴管插入试液中，放松手指吸入试剂。再提起滴管，垂直放在试管口或其他容器上方将试剂逐滴加入。

从滴管中取用液体试剂时，应注意避免出现下列错误操作：

a. 将滴管伸入试管内滴加试剂；

b. 滴管用后放在桌面或他处；

c. 滴管盛放试剂时倒置；

d. 滴管充满试液放置。

1.4.3　实验室常见玻璃仪器的清洗与维护

1.4.3.1　烧杯、容量瓶、锥形瓶、滴定管、移液管等玻璃仪器的清洗与维护

使用洁净的仪器是实验成功的重要条件，也是监测工作者应有的良好习惯。洗净的仪器

在倒置时，器壁应不挂水珠，内壁应被水均匀润湿，形成一层薄而均匀的水膜。如果有水珠，说明仪器还未洗净，需要进一步进行清洗。以小组为单位练习，将各组常用的烧杯、容量瓶、锥形瓶、滴定管、移液管等玻璃仪器按下述清洗要求清洗。

（1）一般洗涤　仪器清洗最简单的方法是用毛刷蘸取去污粉或洗衣粉擦洗，再用清水冲洗干净。洗刷时，不能用秃顶的毛刷，也不能用力过猛，否则会戳破仪器。有时去污粉的微小粒子黏附在器壁上不易洗去，可用少量稀盐酸摇洗一次，再用清水冲洗。如果对仪器的洁净程度要求较高时，可再用去离子水或蒸馏水进行淋洗 2～3 次。用蒸馏水淋洗仪器时，一般用洗瓶进行喷洗，这样可节约蒸馏水和提高洗涤效果。

（2）铬酸洗液洗涤　对一些形状特殊的容积精确的容量仪器，例如滴定管、移液管、容量瓶等的洗涤，不能用毛刷蘸洗涤剂洗涤，只能用铬酸洗液。此外，焦油状物质和碳化残渣用去污粉、洗衣粉、强酸或强碱常常洗刷不掉，这时也可用铬酸洗液。使用铬酸洗液时，应尽量把仪器中的水倒净，然后缓缓倒入洗液，让洗液能够充分地润湿有残渣的地方，用洗液浸泡一段时间或用热的洗液进行洗涤效果更佳。多余的洗液应倒回原来的铬酸洗液瓶中。然后加入少量水，摇荡后，把洗液倒入废液桶中。最后用清水把仪器冲洗干净。

【注意】 *使用洗液时应注意安全，不要溅到皮肤和衣服上。铬酸洗液颜色变绿后即失效，应倒入盛放酸性废液的废液桶，不能直接倒入下水道。*

（3）特殊污垢的洗涤　对于某些污垢用通常的方法不能除去时，则可通过化学反应将黏附在器壁上的物质转化为水溶性物质。几种常见污垢的处理方法见表 1-6。

表 1-6　常见污垢的处理方法

污垢	处理方法
沉积的金属如银、铜	用 HNO_3 处理
沉积的难溶性银盐	用 $Na_2S_2O_3$ 洗涤，Ag_2S 用热的浓 HNO_3 处理
黏附的硫黄	用煮沸的石灰水处理
高锰酸钾污垢	用草酸溶液处理（黏附在手上也可用此法）
沾有碘迹	用 KI 溶液浸泡；用温热的 NaOH 或 $Na_2S_2O_3$ 溶液处理
瓷研钵内的污迹	用少量食盐在研钵内研磨后倒掉，然后用水洗
有机反应残留的胶状或焦油状有机物	视情况用低规格或回收的有机溶剂浸泡；用稀 NaOH 或浓 HNO_3 煮沸处理
一般油污及有机物	用含 $KMnO_4$ 的 NaOH 溶液处理
被有机试剂染色的比色皿	用体积比 1∶2 的盐酸-酒精溶液处理

（4）超声波洗涤　在超声波清洗器中放入需要洗涤的仪器，再加入合适的洗涤剂和水，接通电源，利用声波的能量和振动，就可把仪器清洗干净，既省时又方便。

1.4.3.2　实验室电子天平等其他仪器的维护

电子天平是环境监测过程中必不可少的计量器具，它的准确度直接影响到监测结果的准确性。下面就电子天平的使用与维护保养方面应注意的几点进行列举。

① 电子天平首次使用通电必须预热 30min 以上，平时保持天平一直处于通电状态；不用时，按 ON/ OFF 键关机，不要拔电源，这样做可以使天平始终保持在稳定的状态。

② 电子天平在开始安装、变换工作场所和称量环境温度发生变化及每天称量样品前，都需要分别用内置砝码及外置砝码进行校准。

③ 在使用电子天平进行称量时，应及时关闭防风罩，等数值稳定了再读数。

④ 防风罩内不要放置干燥剂。因为干燥剂的存在会引起防风罩内空气对流进而影响称量准确性，另外干燥剂也会增加静电的产生。只要电子天平保持长期通电，仪器会自动将机壳内的水分挥发，所以不必担心潮气对仪器的损害。

⑤ 使用电子天平称量样品，应避免使用滤纸或玻璃纸作称量容器，这样会加大静电干扰，同时这种轻质的容器也会增加空气浮力等对称量准确性的影响。

⑥ 电子天平不能称量有磁性或带静电的物体以及超出称量范围的物品，在称量塑胶、金属等易带静电的物质和有磁性的物质时，建议预先消电消磁，以增加称量的准确性。

⑦ 不要冲击电子天平的秤盘，不要让粉粒等异物进入中央传感器孔。

⑧ 在电子天平出现示值漂移时应使用无磁砝码进行检查，首先排除天平故障；再进一步检查被称物是否吸湿或蒸发、是否带静电和是否带磁性。

⑨ 电子天平的维护和保养。电子天平应经常保持内部清洁，使用后应及时清扫天平内外（切勿扫入中央传感器孔），在清理秤盘及天平室内时可用绸布或无水乙醇及少许肥皂水，切勿采用强烈的溶剂进行清洗；还应定期用无水乙醇擦洗防风罩，以保证天平的玻璃门能够正常开关。

【思考与练习 1.4】

1. 如何制备无氨水？
2. 如何制备无二氧化碳水？
3. 如何制备不含有机物水？
4. 简述烧杯的一般洗涤过程。

【阅读材料】

物联网在环境监测中的应用

物联网通过整合传感器、云服务等先进技术，搭建起一套以物联网为核心的环境监测系统，促使环境保护工作变得更加系统化、标准化。基于物联网的环境监测系统一般可以分为感知层、网络层和应用层三个层面。

感知层的主要任务是通过大量传感器、射频识别（RFID）标签、摄像头等数据采集设备随时随地进行数据采集和获取。感知层所涉及的核心技术是传感器技术、射频识别（RFID）技术和无线传感器网络（WSN）技术。

网络层是建立在现有移动通信网和物联网的基础上，将各种接入设备与原有网络相连，从而实现可靠的信息交互和共享。网络层同时包括信息的存储及对数据的管理和处理功能。因此，网络层的核心技术除了包括网络通信技术以外，还包括云计算技术、数据挖掘技术和智能识别技术等。云计算平台作为海量感知数据的存储、分析平台，是物联网网络层的重要组成部分，也为应用层提供了数据基础。

应用层的主要任务是将海量数据进行智能分析，结合生产生活的实际应用需要，形成各类的物联网解决方案，构建智能化的行业应用。

物联网在环境监测方面的发展趋势

① 提高物联网环境监测系统空气监测能力。根据我国对环境监测工作的本质要求，应该进一步提升空气监测能力，根据相关政策和规范，不断拓宽空气监测范围。由于经济的快速发展，空气污染来源也在不断增加，在制定相关空气监控政策同时，还应该对不同污染物协调监控，以此来提高物联网监控的有效性，实现数据信息的共享。诸如，通过对空气 $PM_{2.5}$ 指标检测，可以确定污染来源，从而制定有效的监控策略。结合实际情况，健全和完善监测机制，从而实现对空气污染问题的系统性监测，提升空气监测工作质量和效率。

② 健全物联网环境监测统一信息共享平台。若要有效提高环保物联网监测效果，提升环境监测工作有效性，就需要建立一个统一的信息共享平台，促使环境监测数据和信息得到共享，从而有效加强民众环保意识，提升环境监测质量。统一的物联网环境监控云平台可以实现数据和信息的自动审核、分析和存储，深入分析数据信息，确保环境监测的可靠性和准确性。

第2章

水和废水监测

【重点内容】

① 水质监测方案制订的过程；

② 地表水、地下水等水质采样的方法；

③ 不同指标测定的水样保存、运输和预处理方法；

④ 水质主要理化指标的测定方法；

⑤ 水质主要营养盐和有机污染综合指标的测定方法；

⑥ 水质主要金属指标测定方法。

【知识目标】

① 掌握水污染、水质、水质指标和水质标准等水质监测的常用术语；

② 掌握水中主要污染物的来源以及危害；

③ 掌握不同类型水样的采样方法；

④ 掌握水质主要理化指标的测定原理；

⑤ 掌握水质主要营养盐和有机污染综合指标的测定原理；

⑥ 掌握水质主要金属指标的测定原理。

【能力目标】

① 能正确采集地表水和地下水的样品；

② 能够规范记录水质采样单；

③ 能正确运用国家标准中的方法测定水温、臭和味、色度、浊度、悬浮固体；

④ 能正确运用国家标准中的方法测定DO、COD_{Cr}、高锰酸盐指数、BOD_5；

⑤ 能正确运用国家标准中的方法测定水中砷、汞、六价铬、铅；

⑥ 能正确处理测定数据并得到水样监测结果。

【素质目标】

① 通过学习水质指标及其对生产生活的影响，树立社会主义生态文明观，明确节能减排的重要性；

② 通过学习水样采集，培养以人为中心的意识和责任担当；

③ 通过学习水质指标的测定原理及测定过程，培养良好的职业素养和工匠精神；

④ 运用实际生产生活中的水样，鼓励学生运用所学知识解决实际问题，做到理论指导实践，知行合一。

水是人类赖以生存的基础物质之一，然而随着经济和社会生活的发展，水资源短缺，水污染越来越严重，这对人类生产生活产生了极大的影响，因此对水及废水进行及时监测是开展水环境保护工作的前提和基础。

2.1 水污染与水质监测

2.1.1 水和水污染的相关知识

水是地球上分布最广的物质，是人类赖以生存、生活和生产的重要物质之一，没有水就没有生命。地球表面 3/4 被水覆盖，其中海水约占地球总水量的 97.3%，淡水只占总水量的 2.7%，而淡水资源中冰山、冰川水占 77.2%，地下水和土壤水占 22.4% ，湖泊、沼泽水占 0.35%，河水占 0.01%，大气中的水占 0.04%。人类可利用的淡水资源只有河流、淡水湖和地下水的一部分，总计不到淡水总量的 1%。我国是一个水资源贫乏的国家，人均水资源占有量仅为 2100m^3，约为世界人均的 1/4，因此，节约用水和保护水资源尤为重要。

水体是水的集合体，包括海洋、河流、湖泊、沼泽、水库以及埋在土壤、岩石空隙中的地下水等。

水质指水和其中所含杂质共同表现出来的综合特征。描述水质的参数有时也称为水质指标，通常分为物理指标（如温度、浊度等）、化学指标（如溶解氧、氨氮、总磷等）、生物指标（如细菌总数、大肠菌群数等）和放射性指标（如总 α 射线、总 β 射线等）。有些指标是用某一项物理参数或某一种物质的浓度来表示的，称为单项指标，如温度、pH、溶解氧等；而有些指标则是用某一类物质的共同特性来表明在多种因素的共同作用下所形成的水质状况，称为综合性指标，如化学需氧量、五日生化需氧量和总有机碳等。

水质标准（water quality standard）是指允许水作为特定类型用水（如集中式饮用水、地表水、农田灌溉水、渔业水）的一组水质特征参数的限值。不同用途的水，其测定的项目有所不同；相同的项目，其标准限值也会不同。

水体污染是指排入水体的污染物在数量上超过了该物质在水体中的本底含量和水体的环境容量，从而导致水体的物理特征、化学特征和生物特征发生不良变化，破坏了水中固有的生态系统，破坏了水体的功能，从而影响水的有效利用的现象。引起水体污染的物质叫水体污染物。

水体污染分为自然污染和人为污染。自然污染主要是指自然原因造成的水体污染，由自然污染所产生的有害物质的含量，一般称为自然本底值或者环境背景值。人为污染是指人为因素造成的水体污染。人为污染是水体污染的主要来源。

2.1.2 水质监测

依据污染的性质划分，水污染主要分为化学性污染、物理性污染和生物性污染。化学性污染是指排入水体的无机化合物和有机化合物造成的水体污染，如水中酸碱度发生变化或水中含有某种有毒化学物质等。物理性污染是指水的浑浊度、温度和颜色发生改变，水面的漂浮油膜及水中含有的放射性物质增加等物理因素造成的水体污染，如热污染源将高于常温的废水排入水体，植物的叶、根及其腐殖质进入水体会造成水体的色度和浑浊度急剧增大。生物性污染是指未经处理的生活污水、医院污水等排入水体，引入某些细菌和污水微生物等造成的水体污染。

一定量的污染物进入水体后，经稀释及一系列复杂的化学、物理和生物作用，浓度逐步下降，并通过水体“自净功能”使水质得到改善。但当污染物累积排入，其浓度超过水体的环境容量时，水体“自净功能”衰退或丧失，水质将急剧恶化。判断水体是否受到污染及受污染程度，可有针对性和持续性地监测水体中污染物的种类、各类污染物的浓度，掌握其变化趋势，以便科学地作出水质评价。

2-1 水污染和水质监测项目

水质监测对象十分广泛，包括未被污染和已被污染的天然水（江、河、湖、海和地下水等）及各种各样的污水、工业废水等。首先应该选择具有广泛代表性的、综合性较强的水质监测项目，如浑浊度、pH、悬浮物、化学需氧量和生化需氧量等；其次再根据具体情况选择有针对性的监测项目。例如，在进行饮用水及其水源地水质监测时，应优先考虑选择与人体健康密切相关的水质指标，包括水温、色度、浑浊度、臭和味、溶解固体物、氨氮、亚硝酸盐、硝酸盐、酸碱度、硬度、铁等进行物理检验和化学分析，必要时还要增加生物学指标，以及剧毒和“三致”有毒物质等特殊指标，以确保人们能获得安全的生活饮用水。因此，在选择水质监测项目时，一般优先考虑：

① 国家或地方的水环境质量标准和水污染物排放标准中要求控制的监测项目。

② 可根据水体环境保护功能的划分或水污染源特征，增加特征污染监测项目。

③ 对于突发性环境污染事故或特殊污染，应重点监测进入水体的污染物，并实行连续跟踪监测，掌握污染程度及其变化趋势。

④ 对持久性有机污染物（persistent organic pollutants，POPs）、持久性有毒物质（persistent toxics，PTs）、持久性生物积累性有毒物质（persistent bioaccumulative toxics，PBTs）等进行特殊重点监测。

接下来介绍我国水环境质量标准和水污染物排放标准中要求控制的监测项目。

（1）地表水监测项目

① 江、河、湖、库、渠。在《地表水环境质量标准》（GB 3838—2002）及《地表水和污水监测技术规范》（HJ/T 91—2002）中，为满足地表水各类使用功能和生态环境质量要求，将监测项目分为基本项目和选测项目。

基本项目包括：水温、pH值、溶解氧、高锰酸盐指数、化学需氧量、五日生化需氧量、氨氮、总氮、总磷、铜、锌、硒、砷、汞、镉、铅、六价铬、氟化物、氰化物、硫化物、挥发酚、石油类、阴离子表面活性剂、粪大肠菌群。

选测项目因地表水类型不同而有差别。河流的选测项目为：总有机碳、甲基汞；湖泊、水库的选测项目为：总有机碳、甲基汞、硝酸盐、亚硝酸盐，其他项目根据纳污情况由各级相关生态环境主管部门确定。

为全面评价地表水水质，还需进行生物学调查和监测（如水生生物群落调查、生产力测定、细菌学检验、毒性及致突变试验等），以及对底质中的污染物质进行监测。另外，还需要测定污染物通量、水文参数和气象参数等。

② 海水监测项目。《海水水质标准》（GB 3097—1997）按照海域的不同使用功能和保护目标，将水质分为四类，其监测项目主要为：水温、漂浮物质、悬浮物质、色、臭、味、pH、溶解氧、化学需氧量、五日生化需氧量、汞、镉、铅、六价铬、总铬、铜、锌、硒、砷、镍、氰化物、硫化物、活性磷酸盐、无机氮、非离子氨、挥发性酚、石油类、六六六、滴滴涕、马拉硫磷、甲基对硫磷、苯并［*a*］芘、阴离子表面活性剂、大肠菌群、粪大肠菌

群、病原体、放射性核素。

（2）地下水水质监测项目　为保护和合理开发地下水资源，防止和控制地下水污染，保障人民饮用水安全，促进工农业发展，2017 年 10 月 14 日我国颁布了《地下水质量标准》（GB/T 14848—2017）并于 2018 年 5 月 1 日开始实施，代替已沿用 24 年的《地下水质量标准》（GB/T 14848—1993）。在新版标准中，水质监测项目共计 93 项，其中常规监测项目 39 项，非常规监测项目 54 项。常规监测项目中包括感官性状和一般化学项目 20 项，毒理学项目 15 项，微生物项目 2 项，放射性项目 2 项。非常规监测项目 54 项均为毒理学项目。

（3）生活饮用水水质监测项目　《生活饮用水卫生标准》（GB 5749—2022）标准正文中的水质指标由 GB 5749—2006 的 106 项调整到 97 项，修订后的标准包括常规项目 43 项和扩展项目 54 项。其中，常规项目指反映生活饮用水水质基本状况的水质指标，扩展项目指反映地区生活饮用水水质特征及在一定时间内或特殊情况下水质状况的指标。

集中式饮用水水源地的选择，是依据城市远期和近期规划，历年来的水质、水文、水文地质、环境影响评价资料，取水点及附近地区的卫生状况和地方病等因素，从卫生、环保、水资源、技术等多方面进行综合评价，并经当地卫生行政部门水源水质监测和卫生学评价合格后，方可作为水源地。目前水源地监测指标共计 11 项，其中增加了与水体运输过程、农业面源污染等相关的项目，如苯系物、硝基苯类和农药等；与生活饮用水水质监测项目最大的不同在于水源地水质监测项目中无消毒剂指标和微生物指标。

（4）废（污）水及排污总量监测项目　废（污）水排放企业类型不同，生产工艺不同，其排放的污染物差异很大。《污水综合排放标准》（GB 8978—1996）按照污水排放去向，分年限规定了 69 种污染物最高允许排放浓度及部分行业最高允许排水量。

依据国家综合排放标准与国家行业排放标准不交叉执行的原则，造纸工业、船舶工业、海洋石油开发工业、纺织染整工业、肉类加工工业、合成氨工业、钢铁工业、航天推进剂、兵器工业、磷肥工业、烧碱和聚氯乙烯工业等执行相应的行业标准，其他水污染物排放均执行《污水综合排放标准》（GB 8978—1996）。

我国不仅对废（污）水污染物排放设定了严格的排放浓度限值，并在 2002 年 12 月首次颁布的《水污染物排放总量监测技术规范》（HJ/T 92—2002）中，对 COD、石油类、氨氮、氰化物、六价铬、汞、铅、镉和砷等提出了“浓度控制＋流量控制”的“双控”要求。与一般水质监测方法相比，实施污染物总量控制时必须考虑对废（污）水排放流量进行测量，同时建立实时在线监测系统。

【思考与练习 2.1】

1. 名词解释

水体　水质　水质指标　水质标准　水体污染　水体自净

2. 选择水质监测项目时，一般优先考虑哪些因素？

2.2　水质监测方案的制订

监测方案是完成一项监测任务的技术路线总体设计，在明确监测目的和实地调查基础上，确定监测项目、布设监测网点、合理安排采样时间和采样频率、选定采样方法和分析测定方法，并提出监测报告要求，制订质量控制和保证措施及实施细则等。

2-2 水质监测方案的制订

2.2.1 地表水监测方案制订

（1）资料收集和实地调查

① 资料收集。在制订监测方案之前，应全面收集目标监测水体及所在区域的相关资料，主要有：

a. 水体的水文及所在区域的气候、地质和地貌等自然背景资料。如水位、水量、流速及流向的变化；降水量、蒸发量及历史上的水情；河流的宽度、深度、河床结构及地质状况；湖泊沉积物的特性、间温层分布、等深线等。

b. 水体沿岸城市分布、人口分布、工业布局、污染源及其排污情况等。

c. 水体沿岸资源情况和水资源用途，饮用水源分布和重点水源保护区等。

d. 地面径流污水排放、雨水和污水分流情况，以及水体流域土地功能、农田灌溉排水、农药和化肥施用情况等。

e. 历年水质监测资料等。

② 实地调查。在资料收集基础上，还要进行目标水体的实地调查，更全面地了解和掌握水体以及周边环境信息的动态及其变化趋势。当目标水体为饮用水源时，应开展一定范围的公众调查，必要时还要进行流行病学的调查，并与历史数据和文献资料信息对比综合分析，为科学制订监测方案提供重要依据。

（2）监测断面布设

① 河流监测断面布设。为评价完整江、河水系的水质，需要布设背景断面、对照断面、控制断面和消减断面；对流经某一区域的某一河段，只需布设对照断面（入境断面）、控制断面和消减断面，如图2-1所示。

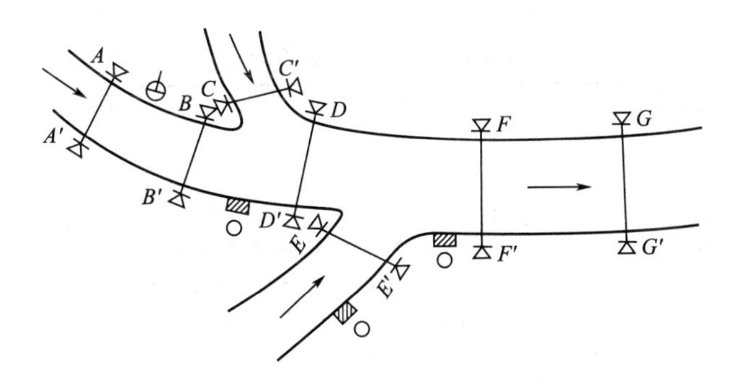

图2-1　河流监测断面布设示意图

→—水流方向；⏀—自来水厂取水点；○—污染源；▨—排污口；A—A'—对照断面；
B—B'、C—C'、D—D'、E—E'、F—F'—控制断面，G—G'—消减断面

a. 背景断面：设在基本上未受人类活动影响的河段，以反映水系未受污染时的背景状态。

b. 对照断面（入境断面）：为了解流入监测河段前的水质状况而布设。这种断面应布设在水系进入某行政区域但尚未受到本区域人类活动影响处，一条监测河段一般只设一个对照断面（入境断面）。

c. 控制断面：为评价水体沿岸污染源对水质的影响而布设。一般布设在排污口下游废

（污）水与江水、河水基本混合均匀处。对调查范围内的重点保护水域（饮用水水源地、渔业养殖区和地球化学异常区等）、水文站附近等，都应增加布设控制断面。

d. 消减断面：纳污河流水中污染物经稀释扩散、自净作用后，在其浓度显著下降处布设的监测断面。该断面处左、中、右三点浓度应无明显差异。

当河流为潮汐河流时，应根据潮汐河流“双向流动”的水文特征，将对照断面（图 2-1 中 $A—A'$）移到上游更远位置，即设在潮区界以上；控制断面应设在排污口上、下两侧；而潮汐河流的消减断面，一般应设在河流靠近入海口处。

② 湖泊、水库监测垂线（或断面）布设。湖泊、水库通常只布设监测垂线，情况复杂时可参照河流的有关原则布设监测断面。

a. 在湖泊、水库的不同水域，如进水区、出水区、深水区、浅水区、湖心区和岸边区，按水体类别和功能设置监测垂线。

b. 受污染影响较大的重要湖泊、水库，应在污染物扩散途径上设置控制断面。

c. 以湖泊、水库的各功能区为中心，如饮用水源、排污口、风景游览区、渔业作业区、水生生物经济区和环境敏感区等，在其辐射线上布设弧形监测断面。

③ 近岸海域监测断面布设

a. 近岸海域空间尺度大，一般采用网格法布设监测断面，可依据海域范围和受污染影响的情况确定网格密度；

b. 海洋环境功能区采用收敛型集束式（近似扇形）法布设监测断面，并以经纬度表示。

（3）采样点确定

① 地表水采样点确定。地表水监测断面布设后，应根据各水面宽度合理布设监测断面上的采样垂线，根据采样垂线处水深可进一步确定采样点位置和数量。对于江、河水系，表 2-1和表 2-2 列出了江、河水面宽度与采样垂线数和水深与采样点数的确定方法。

表 2-1　采样垂线数的确定

<table>
<tr><th>水面宽度</th><th>采样垂线数</th><th>说明</th></tr>
<tr><td><50m</td><td>一条（中泓）</td><td rowspan="3">1. 采样垂线布设应避开污染带，要监测污染带应另加设采样垂线；
2. 确能证明该监测断面水质均匀时，可仅设中泓采样垂线；
3. 凡要在该监测断面计算污染物通量时，必须按本表布设采样垂线</td></tr>
<tr><td>50～100m</td><td>二条（近左、近右岸有明显水流处）</td></tr>
<tr><td>>100m</td><td>三条（左、中、右各一条）</td></tr>
</table>

表 2-2　采样垂线上的采样点数的确定

<table>
<tr><th>水深</th><th>采样点数</th><th>说明</th></tr>
<tr><td><5m</td><td>上层一点</td><td rowspan="3">1. 上层指水面以下 0.5m 处；水深不到 0.5m 时，在水深 1/2 处。
2. 下层指水底以上 0.5m 处。
3. 中层指水深 1/2 处。
4. 封冻时在冰下 0.5m 处；水深不到 0.5m 时，在水深 1/2 处。
5. 凡要在该监测断面计算污染物通量时，必须按本表布设采样点</td></tr>
<tr><td>5～10m</td><td>上、下两层共两点</td></tr>
<tr><td>>10m</td><td>上、中、下三层共三点</td></tr>
</table>

因湖泊、水库水体可能存在分层现象，水质不均匀，所以应先对不同水深处的水温和溶解氧等参数进行测定，掌握水质随湖泊深度、温度的变化规律。若水体有温度分层现象，可根据温度分层与采样点的关系，确定采样垂线上采样点的数量及位置。若水深＞10m 时，除在水面以下 0.5m、水底以上 0.5m 处采样外，还要在每一温度分层 1/2 处设置采样点。

近岸海域的采样点需要根据水深分层来确定。如水深 50～100m，在水面以下 0.5m 层、10m 层、50m 层和水底以上 0.5m 层设采样点，同时要设置明显的标志物，或采用 GPS 准确定位。

② 饮用水源水质生物监测采样垂线（点）的确定。当饮用水源受到污染而发生水质改变时，可以根据水生生物的反应，对水体污染程度作出判断，这已成为饮用水源保护区不可或缺的水质监测内容。实施饮用水源水质生物监测的程序与一般水质监测程序基本相同，此处重点介绍在饮用水源各级保护区布设生物监测采样垂线（点）应遵循的原则。

a. 根据各类水生生物生长与分布的特点布设采样垂线（点）。

b. 在饮用水源各级保护区交界处水域，应布设采样垂线（点），并与水质监测采样垂线尽可能一致。

c. 根据实地勘查或调查掌握的信息，确定各代表性水域采样垂线（点）布设的密度与数量。

d. 在对浮游生物、微生物进行监测时，采样点布设要求如下：

第一，当水深小于 3m，水体混合均匀且透光可达到水底层时，在水面以下 0.5m 布设采样点。

第二，当水深为 3～10m，水体混合较为均匀、透光不能达到水底层时，分别在水面以下和水底以上 0.5m 处布设采样点。

第三，当水深大于 10m 时，在透光层或温跃层以上的水层，分别在水面以下 0.5m 和最大透光深度处布设采样点，另在水底以上 0.5m 处布设采样点。

第四，为了解和掌握水体中浮游生物、微生物的垂向分布，可每隔 1.0m 水深布设采样点。

对底栖动物、着生生物和水生维管束植物进行监测时，在每条采样垂线上布设一个采样点。采集鱼类样品时，应按鱼类的食性和栖息特点，如肉食性、杂食性和草食性，表层栖息和底层栖息等在监测水域范围内采集。

（4）采样时间和采样频率　依据不同的水体功能、水文要素和污染源、污染物排放等实际情况，采样时间和采样频率应能反映水质在时间和空间上的变化特征并具有较好的代表性，力求以最少的采样频率，取得最有代表性的样品。确定采样时间和采样频率的基本原则如下所述。

① 背景断面每年采样 1 次；较大河流、湖泊、水库上的监测断面，逢单月采样 1 次，全年 6 次，采样时间可设在丰水期、枯水期和平水期，每期采样 2 次；底泥每年在枯水期采样 1 次。

② 饮用水源地、各行政区交界断面中需要重点控制的监测断面每月至少采样 1 次，全年不少于 12 次。

③ 受潮汐影响的监测断面分别在大、小潮期采样，每次采集涨、退潮水样分别测定，涨潮水样应在监测断面处水面涨平时采样，退潮水样应在水面退平时采样。

④ 属于国家监控的监测断面（或垂线），每月采样 1 次，一般在每月 5～10 日采样。

⑤ 海水水质常规监测，一般每年只开展 1 次监测，监测时间应在 2～9 月间。对陆域重点污染排放源（包括工业源、畜牧业源、生活源和集中式污染治理设施排放口、市政污水排放口等）的监测，参照《水污染物排放总量监测技术规范》（HJ/T 92—2002）的相关规定确定采样时间和采样频率。

⑥ 对饮用水源保护区的生物监测

a. 生物群落监测周期为 3～5 年 1 次，在周期监测年度内，监测频率为每季度 1 次；水体卫生学项目（如细菌总数、总大肠菌群数、粪大肠菌群数和粪链球菌数等）与水质项目的监测频率相同；水体初级生产力监测每年不得少于 2 次；生物体污染物残留量监测每年 1 次。

b. 采样时间：同一类群的生物样品采集时间（季节、月份）应尽量保持一致；浮游生物样品的采集时间以上午 8:00～10:00 为宜。除特殊情况之外，生物体污染物残留量测定的生物样品应在秋、冬季采集。

2.2.2 地下水监测方案制订

储存在土壤和岩石空隙（孔隙、裂隙、溶隙）中的水统称为地下水。地下水具有流动缓慢、水质参数相对稳定的基本特征。《地下水环境监测技术规范》（HJ 164—2020）对地下水监测点布设、采样、样品管理、监测项目和检测方法、实验室分析，以及监测数据的处理和质量保证等环节都作了明确规定。

（1）资料收集和实地调查

① 收集、汇总监测区域内的水文、地质方面的资料和以往的监测资料，包括地质图、剖面图、测绘图、水井资料和地下水质类型，以及作为地下水补给水源的地理分布及其水文特征、地下水径流和排泄方向等。

② 调查区域内城市发展规划、工业布局、地下水资源开发和土地利用等情况；了解化肥和农药的施用面积与施用量；查清污水灌溉、排污、纳污及地表水的污染现状。

③ 基于前期的监测资料，确定污染源类型和监测项目。

④ 对地下水位和水深进行实际测量，明确采水器和采水泵的类型、所需费用，确定水文地质单元划分和采样程序。

（2）采样井布设　通过对基础资料、实地测量结果的综合分析，再根据饮用水地下水源监测要求和监测项目、水质的均一性、水质分析方法、环境标准法规，以及人力物力等因素综合分析结果，布设采样井并确定采样深度。一般布设两类采样井，用于背景值监测和污染监测；必要时可构建合理的采样井监测网络。

① 全面掌握地下水水资源质量状况，根据地下水类型分区与开采强度分区，以主要开采层为主布设采样井，兼顾深层和自流地下水。

② 采样井布设密度为主要供水区（饮用水水源区）密，一般地区稀，城区密，农村稀；污染严重区（如污水灌溉区、垃圾堆积处、垃圾填埋场地区及地下水回灌区等）密，非污染区稀；并尽量与现有地下水水位观测井网相结合。

③ 作为地下水主要补给来源的地区，可在垂直于地下水水流的上游方向，布设一个至多个背景值监测井。

（3）采样时间和采样频率　背景值监测井每年采样一次，而作为饮用水集中供水水源的地下水监测井要求每月采样一次；对于污染调查与控制监测井也要求每月采样一次，而特设监测井按设置目的与要求确定采样时间和采样频率。对有异常情况的井点，应及时增加采样监测频率。

2.2.3　水污染源监测方案制订

水污染源包括工业废水、生活污水和医院污水等。在制订水污染源监测方案时，同样需要进行资料收集和现场调查，掌握排放废（污）水的类型、主要污染物及其排水去向（江、河、湖等水体）和排放总量；调查相应的排污口位置和数量，有无废（污）水处理设施等。

（1）采样点的布设

① 在车间或车间处理设施的排放口布设采样点，监测项目为第一类污染物；第一类污染物是指能在环境或动植物内蓄积，对人体健康产生长远不良影响的污染物，包括总汞、烷基汞、总镉、总铬、六价铬、总砷、总铅、总镍、苯并［*a*］芘、总铍、总银、总 α 放射性、总 β 放射性。

② 在对工业企业内部监测时，废水的采样点布设与生产工艺有关，通常选择在工厂的总排放口、车间或工段排放口以及有关工序的排水点；为考察工业废水或医院污水处理设施的处理效果，应对该设施的进水、出水同时取样；经医院污水处理设施产生的出水，在排放前还要求进行特殊预处理，达标后方可排放。

对城市污水处理厂，采样点布设在污水进口处和处理后排放进入受纳水体的总排放口处；为评价污水处理的效果，可在污水处理厂进水、各处理单元出水，以及总排放口处布设采样点。

（2）采样时间和采样频率　在《污水综合排放标准》（GB 8978—1996）和《水污染物排放总量监测技术规范》（HJ/T 92—2002）中，对采样时间和采样频率均提出了明确的要求：

① 水质比较稳定的废（污）水的采样按生产周期确定监测频率，生产周期在 8h 以内的，每 2h 采样 1 次；生产周期大于 8h 的，每 4h 采样 1 次；其他污水采样，每 24h 不少于 2 次。

② 废水排放含有第一类污染物的单位，废水污染物浓度和废水流量应同步监测，并尽可能实现同步连续在线监测。

③ 对重点污染源每年至少进行 4 次总量控制监督性监测（每个季度 1 次）；一般污染源每年 2～4 次（上半年、下半年各 1～2 次）监督性监测。

【思考与练习 2.2】

1. 河流采样消减断面宜设在城市或工业区最后一个排污口下游（　　）m 以外河段上。

A. 500　　B. 1000　　C. 1500　　D. 5000

2. 监测某一流经城市的河流一般不设置（　　）断面。

A. 背景　　B. 对照　　C. 控制　　D. 消减

3. 水体控制断面是为了了解水体（　　）而设置的。

A. 受污染现状　　B. 污染混合情况　　C. 污染浓度最大值　　D. 污染净化情况

4. 河流采样断面垂线布设是：河宽≤50m 的河流，可在______设____条垂线；河宽＞100m 的河流，在________设____条垂线；河宽 50～100m 的河流，可在________设____条垂线。

2.3 水样的采集、保存、运输及预处理

2.3.1 水样的分类

2.3.1.1 综合水样

把从不同采样点同时采集的各个瞬时水样混合起来所得到的样品称作综合水样，综合水样在各点的采样时间虽然不能同步，但越接近越好，以便得到可以对比的资料。

2-3 水样的采集

综合水样是获得平均浓度的重要方式，有时需要把代表断面上的各点，或几个污水排放口的污水按照相对比例流量混合，取其平均浓度。

什么情况下采综合水样，需视水体的具体情况和采样目的而定。如为几条排污河渠建设综合处理厂，从各河道取单样分析就不如综合样更为科学合理，因为各河道污水的相互反应可能对设施的处理性能及其成分产生显著的影响。由于不可能对相互作用进行预测，因此取综合水样可能提供更加有用的资料。相反，有些情况取单样更合理，如湖泊和水库在深度和水平方向常常出现组分上的变化；而此时，大多数的平均值或总值的变化不显著，局部变化明显。在这种情况下，综合水样就失去意义。

2.3.1.2 瞬时水样

对于组成较稳定的水体，或水体的组成在相当长的时间和相当大的空间范围变化不大，采瞬时样品具有很好的代表性。当水体的组成随时间发生变化，则要在适当时间间隔内进行瞬时采样，分别进行分析，测出水质的变化程度、频率和周期。当水体的组成发生空间变化时，就要在各个相应的部位采样。

2.3.1.3 混合水样

在大多数情况下，所谓混合水样是指在同一采样点上于不同时间所采集的瞬时样的混合样，有时用“时间混合样”的名称与其他混合样相区别。

时间混合样在观察平均浓度时非常有用。当不需要测定每个水样而只需平均值时，混合水样能减少监测分析工作量和试剂等的消耗。混合水样不适用于测试成分在水样储存过程中发生明显变化的水样，如挥发酚、油类、硫化物等。

如果污染物在水中的分布随时间而变化，则必须采集“流量比例混合样”，即按一定的流量采集适当比例的水样（例如每10t采样100mL）混合而成。往往使用流量比例采样器完成水样的采集。

2.3.1.4 平均污水样

对于排放污水的企业而言，生产的周期性影响着排污的规律性。为了得到代表性的污水样（往往要求得到平均浓度），应根据排污情况进行周期性采集。不同的工厂、车间生产周期时间长短不同，排污的周期性差别也很大。一般来说，应在一个或几个生产或排放周期内，按一定的时间间隔分别采样。对于性质稳定的污染物，可将分别采集的样品进行混合后一次测定；对于不稳定的污染物可在分别采集、分别测定后取平均值为代表。

生产的周期性也影响污水的排放量，在排放量不稳定的情况下，可将一个排污口不同时间的污水样，依据流量的大小，按比例混合，可得到被称为平均比例混合的污水样。这是获得平均浓度最常采用的方法，有时需将几个排污口的水样按比例混合，用以代表瞬时综合排污浓度。

【注意】在污染源监测中，随污水流动的悬浮物或固体微粒，应看成是污水样的一个组成部分，不应在分析前滤除。油、有机物和金属离子等，可能被悬浮物吸附，有的悬浮物中就含有被测定的物质，如选矿、冶炼废水中的重金属。所以，分析前必须摇匀取样。

2.3.1.5 其他水样

例如，为监测洪水期或退水期的水质变化、调查水污染事故的影响等都需采集相应的水样。采集这类水样时，需根据污染物进入水系的位置和扩散方向布采样点并采样，一般采集瞬时水样。

2.3.2 地表水和地下水水样的采集

2.3.2.1 不同水样类型采样

(1) 表层水的采样　在河流、湖泊可以直接汲水的场合，可用适当的容器如水桶采样。从桥上等地方采样时，可将系着绳子的聚乙烯桶或带有坠子的采样瓶投于水中汲水。要注意不能混入漂浮于水面上的物质。

(2) 一定深度水的采样　在湖泊、水库等处采集一定深度的水时，可用直立式或有机玻璃采水器。这类装置在下沉过程中，水从采样器中流过。当达到预定的深度时，容器能够闭合而汲取水样。在河水流动缓慢的情况下，采用上述方法时，最好在采样器下端系上适宜重量的坠物，当水深且水流急时要系上相当重的铅鱼，并配备绞车。

(3) 泉水、井水的采样　对于自喷的泉水，可在涌口处直接采样；采集不自喷泉水时，使停滞在抽水管的水溢出，新水更替之后，再进行采样。

从井水采集水样，必须在充分抽汲后进行，以保证水样能代表地下水水源。

(4) 自来水或抽水设备中水的采样　采取这些水样时，应先放水数分钟，使积留在水管中的杂质及陈旧水排出，然后再取样。

(5) 地表水采样的注意事项

① 采样时不可搅动水底部的沉积物。

② 采样时应保证采样点的位置准确。

③ 认真填写“水质采样记录表”，用签字笔或硬质铅笔在现场记录，字迹应端正、清晰，项目完整。

④ 保证采样按时、准确、安全。

⑤ 采样结束前，应核对采样计划、采样记录与水样，如有错误或遗漏，应立即补采或重采。

⑥ 如采样现场水体很不均匀，无法采到有代表性样品，则应详细记录不均匀的情况和实际采样情况，供使用该数据者参考，并将此现场情况向生态环境行政主管部门反映。

⑦ 测定油类的水样，应在水面至水的表面以下 300mm 采集柱状水样，并单独采样，全部用于测定。采集瓶（容器）不能用采集的水样冲洗。

⑧ 测溶解氧、生化需氧量和有机污染物等项目时的水样，必须注满容器，不留空间，并用水封口。

⑨ 如果水样中含沉降性固体（如泥沙等），则应分离除去。分离方法为：将所采水样摇匀后倒入筒形玻璃容器，静置30min，将已不含沉降性固体但含有悬浮性固体的水样移入盛样容器并加入保存剂。测定总悬浮物和油类的水样除外。

⑩ 测定湖库水COD、高锰酸盐指数、叶绿素a、总氮、总磷时的水样，静置30min后，用吸管一次或几次移取水样，吸管进水尖嘴应插至水样表层50mm以下位置，再加保存剂保存。

⑪ 测定油类、BOD_5、DO、硫化物、余氯、粪大肠菌群、悬浮物、放射性等项目要单独采样。

2.3.2.2 水质采样记录

在地表水和污水监测技术规范要求的水质采样记录表中，一般包括采样现场描述与现场测定项目两部分内容，均应认真填写。

（1）水温　用经检定的温度计直接插入采样点测量。深水温度用电阻温度计或颠倒温度计测量。温度计应在采样点放置5～7min，待测得水温恒定不变后读数。

（2）pH　用测量精度为0.1的pH计测定。测定前应清洗或校正仪器。

（3）溶解氧（DO）　用膜电极法测定（注意防止膜上附着微小气泡）。

（4）透明度　用塞氏盘法测定。

（5）电导率　用电导率仪测定。

（6）氧化还原电位　用铂电极和甘汞电极以mV计或pH计测定。

（7）浊度　用浊度仪测定。

（8）水样感官指标的描述。

① 颜色：用相同的比色管，分别取等体积的水样和蒸馏水作比较，进行定性描述。

② 水的气味、水面有无油膜等均应做现场记录。

（9）水文参数　水文测量应按《河流流量测验规范》（GB 50179—2015）进行。潮汐河流各点位采样时，还应同时记录潮位。

（10）气象参数　包括气温、气压、风向、风速、相对湿度等。

2.3.3 污水采样

2.3.3.1 采样频次

① 监督性监测：地方环境监测站对污染源的监督性监测每年不少于1次，如被国家或地方生态环境行政主管部门列为年度监测的重点排污单位，应增加到每年2～4次。因管理或执法的需要所进行的抽查性监测由各级生态环境行政主管部门确定。

② 企业自控监测：工业污水按生产周期和生产特点确定监测频次，一般每个生产周期不得少于3次。

③ 对于污染治理、环境科研、污染源调查和评价等工作中的污水监测，其采样频次可以根据工作方案的要求另行确定。

④ 根据管理需要进行调查性监测，监测站事先应对污染源单位正常生产条件下的一个

生产周期进行加密监测。周期在 8h 以内的，1h 采 1 次样；周期大于 8h 的，每 2h 采 1 次样，但每个生产周期采样次数不少于 3 次。采样的同时测定流量。根据加密监测结果，绘制污水污染物排放曲线（浓度-时间、流量-时间、总量-时间），并与所掌握资料对照，如基本一致，即可据此确定企业自行监测的采样频次。

⑤ 排污单位如有污水处理设施并能正常运行使污水能稳定排放的，则污染物排放曲线比较稳定，监督监测可以采瞬时样；对于排放曲线有明显变化的不稳定排放污水，要根据曲线情况分时间单元采样，再组成混合样品。正常情况下，混合样品的单元采样不得少于两次。如排放污水的流量、浓度甚至组分都有明显变化，则在各单元采样时的采样量应与当时的污水流量成比例，以便混合样品更有代表性。

2.3.3.2　采样方法

（1）污水的监测项目按照行业类型有不同要求　在分时间单元采集样品时，测定 pH、COD、BOD_5、DO、硫化物、油类、有机物、余氯、粪大肠菌群、悬浮物、放射性等项目的样品，不能混合，只能单独采样。

（2）不同监测项目要求　对不同的监测项目应选用的容器材质、加入的保存剂及其用量与保存期、应采集的水样体积和容器及其洗涤方法等见表 2-3。

表 2-3　水样常用保存条件

待测项目		容器类别	保存方法	分析地点	可保存时间	建议
物理、化学及生化分析	pH	P 或 G		现场		现场直接测定
	酸度或碱度	P 或 G	在 2～5℃暗处冷藏	实验室	24h	水样充满整个容器
	溴	G		实验室	6h	最好在现场进行测定
	电导率	P 或 G	冷藏于 2～5℃	实验室	24h	最好在现场进行测定
	色度	P 或 G	在 2～5℃暗处冷藏	现场、实验室	24h	
	悬浮物及沉积物	P 或 G		实验室	24h	单独定容采样
	浊度	P 或 G		实验室	短暂	最好在现场进行测定
	臭氧	P 或 G		现场		
	余氯	P 或 G		现场		最好在现场分析，如果做不到，在现场用过量 NaOH 固定，保存不应超过 6h
	二氧化碳	P 或 G		现场		
	溶解氧	溶解氧瓶	现场固定氧并存在暗处	现场、实验室	几小时	碘量法：加 1mL1mol/L 高锰酸钾和 2mL1mol/L 碱性碘化钾
	油脂、油类、烃类、石油及衍生物	G	现场萃取冷冻至－20℃	实验室	24h～数月	建议于采样后立即加入在分析方法中所用的萃取剂，或进行现场萃取

续表

待测项目		容器类别	保存方法	分析地点	可保存时间	建议
物理、化学及生化分析	离子型表面活性剂	G	在2～5℃下冷藏，硫酸酸化至pH<2	实验室	短暂～48h	
	非离子型表面活性剂	G	加入体积分数为40%的甲醛，使样品成为体积分数为1%的甲醛溶液，在2～5℃下冷藏，并使水样充满容器	实验室	短暂～48h	
	砷	P		实验室	1个月	不能硝酸酸化的生活污水及工业废水，应使用这种方法
	硫化物	P		实验室	24h	必须现场固定
	总氰	P	用NaOH调节至pH>12	实验室	24h	
	COD	G	在2～5℃暗处冷藏， 用H_2SO_4酸化至pH<2， -20℃冷冻（一般不使用）	实验室	短暂 1周 1个月	如果COD是因为存在有机物引起的则必须加以酸化。COD值低时，最好用玻璃容器保存
	BOD	G	在2～5℃下暗处冷藏， -20℃冷冻（一般不使用）	实验室	短暂 1个月	BOD值低时，最好用玻璃容器保存
	凯氏氮（氨氮）	P或G	用H_2SO_4酸化至pH<2并在2～5℃下冷藏	实验室	短暂	为了阻止硝化细菌的新陈代谢，应考虑加入杀菌剂如丙烯基硫脲或氯化汞或三氯甲烷等
	硝酸盐氮	P或G	酸化至pH<2并在2～5℃下冷藏	实验室	24h	有些污水样品不能保存，需现场分析
	亚硝酸盐氮	P或G	在2～5℃下暗处冷藏	实验室	短暂	
	有机碳	G	用H_2SO_4酸化至pH<2并在2～5℃下冷藏	实验室	24h	应该尽快测试，有些情况下，可以应用干冻法（-20℃）。建议于采样后立即加入在分析方法中所用萃取剂，或现场进行萃取
	有机氯农药	G	在2～5℃下冷藏			
	有机磷农药	G	在2～5℃下冷藏	实验室	24h	建议于采样后立即加入在分析方法中所有的萃取剂，或现场进行萃取

续表

	待测项目	容器类别	保存方法	分析地点	可保存时间	建议
物理、化学及生化分析	“游离”氯化物	P	保存方法取决于分析方法	现场		
	酚	BG	用 $CuSO_4$ 抑制生化并用 H_3PO_4 酸化或用 NaOH 调节至 $pH>12$	现场	24h	保存方法取决于所用的分析方法
	叶绿素	P 或 G	2～5℃下冷藏， 过滤后冷冻滤渣	实验室	24h 1个月	
	肼	G	用 HCl 调至 1mol/L（每升样品 100mL）并于暗处储存	实验室	24h	
	洗涤剂	见表面活性剂				
	汞	P 或 BG		实验室	2周	保存方法取决于分析方法
	可过滤铝	P	在现场过滤并用硝酸酸化滤液至 $pH<2$（如测定时用原子吸收法则不能用 H_2SO_4）	实验室	1个月	滤渣用于测定不可过滤态铝，滤液用于该项测定
	附着在悬浮物上的铝	P	现场过滤	实验室	1个月	
	总铝	P	酸化至 $pH<2$	实验室	1个月	取均匀样品消解后测定，酸化时不能使用 H_2SO_4
	钡	P 或 BG	同铝			
	镉	P 或 BG	同铝			
	铜	P	同铝			
	总铁	P 或 BG	同铝			
	铅	P 或 BG	同铝			酸化时不能使用 H_2SO_4
	锰	P 或 BG	同铝			
	镍	P 或 BG	同铝			
	银	P 或 BG	同铝			
	锡	P 或 BG	同铝			
	铀	P 或 BG	同铝			
	锌	P 或 BG	同铝	实验室	短暂	不得使用磨口及内壁已磨损的容器，以避免对铬的吸附
	总铬	P 或 BG	同铝			
	六价铬	P 或 G	用氢氧化钠调节使 $pH=7～9$			

续表

待测项目		容器类别	保存方法	分析地点	可保存时间	建议
物理、化学及生化分析	钴	P或G	同铝	实验室	24h	不使用H_2SO_4酸化的样品可同时用于测定钙和其他金属
	钙	P或G	过滤后将滤液酸化至pH＞12	实验室	数月	
	总硬度	P	同钙			
	镁	P或G	同钙			
	锂	P	酸化至pH＜2	实验室		
	钾	P	同锂			
	钠	P	同锂			
	溴化物及含溴化合物	P或G	于2～5℃冷藏	实验室	短暂	样品应避光保存
	氯化物	P或G	—	实验室	数月	
	氟化物	P	—	实验室	若样品是中性的可保存数月	
	碘化物	非光化玻璃	于2～5℃冷藏，加碱调整pH＝8	实验室	24h 1个月	样品应避免日光直射
	正磷酸盐	BG	于2～5℃冷藏	实验室	24h	
	总磷	BG	用H_2SO_4酸化至pH＜2	实验室	数月	
	硒	G或BP	用NaOH调节至pH＞11	实验室		
	硅酸盐	P	过滤后用H_2SO_4酸化至pH＜2，并于2～5℃冷藏	实验室	24h	
	总硅	P	—	实验室	数月	
	硫酸盐	P或G	于2～5℃冷藏	实验室	1周	
	亚硫酸盐	P或G	在现场按每100mL水样加1mL质量分数25%的EDTA溶液	实验室	1周	
微生物分析	硼及硼酸盐	P	—	实验室	数月	
	细菌总计数（大肠杆菌、粪便链球菌、志贺氏菌等）	灭菌容器G	于2～5℃冷藏	实验室	短暂（地表水、污染水及饮用水）	

注：P为聚乙烯容器；G为玻璃容器；BG为硼硅玻璃。

（3）自动采样　自动采样用自动采样器进行，有时间等比例采样和流量等比例采样。当污水排放量较稳定时可采用时间等比例采样，否则必须采用流量等比例采样。所用的自动采样器必须符合生态环境部颁发的污水采样器技术要求。

（4）实际采样位置的设置　实际的采样位置应在采样断面的中心。当水深大于 1m 时，应在表层下 1/4 深度处采样；当水深小于或等于 1m 时，在水深的 1/2 处采样。

（5）注意事项

① 用样品容器直接采样时，必须用水样冲洗三次后再行采样。但当水面有浮油时，采油的容器不能冲洗。

② 采样时应注意除去水面的杂物、垃圾等漂浮物。

③ 用于测定悬浮物、BOD_5、硫化物、油类、余氯的水样，必须单独定容采样，全部用于测定。

④ 在选用特殊的专用采样器时，应按照该采样器的使用方法采样。

⑤ 采样时应认真填写“污水采样记录表”，表中应有以下内容：污染源名称、监测目的、监测项目、采样点位、采样时间、样品编号、污水性质、污水流量、采样人姓名及其他有关事项等。具体格式要求可由各省制定。

⑥ 凡需现场监测的项目，应进行现场监测。其他注意事项可参考地表水质监测的采样部分。

2.3.4　水样的保存与运输

2.3.4.1　水样的保存

（1）导致水质变化的因素　水样采集后，应尽快送到实验室分析。样品久放，受下列因素影响，某些组分的浓度可能会发生变化。

① 生物因素：微生物的代谢活动，如细菌、藻类和其他生物的作用可改变许多被测物的化学形态，它们可影响许多测定指标的浓度，主要反映在 pH、溶解氧、生化需氧量、二氧化碳、碱度、硬度、磷酸盐、硫酸盐、硝酸盐和某些有机化合物的浓度变化上。

② 化学因素：测定组分可能被氧化或还原，如六价铬在酸性条件下易被还原为三价铬，低价铁可氧化成高价铁。铁、锰等价态的改变，可导致某些沉淀溶解、聚合物产生或解聚作用的发生。如多聚无机磷酸盐、聚硅酸等，所有这些，均能导致测定结果与水样实际情况不符。

③ 物理因素：测定组分被吸附在容器壁上或悬浮颗粒物的表面，如溶解的金属或胶状的金属；某些有机化合物以及某些易挥发组分的挥发损失。

（2）水样保存方法

① 冷藏或冷冻：样品在 4℃冷藏或将水样迅速冷冻，贮存于暗处，可以抑制生物活动，减缓物理挥发作用和化学反应速度。

冷藏是短期内保存样品的一种较好方法，对测定基本无影响。但需要注意冷藏保存也不能超过规定的保存期限，冷藏温度必须控制在 4℃左右。温度太低（例如≤0℃），会因水样结冰体积膨胀，使玻璃容器破裂，或样品瓶盖被顶开失去密封，样品受玷污。温度太高则达不到冷藏目的。

2-4 水样的保存和运输

② 加入化学保存剂

a. 控制溶液 pH：测定金属离子的水样常用硝酸酸化至 pH 1～2，既可以防止重金属的水解沉淀，又可以防止金属在器壁表面上的吸附，同时在 pH 1～2 的酸性介质中还能抑制生物的活动。用此法保存，大多数金属可稳定数周或数月。测定氰化物的水样需要用氢氧化钠调至 pH 12。测定六价铬的水样应加氢氧化钠调至 pH 8，因在酸性介质中，六价铬的氧化电位高，易被还原。保存测定总铬的水样，则应加硝酸或硫酸调至 pH 1～2。

b. 加入抑制剂：为了抑制生物作用，可在样品中加入抑制剂。如在测氨氮、硝酸盐氮和 COD 的水样中，加氯化汞或三氯甲烷、甲苯作防护剂以抑制生物对亚硝酸盐、硝酸盐、铵盐的氧化还原作用。在测酚水样中用磷酸调溶液的 pH，加入硫酸铜以控制苯酚分解菌的活动。

c. 加入氧化剂：水样中痕量汞易被还原，引起汞的挥发性损失，加入硝酸-重铬酸钾溶液可使汞维持在高氧化态，汞的稳定性大为改善。

d. 加入还原剂：测定硫化物的水样，加入抗坏血酸对保存有利。含余氯水样，能氧化氰离子，可使酚类、烃类、苯系物氯化生成相应的衍生物，为此在采样时加入适量的硫代硫酸钠予以还原，除去余氯干扰。

样品保存剂如酸、碱或其他试剂在采样前应进行空白试验，其纯度和等级必须达到分析的要求。

(3) 水样的保存条件　不同监测项目样品的保存条件见表 2-3，可作为水环境监测保存样品的一般条件。此外，由于地表水、废水样品的成分不同，同样的保存条件很难保证对不同类型样品中待测物都是可行的。因此，在采样前应根据样品的性质、组成和环境条件，检验保存方法或选用的保存剂的可靠性。

2.3.4.2　水样的管理与运输

(1) 水样的管理　样品是从各种水体及各类型水中取得的实物证据和资料，水样妥善而严格地管理是获得可靠监测数据的必要手段。

对需要现场测试的项目，如 pH、电导率、温度、溶解氧、流量等应按表 2-4 进行记录，并妥善保管现场记录。

表 2-4　采样现场数据记录

<table>
<tr><td colspan="5">现场数据记录</td><td colspan="5">采样人员：______
______
______</td></tr>
<tr><td rowspan="2">采样地点</td><td rowspan="2">采样编号</td><td rowspan="2">采样日期</td><td colspan="2">时间/h</td><td rowspan="2">pH</td><td rowspan="2">温度</td><td colspan="3">其他参数</td></tr>
<tr><td>采样开始</td><td>采样结束</td><td></td><td></td><td></td></tr>
<tr><td></td><td></td><td></td><td></td><td></td><td></td><td></td><td></td><td></td><td></td></tr>
<tr><td></td><td></td><td></td><td></td><td></td><td></td><td></td><td></td><td></td><td></td></tr>
<tr><td></td><td></td><td></td><td></td><td></td><td></td><td></td><td></td><td></td><td></td></tr>
<tr><td></td><td></td><td></td><td></td><td></td><td></td><td></td><td></td><td></td><td></td></tr>
<tr><td></td><td></td><td></td><td></td><td></td><td></td><td></td><td></td><td></td><td></td></tr>
</table>

水样采集后，往往根据不同的分析要求，分装成数份，并分别加入保存剂。对每一份样品都应附一张完整的水样标签。水样标签的设计可以根据实际情况，一般包括：采样目的、监测点数目、监测点位置、监测日期、时间、采样人员等。标签使用不褪色的笔填写，并牢固地贴于盛装水样的容器外壁上。

（2）水样的运输和交接　水样采集后必须立即送回实验室，根据采样点的地理位置和每个项目分析前最长可保存的时间，选用适当的运输方式，在现场工作开始之前，就要安排好水样的运输工作，以防延误。

同一采样点的样品应装在同一包装箱内，如需分装在两个或几个箱子中时，则需在每个箱内放入相同的现场采样记录。运输前应检查现场采样记录上的所有水样是否全部装箱。要用红色在包装箱顶部和侧面标上“切勿倒置”的标记。

每个水样瓶均需贴上标签，内容有采样点位编号、采样日期和时间、测定项目、保存方法，并写明用何种保存剂。

在样品运输过程中应有押送人员，防止样品损坏或受玷污。移交实验室时，交接双方应一一核对样品，办妥交接手续，并在管理程序记录卡（表 2-5）上签字。

表 2-5　管理程序记录卡片

采样人员（签字）：						样品容器编号	备注				
采样点编号	日期	时刻	混合样	定时样	采样点位置						
转交人签字：		日期　时刻		接收人签字：		转交人签字：		日期　时刻		接收人签字：	
转交人签字：		日期　时刻		接收人签字：		转交人签字：		日期　时刻		接收人签字：	
转交人签字：		日期　时刻		接收人签字：		转交人签字：		日期　时刻		接收人签字：	

污水样品的组成往往相当复杂，其稳定性通常比地表水样更差，应设法尽快测定。保存和运输方法的具体要求参照地表水样的有关规定执行。

2.3.5 水样预处理

环境水样或废（污）水样品中污染物种类多，组成十分复杂，通常包含了几十种甚至几百种组分，而各组分的浓度差异很大，一种物质往往以多种形态存在。因此，水样需要进行预处理，以获得待测组分满足分析方法要求的形态和浓度，并最大限度地分离干扰性物质。评价预处理方法的主要原则是：去除干扰性物质的能力和待测组分的回收率。

2-5 水样预处理

2.3.5.1 水样的消解

当测定环境水样或废（污）水样品中的无机元素时，需要进行消解预处理，以破坏有机物、溶解悬浮物，并将各种价态的待测元素氧化成单一高价态或转变成易于分离的无机物。常用的消解方法有湿式消解法、干灰化法和微波消解法。

（1）湿式消解法　在进行水样消解时，应根据水样的类型及测定方法选择消解方法。最常使用的一元酸为硝酸，采用多元酸的目的是提高消解温度、加快氧化速率和改善消解效果。

① 硝酸消解法。对于较清洁的水样，可用硝酸消解。其方法要点是：取混匀的水样50～200mL于锥形瓶中，加入5～10mL浓硝酸，在电热板上控温（95±5)℃加热煮沸，并蒸发至小体积，试液应清澈透明，呈浅色或无色，否则，应补加少许浓硝酸继续消解。蒸至近干时，取下锥形瓶，稍冷却后加入质量分数为2%的HNO_3溶液20mL，温热溶解可溶盐。若有沉淀，应过滤，滤液冷至室温后于50mL容量瓶中定容，待测定。

当废（污）水样品中有机物含量较高时，可添加过氧化氢彻底破坏有机物，提升硝酸消解的效果。

② 硝酸-硫酸消解法。硝酸-硫酸混合酸是应用最为广泛的消解体系。两种酸都具有很强的氧化能力，联合使用可大幅提高消解温度和消解效率。常用的浓硝酸与浓硫酸的体积比为5∶2，最高消解温度可达220℃。消解时，通常先将浓硝酸加入待消解样品中，加热蒸发至小体积，稍冷却后再加入浓硫酸、浓硝酸，继续加热蒸发至冒大量白烟，稍冷却后加入质量分数为2%的HNO_3溶液，温热溶解可溶盐。若有沉淀，应过滤，滤液冷至室温后定容，待分析测定。若欲测定水样中存在易与硫酸反应生成难溶硫酸盐的元素时，可改用硝酸-盐酸混合酸体系。

③ 硝酸-高氯酸消解法。使用硝酸-高氯酸消解体系，可显著提升难降解有机物的消解效果。方法要点是：取适量水样于锥形瓶中，加5～10mL浓硝酸，在电热板上加热，消解至大部分有机物被分解。取下锥形瓶稍冷却后，加入2～5mL高氯酸，继续加热至开始冒白烟，如试液呈深色，再补加浓硝酸，继续加热至浓厚白烟将尽（不可蒸干），取下锥形瓶，稍冷却后再加入质量分数为2%的HNO_3溶液溶解可溶盐。若有沉淀，应过滤，滤液冷至室温后定容，待分析测定。

因为高氯酸能与羟基化合物反应生成不稳定的高氯酸酯，有发生爆炸的危险，故在消解时应先加入浓硝酸，氧化水样中的羟基化合物，稍冷却后再加入高氯酸。

④ 硝酸-氢氟酸消解法。氢氟酸能与水样中的硅酸盐和硅胶态物质发生反应，生成四氟化硅而挥发分离，消除其干扰。但氢氟酸也能与玻璃发生反应，故消解时应使用聚四氟乙烯材质的烧杯。

⑤ 硫酸-高锰酸钾消解法。硫酸-高锰酸钾消解法主要用于测定含Hg水样的消解。高锰酸钾是强氧化剂，在酸性、中性或碱性条件下均可氧化分解有机物，多形成草酸盐氧化产物。但在酸性条件下，氧化分解有机物能力更强。消解要点是：取适量水样，加入适量浓硫酸和质量浓度为50g/L的高锰酸钾溶液，混合均匀后控制温度在（95±5)℃煮沸，直至消解液蒸发至近干，冷却后滴加盐酸羟胺溶液分解过量的高锰酸钾。

⑥ 多元消解法。对于基体比较复杂的水样，为提升消解效果，需要使用三种及三种以上混合酸（氧化剂）消解体系。如测定废水全元素时，需要用盐酸-硫酸-高锰酸钾三元体系消解。

⑦ 碱分解法。遇到采用酸消解法不易彻底消除干扰物质或会造成某些组分挥发性损失的水样，可改用碱分解法。其方法要点是：在水样中加入适量氢氧化钠-过氧化氢混合溶液，

或加入氨水-过氧化氢混合溶液，加热煮沸至近干，稍冷却后加入去离子水或稀碱溶液，温热溶解可溶盐并过滤，滤液冷至室温后转移至 50mL 容量瓶定容，待分析测定。

（2）干灰化法　干灰化法又称干式分解法或高温分解法，多用于固态样品如沉积物、底泥等底质以及土壤样品的消解。操作过程是：取适量水样于白瓷或石英蒸发皿中，在水浴上蒸干后移入马弗炉内，于 450～550℃灼烧到残渣呈灰白色，使有机物完全除去。取出蒸发皿稍冷却后，用适量质量分数为 2%的 HNO_3（或 HCl）溶液溶解样品灰分，溶解液经过滤、定容后，待分析测定。

（3）微波消解法　微波消解是将高压消解和微波快速加热相结合的一项消解新技术。其原理是以水样和消解酸的混合液为发热体，从内部对样品进行激烈搅拌、充分混合和快速加热，显著提升了样品的分解速率，缩短了消解时间，提高了热氧化效率。在微波消解过程中，水样处于密闭容器中，也避免了待测元素的损失和可能造成的污染。参照我国发布的《水质　金属总量的消解　微波消解法》（HJ 678—2013），消解步骤分为三步：

① 取 25mL 水样于消解罐中，先加入适量过氧化氢，再根据待测元素加入适量消解液 1（5mL 浓硝酸）或消解液 2（4mL 浓硝酸、1mL 浓盐酸的混合液），置于通风橱中观察溶液，待氧化反应平稳后加盖旋紧；

② 将消解罐放在微波消解仪中，按推荐的升温程序（即 10min 升温至 180℃并保持 15min）进行消解；

③ 微波程序运行结束后，将消解罐取出并置于通风橱内冷却至室温，放气开盖，转移消解液至 50mL 容量瓶中，定容备用。

2.3.5.2　水样的分离与富集

当存在共存组分干扰时，可以采取分离或掩蔽措施；当水样中成分复杂，干扰因素多，而待测组分含量低于分析方法的测定下限时，就必须进行待测组分的富集。分离与富集通常是同步进行，常用方法有过滤、气提、顶空、蒸馏、萃取、离子交换、吸附、共沉淀和层析等，要根据具体情况选择使用。

（1）蒸馏法和顶空法

① 蒸馏法。是基于气-液平衡原理，利用各组分的沸点及蒸气压的不同达到分离目的。在加热时水样中易挥发的组分富集在蒸气相，通过冷凝，进入馏出液或吸收液中，从而得到富集。蒸馏主要有常压蒸馏和减压蒸馏两类。常压蒸馏适合于沸点为 40～150℃的化合物的分离。测定水样中的挥发酚、氰化物和氨氮等，均采用常压蒸馏方法。

② 顶空法。是在一密闭容器中加入适量水样，在一定温度下水样中易挥发性物质［挥发性无机物（VICs）和挥发性有机物（VOCs）］进入顶部气相，当容器内气液两相达到平衡时，气相中的组分能反映水样中挥发性物质的组成。对于复杂水样中易挥发物质的分析，顶空法是有效的预处理方法。

（2）萃取法

① 溶剂萃取法。也称液-液萃取法，是基于物质在互不相溶的溶剂中分配系数不同，而进行组分的分离与富集。溶剂萃取法在圆形或梨形分液漏斗中进行，要把待测物质从溶液中完全萃取出来，通常萃取一次是不够的，必须重复萃取多次。实际应用时，萃取次数视预期效果而定。

② 固相萃取法。也称液-固萃聚法，基于液-固相色谱理论，采用选择性吸附、选择性洗

脱的方式对水样进行富集、分离和净化，是一种液、固两相的萃取过程。常用的方法是让水样通过固体吸附剂，吸附待测物质，再选用适当强度的溶剂冲去共吸附的杂质，随后用少量溶剂迅速洗脱待测物质，从而达到快速分离净化与浓缩待测物质的目的。

影响固相萃取效率的因素主要有吸附剂类型及用量、洗脱剂性质、样品体积及组分、流速等，关键影响因素是吸附剂和洗脱剂。根据吸附机理不同，固相萃取吸附剂主要有正相吸附剂、反相吸附剂、离子交换型吸附剂和抗体键合吸附剂等。当然，固相萃取法也可选择性吸附干扰物质，而让待测物质流出从而实现分离。

③ 固相微萃取法。是以固相萃取法为基础发展起来的水样预处理方法。其基本原理与固相萃取法类似，包括吸附和解吸两步。核心技术在于其吸附剂固定在萃取头部表面，可直接放入水中萃取和富集待测物质，又可替代色谱进样针将吸附的待测有机物直接进行色谱分析，解吸过程则是借助气相色谱的热解吸或液相色谱的流动相洗脱完成。整个萃取过程无须有机溶剂，便于在采样现场使用，特别适用于水样中有机物的分离与富集。

（3）离子交换法　是用离子交换树脂交换、分离和富集水样中目标离子的预处理方法。离子交换树脂是一种带有交换离子的活性基团，具有网状结构与不溶性的球形高分子颗粒物，有阳离子交换树脂和阴离子交换树脂，前者利用氢离子交换水中阳离子（如 Na^{+}、Ca^{2+}、Al^{3+}等），后者则以氢氧根离子交换水中阴离子。将阴、阳离子交换树脂分别装入不同体积的离子交换柱中，制备成阴离子交换柱和阳离子交换柱。预处理时，含待分离物质的水样由交换柱顶部加入，在交换柱内发生交换吸附后，可用洗脱剂连续流过交换柱，使交换吸附的待测离子从交换柱中解吸出来，达到分离与富集不同离子的目的。离子交换法的关键在于选择合适的离子交换剂和洗脱剂。交换剂中交换基团的性质、交联度、粒度和交换容量对交换过程有重要影响。也有将阴、阳离子交换树脂均匀混合后装入同一个离子交换柱，以实现水样中杂质离子同步去除。

（4）共沉淀法　是基于溶度积原理，利用沉淀反应进行分离的方法。共沉淀是指溶液中一种难溶化合物在形成沉淀过程中，将共存的某些痕量组分一起载带沉淀出来的现象。共沉淀现象是一种分离和富集微量组分的手段。共沉淀是基于吸附、生成混晶、异电荷胶体物质相互作用等。

① 利用吸附作用的共沉淀分离。该方法常用的无机载体有 $Fe(OH)_3$、$Al(OH)_3$、$Mg(OH)_2$等。它们是表面积大、吸附力强的非晶形胶体沉淀，因此吸附和富集效率高。例如，用分光光度法测定水样中的六价铬时，当水样有色度、浑浊，且 Fe^{3+} 浓度低于200mg/L时，可在pH为8～9的条件下，用 $Zn(OH)_2$作共沉淀剂吸附分离干扰物质。

② 利用生成混晶的共沉淀分离。当待分离微量组分及沉淀剂组分生成沉淀时，如具有相似的晶格，就可能生成混晶而共同析出。

③ 利用有机共沉淀剂进行共沉淀分离。有机共沉淀剂的选择性较无机沉淀剂高，得到的沉淀也比较纯净，并且通过灼烧可除去有机共沉淀剂，留下待测元素。

【思考与练习2.3】

1. 水样保存期间，为抑制水样中的细菌生长可采用______。

A. 加入 $HgCl_2$或冷冻　　B. 加入 $HgCl_2$或 HCl

C. 加入 HNO_3或冷冻　　D. 加 $CHCl_3$和 NaOH

2. 为什么不同的水样要选择不同材质的采样器？

3. 水样的运输应注意什么？水样保存在监测中的作用是什么？

4. 水样预处理的方式主要分哪几类？

2.4　水质主要理化指标的测定

水质主要理化指标是评价水体质量的关键，此处主要介绍温度、臭和味、色度、浊度、悬浮物等指标的测定方法。

2.4.1　水温

2.4.1.1　基础知识

水温的测量对水体自净、热污染判断及水处理过程的运转控制等都具有重要的意义。水温因水源不同而有很大差异。地下水的温度比较稳定，通常为 8～12℃；地表水的温度随季节和气候变化较大，变化范围为 0～30℃；工业废水的温度因工业类型、生产工艺不同而有很大差别，应在现场测量水温。常用的测量仪器有水温计、颠倒温度计和热敏电阻温度计，各种温度计应定期校核。

2.4.1.2　水温的测定方法

（1）水温计法　水温计是安装于金属半圆槽壳内的水银温度计，下端连接一金属储水杯，水银球部悬于杯中，顶端的槽壳带一圆环，系有一定长度的绳子。测温范围通常为 −6～41℃，最小分度为 0.2℃。测量时将其插入预定深度的水中，放置 5min 后，迅速提出水面并读数。

（2）颠倒温度计法　颠倒温度计（闭式）用于测量深层水温度，一般装在采水器上使用。它由主温表和辅温表组装在厚壁玻璃套管内构成。主温表是双端式水银温度计，用于测量水温；辅温表为普通水银温度计，用于校正因环境温度改变而引起的主温表读数变化。测量时，将装有颠倒温度计的采水器沉入预定深度处，感温 10min 后，由“水锤”打开采水器的“撞击开关”，使采水器完成颠倒动作，提出水面，立即读取主温表、辅温表的读数，经校正后获得实际水温。

2.4.2　臭和味

2.4.2.1　基础知识

清洁的地表水、地下水和生活饮用水都要求不得有异臭、异味，而被污染的水往往会有异臭、异味。水中异臭和异味主要来源于工业废水和生活污水中的污染物、天然物质的分解或与之有关的微生物活动、消毒剂残留等。

无臭无味的水虽然不能保证不含污染物，但有利于使用者对水质的信任，也是人类对水的美学评价的感官指标。其主要测定方法有定性描述法和臭阈值法。

2.4.2.2　臭和味的测定

（1）定性描述法　取 100mL 水样于 250mL 锥形瓶中，检验人员依靠自己的嗅觉，分别在20℃和煮沸稍冷后闻其气味，用适当的词语描述臭特征，如芳香、氯气、硫化氢、泥土、霉烂等气味或没有任何气味，并按表2-6划分的臭强度等级报告臭强度。

表2-6 臭强度等级

等级	强度	说 明
0	无	无任何气味
1	微弱	一般人难以察觉，嗅觉灵敏者可以察觉
2	弱	一般人刚能察觉
3	明显	已能明显察觉
4	强	有显著的臭味
5	很强	有强烈的恶臭或异味

只有清洁的水或已确认经口接触对人体健康无害的水样才能进行味的检验。其检验方法是分别取少量20℃和煮沸冷却后的水样放入口中，尝其味道，用适当词语（酸、甜、咸、苦、涩等）描述，并参照表2-6的等级记录臭的强度。

（2）臭阈值法　用无臭水稀释水样，当稀释到刚能闻出臭味时的稀释倍数称为臭阈值，即

$$\text{臭阈值（TON）}=\frac{\text{水样体积}+\text{无臭水体积}}{\text{水样体积}}$$

检验操作要点：用水样和无臭水在具塞锥形瓶中配制系列稀释水样，在水浴上加热至(60±1)℃；取下锥形瓶，振荡2～3次，去塞闻其气味，与无臭水比较，确定刚能闻出臭味的稀释水样，计算臭阈值。如水样含余氯，应在脱氯前后各检验一次。

由于不同检验人员对臭的敏感程度有差异，检验结果会不一致，因此，一般选择5名以上嗅觉灵敏的检验人员同时检验，取其检验结果的几何平均值作为代表值。此外，要求检臭人员在检臭前避免外来气味的刺激。一般用自来水通过颗粒状活性炭吸附制取无臭水；自来水中含余氯时，用硫代硫酸钠溶液滴定脱除。也可将蒸馏水煮沸除臭后作无臭水。

2.4.3 色度

2.4.3.1 基础知识

纯水无色透明，天然水中含有泥土、有机质、无机矿物质、浮游生物等，往往呈现一定的颜色。工业废水含有染料、生物色素、有色悬浮物等，是环境水体着色的主要来源。有颜色的水会减弱水的透光性，影响水生生物生长和观赏价值。

水的颜色分为表色和真色。真色指去除悬浮物后的水的颜色，没有去除悬浮物的水具有的颜色称为表色。对于清洁或浊度很低的水，真色和表色相近；对于着色深的工业废水或污水，真色和表色差别较大。

2.4.3.2 色度的测定

水的色度一般是指真色，常用铂钴标准比色法和稀释倍数法测定。

（1）铂钴标准比色法

① 测定原理：用氯铂酸钾与氯化钴配成标准色列，与水样进行目视比色。规定相当于1L水中含有1mg铂和0.5mg钴时所具有的颜色，称为1度，作为标准色度单位。

② 仪器和设备：50mL具塞比色管。

③ 试剂：500度铂钴标准溶液。称取1.246g化学纯氯铂酸钾（K_2PtCl_6）（相当于500mg铂）及1.000g化学纯氯化钴（$CoCl_2 \cdot 6H_2O$）（相当于250mg钴），溶于100mL水中，加100mL浓盐酸，用水定容至1L。此溶液色度为500度，保存在密塞玻璃瓶中，存放在暗处。

④ 测定方法与步骤

a. 标准色列的配制：向13支50mL比色管中分别加入0、0.50mL、1.00mL、1.50mL、2.00mL、2.50mL、3.00mL、4.00mL、5.00mL、6.00mL、7.00mL、9.00mL及10.00mL色度为500度的铂钴标准溶液，用水稀释至标线，混匀。各管的色度依次为0、5度、10度、15度、20度、25度、30度、40度、50度、60度、70度、90度和100度，密封管口，可长期保存。

b. 水样的测定：取50.0mL澄清水样于比色管中，如水样色度过大，可酌情少取水样（但每次稀释倍数不能太大），用水稀释至50.0mL。如水样浑浊，可采用静置澄清、离心分离、用孔径为0.45m滤膜过滤等方法，去除悬浮物后取上清液比色。切忌用滤纸过滤，因滤纸可吸附部分溶解性颜色。

将水样与标准色列进行目视比较。观察时，可将比色管置于白瓷板或白纸上，使光线从液柱底部向上透过，目光自管口垂直向下观察（比色管可稍倾斜），记下与水样色度相同的铂钴标准色列的色度。如与标准色调不一致时，则为异色，可用文字描述或用稀释倍数法表示色度。

pH对色度有较大的影响，在测定色度的同时，需测量其pH。

⑤ 测定结果与讨论

$$色度(度)=\frac{A\times 50}{V} \tag{2-1}$$

式中 A——稀释后水样相当于铂钴标准色列的色度；

V——水样的体积，mL。

⑥ 注意事项：如果样品中有泥土或其他分散很细的悬浮物，虽经预处理但仍得不到透明水样时，则只测其表色。

（2）稀释倍数法 参考《水质 色度的测定 稀释倍数法》（HJ 1182—2021），该方法适用于受工业废（污）水污染的地表水和工业废水色度的测定。测定时，首先用文字描述水样的颜色种类和深浅程度，如深蓝色、棕黄色、暗黑色等。然后取一定量经15min澄清后的水样，用蒸馏水逐级稀释到刚好看不到颜色，以稀释倍数表示该水样的色度，单位为倍。所取水样应无树叶、枯枝等杂物，取样后应尽快测定，否则应冷藏保存。

2.4.4 浊度

2.4.4.1 基础知识

浊度是反映水中的不溶性物质对光线透过时阻碍程度的指标，通常仅用于天然水、饮用水和部分工业用水，而废（污）水中不溶性物质含量高，一般要求测定悬浮物。测定浊度的方法有目视比浊法、分光光度法、浊度仪法等。

2.4.4.2 浊度的测定

样品收集于具塞玻璃瓶内，应在取样后尽快测定。如需保存，可在4℃冷藏、暗处保存24h，测试前要剧烈振摇水样并使其恢复到室温。

2-6 浊度的测定

测定水样浊度可用分光光度法、目视比浊法或浊度仪法。

(1) 分光光度法　参考《水质　浊度的测定》(GB 13200)

① 方法原理：在适当温度下，硫酸肼与六次甲基四胺聚合，形成白色高分子聚合物。以此作为浊度标准液，在一定条件下与水样浊度相比较。

② 干扰及消除：水样应无碎屑及易沉降的颗粒。器皿不清洁及水中溶解的空气泡会影响测定结果。如在680nm波长下测定，天然水中存在的淡黄色、淡绿色无干扰。

③ 方法的适用范围：本法适用于测定天然水、饮用水的浊度，最低检测浊度为3度。

④ 仪器和设备：50mL比色管、分光光度计。

⑤ 试剂

a. 无浊度水：将蒸馏水通过0.2μm滤膜过滤，收集于用滤过水荡洗两次的烧瓶中。

b. 浊度贮备液，配制方法如下。

硫酸肼溶液：称取1.000g硫酸肼溶于水中，定容至100mL。

六次甲基四胺溶液：称取10.00g六次甲基四胺溶于水中，定容至100mL。

浊度标准溶液：吸取5.00mL硫酸肼溶液与5.00mL六次甲基四胺溶液于100mL容量瓶中，混匀。于25℃±3℃下静置反应24h。冷却后用水稀释至标线，混匀。此溶液浊度为400度，可保存一个月。

⑥ 步骤

a. 标准曲线的绘制。吸取浊度标准溶液0、0.50mL、1.25mL、2.50mL、5.00mL、10.00mL和12.50mL，置于50mL比色管中，加无浊度水至标线。摇匀后即得浊度为0、4度、10度、20度、40度、80度、100度的标准系列。在680nm波长下，用厚度3cm比色皿，测定吸光度，绘制校准曲线。

b. 水样的测定。吸取50.0mL摇匀水样（无气泡，如浊度超过100度可酌情少取，用无浊度水稀释至50.0mL）于50mL比色管中，按绘制校准曲线步骤测定吸光度，由校准曲线上查得水样浊度。

⑦ 结果计算

$$\text{浊度(度)}=\frac{A(V_2+V_1)}{V_1} \tag{2-2}$$

式中　A——稀释后水样的浊度，度；

V_2——稀释水体积，mL；

V_1——原水样体积，mL。

不同浊度范围测试结果的精度要求如表2-7所列。

⑧ 注意事项。硫酸肼毒性较强，属致癌物质，取用时注意。

(2) 目视比浊法

① 方法原理：将水样与由硅藻土（或白陶土）配制的浊度标准液进行比较。规定相当

于 1mg 一定粒度的硅藻土（白陶土）在 1000mL 水中所产生的浊度，称为 1 度。

表 2-7　不同浊度范围测试结果的精度要求

浊度范围/度	精度/度	浊度范围/度	精度/度
1～10	1	400～1000	50
10～100	5	大于 1000	100
100～400	10		

② 仪器和设备：100mL 具塞比色管、250mL 具塞无色玻璃瓶，玻璃质量和直径均需一致。

③ 试剂：浊度标准液，其配制过程如下所述。

a. 称取 10g 可以通过 0.1mm 筛孔（150 目）的硅藻土，于研钵中加入少许蒸馏水调成糊状并研细，转移至 1000mL 量筒中，加水至刻度。充分搅拌后，静置 24h，用虹吸法仔细将上层 800mL 悬浮液转移至第二个 1000mL 量筒中。向第二个量筒内加水至 1000mL，充分搅拌后再静置 24h。

b. 虹吸出上层含较细颗粒的 800mL 悬浮液，弃去。下部沉积物加水稀释至 1000mL，充分搅拌后贮于具塞玻璃瓶中，作为浊度原液，其中含硅藻土颗粒直径为 400μm 左右。

c. 取上述悬浊液 50.0mL 置于已恒重的蒸发皿中，在水浴上蒸干。于 105℃ 烘箱内烘 2h，置干燥器中冷却 30min，称重。重复以上操作，即烘 1h、冷却、称重，直至恒重。求出每毫升悬浊液中含硅藻土的质量（mg）。

d. 吸取含 250mg 硅藻土的悬浊液，置于 1000mL 容量瓶中，加入 10mL 甲醛溶液再加水至刻度，摇匀，此溶液浊度为 250 度。

e. 吸取浊度为 250 度的标准液 100mL 置于 250mL 容量瓶中，用水稀释至标线，此溶液即浊度为 100 度的标准液。

④ 步骤

a. 浊度低于 10 度的水样测定。吸取浊度为 100 度的标准液 0、1.0mL、2.0mL、3.0mL、4.0mL、5.0mL、6.0mL、7.0mL、8.0mL、9.0mL 及 10.0mL 于 10.0mL 比色管中，加水稀释至标线，混匀。得到浊度依次为 0、1.0 度、2.0 度、3.0 度、4.0 度、5.0 度、6.0 度、7.0 度、8.0 度、9.0 度、10.0 度的标准液。取 100mL 摇匀水样置于 100mL 比色管中，与浊度标准液进行比较。可在白纸上，由上往下垂直观察。

b. 浊度为 10 度以上的水样测定。吸取浊度为 250 度的标准液 0、10mL、20mL、30mL、40mL、50mL、60mL、70mL、80mL、90mL 及 100mL 置于 250mL 的容量瓶中，加水稀释至标线，混匀。即得浊度为 0、10 度、20 度、30 度、40 度、50 度、60 度、70 度、80 度、90 度和 100 度的标准液，移入成套的 250mL 具塞玻璃瓶中，密塞保存。

取 250mL 摇匀水样，置于成套的 250mL 具塞玻璃瓶中，瓶后放一有黑线的白纸作为判别标志。从瓶前向瓶后观察，根据目标清晰程度，选出与水样产生视觉效果相近的标准液，记下其浊度值。

水样浊度超过 100 度时，用水稀释后测定。

⑤ 结果计算：同分光光度法。

（3）浊度仪法　浊度仪是通过测量水样对一定波长光的透射强度或散射强度而实现浊度

测定的专用仪器，有透射光式浊度仪、散射光式浊度仪和透射光-散射光式浊度仪。透射光式浊度仪测定原理同分光光度法，其连续自动测量是采用双光束（测量光束与参比光束），以消除光源强度等条件变化带来的影响。具体测定方法可参考《水质　浊度的测定　浊度计法》（HJ 1075—2019）。

2.4.5 悬浮物

2.4.5.1 基础知识

悬浮物（又称不可滤残渣）指残留在滤料上并于103～105℃烘至恒重的固体。直接测定法是将水样通过滤纸后，烘干固体残留物及滤纸，将所称质量减去滤纸质量，即为悬浮物质量，悬浮物常用SS（suspended solid）表示。水中的固体物分为总固体物（又称总残渣）、溶解固体物（又称可滤残渣）和悬浮物（又称不可滤残渣）三种。它们是表征水中溶解性物质及不溶性物质含量的指标。

总残渣是水或污水在一定温度下蒸发，烘干后残留在器皿中的物质，包括“不可滤残渣”（即截留在滤器上的全部残渣，也称为悬浮物）和“可滤残渣”（即通过滤器的全部残渣，也称为溶解固体物）。

关于水中悬浮物的理化特性，所用的滤器与孔径大小、滤片面积和厚度，以及截留在滤器上物质的数量等均能影响不可滤残渣与可滤残渣的测定结果。鉴于这些因素复杂且难以控制，因而上述残渣的测定方法只是为了实用而规定的近似方法，只具有相对评价意义。

此外，烘干温度和时间对结果也有重要影响。由于有机物挥发、吸着水和结晶水的变化及气体逸失等造成减重，也由于氧化而增重。通常有两种烘干温度供选择。103～105℃烘干的残渣，保留结晶水和部分吸着水；重碳酸盐将转化为碳酸盐，而有机物挥发逸失甚少。由于在105℃不易赶尽吸着水，故达到恒重较慢。而在180℃±2℃烘干时，残渣的吸着水都能除去，可能存留某些结晶水；有机物挥发逸失，但不能完全分解；重碳酸盐均转化为碳酸盐，部分碳酸盐可能分解为氧化物及碱式盐；某些氯化物和硝酸盐可能损失。

2.4.5.2 悬浮物（SS）的测定

参考《水质　悬浮物的测定　重量法》（GB 11901）。

（1）仪器和设备

① 烘箱；

② 分析天平；

③ 干燥器；

④ 孔径为0.45μm滤膜及相应的滤器或中速定量滤纸；

⑤ 抽滤漏斗；

⑥ 内径为30～50mm称量瓶；

⑦ 抽滤泵。

（2）测定步骤

① 将滤膜放在称量瓶中，打开瓶盖，在103～105℃烘干2h；取出冷却后盖好瓶盖称重，重复该操作直至恒重（即两次称量相差不超过0.0002g）。

② 去除漂浮物后振荡水样，量取适量均匀水样，通过上面称至恒重的滤膜过滤；用蒸

馏水洗残渣 3～5 次。如样品中含油脂，用 10mL 石油醚分两次淋洗残渣。

③ 小心取下滤膜，放入原称量瓶内，在 103～105℃烘箱中，打开瓶盖烘 2h，冷却后盖好盖子称重，重复操作直至恒重为止。

（3）结果与讨论

$$悬浮物(mg/L)=\frac{(m_1-m)\times 1000\times 1000}{V} \tag{2-3}$$

式中　m_1——悬浮物＋滤膜及称量瓶质量，g；

m——滤膜及称量瓶质量，g；

V——水样体积，mL。

（4）注意事项

① 树叶、木棒、水草等杂质应先从水中除去。

② 水样不能保存，应尽快分析。如水样清澈，可多取水样，最好能使固体量在 50～100mg 之间；如水样中含有腐蚀性物质，会腐蚀滤纸影响测定结果，可以使用 0.45μm 滤膜过滤，也可采用石棉坩埚进行过滤。

③ 废水黏度高时，可加 2～4 倍蒸馏水稀释均匀，待沉淀物下降后再过滤。

④ 滤纸含固体太多，会残留水分，应延长烘干时间；含大量钙、镁、氯化物、硫酸盐的高度矿化水可能吸潮，需延长烘干时间，并迅速称重。

【思考与练习 2.4】

1. 测定水质浊度有哪些方法？
2. 简述稀释倍数法测定水样色度的过程。
3. 水质悬浮物如何测定？

2.5　营养盐及有机污染综合指标的测定

水体中 N、P 等营养盐含量过多而引起的水质污染现象，其实质是营养盐的输入输出失去平衡性，从而导致水生态系统物种分布失衡，单一物种疯长，破坏了系统的物质与能量流动，使整个水生态系统逐渐走向灭亡。

水体有机污染是水质污染的主要问题。要衡量有机污染的程度，最好进行有机污染的全分析，但这十分困难。除规定的有毒有机污染物外，一般只测定有机污染综合指标来定量地反映水质有机污染程度。有机污染综合指标主要有：溶解氧（DO），间接反映水体受有机物污染的状况；生化需氧量（BOD），间接表示水体中可被生物降解的有机物含量；化学需氧量（COD），表征水中能被强氧化剂氧化分解的有机物含量。

2.5.1　氨氮

2.5.1.1　基础知识

2-7 水质氨氮的测定

氨氮以游离氨（NH_3）或铵盐（NH_4^+）形式存在于水中，两者的组成比例取决于水的 pH 和水温。当 pH 偏高时，游离氨的比例较高；反之，则铵盐的比例高。水温则相反。

水中氨氮的主要来源于生活污水中的含氮有机物受微生物作用的分解产物，某些工业废水，如焦化废水和合成氨化肥厂废水等，以及农田排水。此外，在无氧环境中，水中存在的亚硝酸盐也可受微生物作用，还原为氨。在有氧环境中，水中氨亦可转变为亚硝酸盐，甚至继续转变为硝酸盐。

测定水中各种形态的含氮化合物，有助于评价水体污染和自净状况。鱼类对水中氨氮比较敏感，当氨氮含量高时会导致鱼类死亡。

测定水中氨氮的方法有纳氏试剂分光光度法（HJ 535—2009）、水杨酸分光光度法（HJ 536—2009）、气相分子吸收光谱法（HJ/T 195—2005）、蒸馏-中和滴定法（HJ 537—2009）、连续流动-水杨酸分光光度法（HJ 665—2013）和流动注射-水杨酸分光光度法（HJ 666—2013）。前两种分光光度法具有灵敏、稳定等特点，但水样有色、浑浊和含钙、镁、铁等金属离子及硫化物、醛和酮类等均干扰测定，需做相应的预处理。气相分子吸收光谱法比较简单，使用专用仪器或原子吸收分光光度计测定均可获得良好效果。蒸馏-中和滴定法用于测定氨氮含量较高的水样。连续流动-水杨酸分光光度法和流动注射-水杨酸分光光度法灵敏度高、分析速度快、试剂消耗量少，适用于大量样品的成批分析，但需要专用仪器（连续流动分析仪和流动注射分析仪）。

2.5.1.2 氨氮的测定

参考《水质　氨氮测定　纳氏试剂分光光度法》（HJ 535—2009）。

（1）方法原理　碘化汞和碘化钾的碱性溶液与氨反应生成淡红棕色胶态化合物，该化合物在较宽的波长范围内具有强烈吸收，通常测量用波长在410～425nm范围。

$$2K_2[HgI_4]+3KOH+NH_3 \longrightarrow \underset{\text{(淡红棕色)}}{NH_2Hg_2IO}+7KI+2H_2O$$

（2）干扰及消除　脂肪胺、芳香胺、醛类、丙酮、醇类和有机氯胺类等有机化合物，以及铁、锰、镁和硫等无机离子，会因产生异色或浑浊而引起干扰，水中颜色和浑浊亦影响比色。为此，需经絮凝沉淀过滤或蒸馏预处理，易挥发的还原性干扰物质，还可在酸性条件下加热以除去。对于金属离子的干扰，可加入适量的掩蔽剂加以消除。

（3）方法的适用范围　本方法检出限为0.025mg/L，测定下限为0.1mg/L，测定上限为2mg/L。采用目视比色法，最低检出浓度为0.02mg/L。水样作适当的预处理后，本法可适用于地表水、地下水、工业废水和生活污水中氨氮的测定。

（4）仪器和设备

① 分光光度计；

② pH计。

（5）试剂　配制试剂用水均应为无氨水。

① 纳氏试剂：称取16g氢氧化钠，溶于50mL水中，充分冷却至室温。另称取7g碘化钾和10g碘化汞（HgI_2）溶于水，然后将此溶液在搅拌下缓慢注入氢氧化钠溶液中，用水稀释至100mL，贮于聚乙烯瓶中，密塞保存。

② 酒石酸钾钠溶液：称取50g酒石酸钾钠（$NaKC_4H_4O_6 \cdot 4H_2O$）溶于100mL水中，加热煮沸以除去氨，放冷，定容至100mL。

③ 铵标准贮备液（1.0mg/mL）：称取3.819g在100℃干燥过的氯化铵（NH_4Cl）溶于水中，移入1000mL容量瓶中，稀释至标线。

④ 铵标准工作溶液（0.010mg/mL）：移取 5.00mL 1.0mg/mL 铵标准贮备液于 500mL 容量瓶中，用水稀释至标线。

（6）步骤

① 采样和样品保存。按采样要求采集具有代表性的水样于聚乙烯瓶或玻璃瓶中。采样后尽快分析，否则应在 2～5℃下存放，或用硫酸（ρ=1.84g/mL）将样品酸化，使其 pH 小于 2（应注意防止酸化样品吸收空气中的氨而被污染）。

② 水样预处理。采用絮凝沉淀法。取 100mL 水样，加入 1mL10％硫酸锌溶液和 0.1～0.2mL 氢氧化钠溶液，调节 pH 至 10.5 左右，混匀，放置使之沉淀。用经无氨水充分洗涤过的中速滤纸过滤，弃去初滤液 20mL。若水样中含有余氯可在絮凝沉淀前加入适量（每 0.5mL 可除去 0.25mg 余氯）硫代硫酸钠溶液，用淀粉-碘化钾试纸检验余氯是否除尽。若絮凝沉淀法处理后仍浑浊和带色应采用蒸馏法处理水样，用硼酸水溶液吸收。

③ 标准曲线绘制。分别吸取 0、0.50mL、1.00mL、2.00mL、3.00mL、5.00mL、7.00mL、10.00mL 浓度为 0.010mg/mL 铵标准工作溶液于 50mL 比色管中，加水至标线，加 1.0mL 酒石酸钾钠溶液，混匀。再加 1.5mL 纳氏试剂，混匀。放置 10min 后，在波长 420nm 处，用厚度 20mm 比色皿，以水为参比，测定吸光度。用测得的吸光度减去零浓度空白管的吸光度后，得到校正吸光度，绘制以氨氮含量（mg）对校正吸光度的标准曲线。

④ 水样测定。取适量絮凝沉淀预处理后的水样（使氨氮含量不超过 0.1mg），加入 50mL 比色管中，稀释至标线，向上述比色管中加入 1.0mL 酒石酸钾钠溶液，混匀。再加入 1.5mL 纳氏试剂，混匀，放置 10min 后，按标准曲线绘制测定条件测水样的吸光度。用 50mL 无氨水代替水样，同时做空白试验。

（7）计算　由水样测得的吸光度减去空白试验的吸光度后，从校准曲线上查得氨氮含量（mg），

$$\text{氨氮(N, mg/L)}=\frac{m}{V}\times 1000 \tag{2-4}$$

式中　m——由校准曲线查得的氨氮量，mg；

V——水样体积，mL。

【注意】纳氏试剂中的汞盐有剧毒，使用时请佩戴橡胶手套，测定废液应全部倒入废液桶。

2.5.2　硝酸盐氮

2.5.2.1　基础知识

水中硝酸盐是指在有氧环境下，亚硝氮、氨氮等各种形态的含氮化合物中最稳定的化合物，亦是含氮有机物经无机化作用最终的分解产物。亚硝酸盐可经氧化而生成硝酸盐，硝酸盐在无氧环境中，亦可受微生物的作用而还原为亚硝酸盐。

水中硝酸盐氮（NO_3^--N）含量相差悬殊，清洁的地表水中含量较低，受污染的水体，以及一些深层地下水中含量较高。制革废水、酸洗废水、某些生化处理设施的出水和农田排水含大量的硝酸盐。

摄入硝酸盐后，经肠道中微生物作用转变成亚硝酸盐而出现毒性作用。据文献报道，水中硝酸盐氮含量达数十毫克/升时，可致婴儿中毒。

水中硝酸盐氮的测定方法有酚二磺酸分光光度法（GB 7480—87）、紫外分光光度法（HJ/T 346—2007）、气相分子吸收光谱法（HJ/T 198—2005）、离子色谱法（HJ 84—2016）和离子选择电极法等。

2.5.2.2　硝酸盐氮的测定

参考《水质　硝酸盐氮的测定　紫外分光光度法（试行）》（HJ/T 346—2007）。

（1）方法原理　利用硝酸根离子在 220nm 波长处的吸收而定量测定硝酸盐氮。溶解的有机物在 220nm 处也会有吸收，而硝酸根离子在 275nm 处没有吸收。因此，在 275nm 处做另一次测量，以校正硝酸盐氮值。

（2）干扰及消除　溶解的有机物、表面活性剂、亚硝酸盐氮、六价铬、溴化物、碳酸氢盐和碳酸盐等干扰测定，需进行适当的预处理。本法采用絮凝共沉淀和大孔中性吸附树脂进行处理，以排除水样中大部分常见有机物、浊度等对测定的干扰。

（3）方法的适用范围　本法适用于清洁地表水和未受明显污染的地下水中硝酸盐氮的测定，其最低检出浓度为 0.08mg/L，测量上限为 4mg/L 硝酸盐氮。

（4）仪器和设备

① 紫外分光光度计；

② 离子交换柱（直径 1.4cm，可装树脂高 5～8cm）。

（5）试剂

① 氢氧化铝悬浮液：溶解 125g 硫酸铝钾（$KAl(SO_4)_2 \cdot 12H_2O$）或硫酸铝铵（$NH_4Al(SO_4)_2 \cdot 12H_2O$）于 1000mL 水中，加热至 60℃，在不断搅拌下，缓慢加入 55mL 浓氨水，放置约 1h 后，移入 1000mL 量筒内，用水反复洗涤沉淀，最后至洗涤液中不含硝酸盐氮为止。澄清后，把上清液尽量全部倾出，只留稠的悬浮液，最后加入 100mL 水，使用前应振荡摇匀。

② 10％硫酸锌溶液。

③ 5mol/L 氢氧化钠溶液。

④ 大孔中性树脂：CAD-40 型或 XAD-2 型及类似性能的树脂。

⑤ 甲醇（分析纯）。

⑥ 1mol/L 盐酸（优级纯）。

⑦ 硝酸盐氮标准贮备液：称取 0.7218g 经 105～110℃干燥 2h 的优级纯硝酸钾溶于水，移入 1000mL 容量瓶中，稀释至标线，混匀。该标准贮备液每毫升含 0.100mg 硝酸盐氮。

⑧ 0.8％氨基磺酸溶液：避光保存于冰箱中。

（6）步骤

① 吸附柱的制备。新的树脂先用 200mL 水分两次洗涤，用甲醇浸泡过夜，弃去甲醇，再用 40mL 甲醇分两次洗涤，然后用新鲜去离子水洗到柱中流出液滴落于烧杯中无乳白色为止。树脂装入柱中时，树脂间绝不允许存在气泡。

② 水样的测定

a. 量取 200mL 水样置于锥形瓶或烧杯中，加入 2mL 硫酸锌溶液，在搅拌下滴加氢氧化钠溶液，调至 pH 7。或将 200mL 水样调至 pH 7 后，加 4mL 氢氧化铝悬浮液。待絮凝胶团下沉后，或经离心分离，吸取 100mL 上清液分两次洗涤吸附树脂柱，以每秒 1～2 滴的流速流出（注意各个样品间流速保持一致），弃去。再继续使水样上清液通过柱子，收集

50mL 于比色管中，以备测定用。树脂用 150mL 水分三次洗涤，备用。

b. 加 1.0mL 盐酸溶液、0.1mL 氨基磺酸溶液于比色管中。

c. 用光程长 10mm 石英比色皿，在 220nm 和 275nm 波长处，以经过树脂吸附的新鲜去离子水 50mL 加 1mL 盐酸溶液为参比，测量吸光度。

③ 校准曲线的绘制。于 5 个 200mL 容量瓶中分别加入 0.50mL、1.00mL、2.00mL、3.00mL、4.00mL 硝酸盐氮标准贮备液，用新鲜去离子水稀释至标线，其质量浓度分别为 0.25mg/L、0.50mg/L、1.00mg/L、1.50mg/L、2.00mg/L 硝酸盐氮。按水样测定相同操作步骤测量吸光度。

（7）计算

$$A_{校}=A_{220}-2A_{275} \tag{2-5}$$

式中　A_{220}——220nm 波长测得吸光度；

A_{275}——275nm 波长测得吸光度。

求得吸光度的校正值 $A_{校}$ 以后，从校准曲线中查得相应的硝酸盐氮量，即为水样测定结果（mg/L）。水样若经稀释后测定，则结果应乘以稀释倍数。

2.5.3　亚硝酸盐氮

2.5.3.1　基础知识

亚硝酸盐（NO_2^--N）是氮循环的中间产物，不稳定，根据水环境条件，可被氧化成硝酸盐，也可被还原成氨。亚硝酸盐可使人体正常的血红蛋白氧化成为高铁血红蛋白，发生高铁血红蛋白血症，血红蛋白失去在体内输送氧的能力，出现组织缺氧的症状。亚硝酸盐可与仲胺类反应生成其致癌的亚硝胺类物质，在 pH 较低的酸性条件下，有利于亚硝胺类的形成。亚硝酸盐很不稳定，天然水中含量一般不会超过 0.1mg/L。

水中亚硝酸盐氮常用的测定方法有离子色谱法（HJ 84—2016）、气相分子吸收光谱法（HJ/T 197—2005）和 *N*-(1-萘基)-乙二胺分光光度法（GB 7493—87）。前两种方法简便、快速，干扰较少；分光光度法灵敏度较高，选择性较好。

2.5.3.2　亚硝酸盐氮的测定—N-(1-萘基)-乙二胺光度法

参考《水质　亚硝酸盐氮的测定　分光光度法》(GB 7493—87)。

（1）方法原理　在磷酸介质中，pH 为 1.8±0.3 时，亚硝酸盐与对氨基苯磺酰胺反应，生成重氮盐，再与 *N*-(1-萘基)-乙二胺偶联生成红色染料。其在 540nm 波长处有最大吸收。

（2）干扰及消除　氯胺、氯、硫代硫酸盐和高铁离子有明显干扰。水样呈碱性时，可加酚酞溶液为指示剂，滴加磷酸溶液至红色刚消失。水样有颜色或悬浮物，可加氢氧化铝悬浮液并过滤。

（3）方法的适用范围　本法适用于饮用水、地表水、地下水、生活污水和工业废水中亚硝酸盐氮的测定。最低检出浓度为 0.003mg/L，测定上限为 0.20mg/L 亚硝酸盐氮。

（4）仪器和设备　分光光度计。

（5）试剂

① 磷酸：ρ=1.70g/mL。

② 显色剂：于 500mL 烧杯内，加入 250mL 水和 50mL 磷酸，加入 20.0g 对氨基苯磺酰

胺，再将 1.00gN-(1-萘基)-乙二胺二盐酸盐（$C_{10}H_7NHC_2H_4NH_2 \cdot 2HCl$）溶于上述溶液中，转移至 500mL 容量瓶中，用水稀释至标线，混匀。此溶液贮于棕色瓶中，保存在冰箱内，可稳定一个月。

【注意】 本试剂有毒性，避免与皮肤接触或摄入体内。

③ 亚硝酸盐氮标准贮备液：称取 1.232g 亚硝酸钠溶于 150mL 水中，转移至 1000mL 容量瓶中，用水稀释至标线，每毫升含约 0.25mg 亚硝酸盐氮。

④ 亚硝酸盐氮标准中间液：分取 50.00mL 亚硝酸盐氮标准贮备液（使其含 12.5mg 亚硝酸盐氮），置于 250mL 容量瓶中，用水稀释至标线。此溶液每毫升含 50.0μg 亚硝酸盐氮。此溶液贮于棕色瓶内，在冰箱内保存，可稳定一周。

⑤ 亚硝酸盐氮标准使用液：取 10.00mL 亚硝酸盐氮标准中间液，置于 500mL 容量瓶中，用水稀释至标线。此溶液每毫升含 1.00μg 亚硝酸盐氮，使用时当天配制。

⑥ 氢氧化铝悬浮液：溶解 125g 硫酸铝钾［$KAl(SO_4)_2 \cdot 12H_2O$］或硫酸铝铵[$NH_4Al(SO_4)_2 \cdot 12H_2O$］于 1000mL 水中，加热至 60℃，在不断搅拌下，缓慢加入 55mL 浓氨水，放置约 1h 后，移入 1000mL 量筒内，用水反复洗涤沉淀，直至洗涤液中不含亚硝酸盐为止。澄清后，把上清液尽量全部倾出，只留稠的悬浮物，最后加入 100mL 水即可，使用前应振荡摇匀。

⑦ 高锰酸钾标准溶液 $c(1/5KMnO_4)$ ＝0.050mol/L：溶解 1.6g 高锰酸钾于 1200mL 水中，煮沸 0.5～1h，使体积减小到 1000mL 左右，放置过夜。用玻璃砂过滤器过滤后，滤液贮存于棕色试剂瓶中避光保存。按一定方法标定，如何标定可查询和参考相关资料。

⑧ 草酸钠标准溶液 $c(1/2Na_2C_2O_4)$ ＝0.0500mol/L：溶解经 105℃烘干 2h 的优级纯无水草酸钠 3.350g 于 750mL 水中，移入 1000mL 容量瓶中，用水稀释至标线，摇匀。

（6）步骤

① 校准曲线的绘制。在一组 6 支 50mL 比色管中，分别加入 0、1.00mL、3.00mL、5.00mL、7.00mL 和 10.0mL 亚硝酸盐氮标准使用液，用水稀释至标线。加入 1.0mL 显色剂，密塞，混匀，静置。加入显色剂 20min 后、2h 以内，于波长 540nm 处，用光程长 10mm 的比色皿，以水为参比，测量溶液吸光度。

用测得的吸光度，减去零浓度空白管的吸光度后，获得校正吸光度，绘制以氮含量（μg）对校正吸光度的校准曲线。

② 水样的测定。当水样 pH≥11 时，可加入 1 滴酚酞指示液，边搅拌边逐滴加入（1＋9）磷酸溶液至红色刚消失。

水样如有颜色和悬浮物，可向每 100mL 水中加入 2mL 氢氧化铝悬浮液，搅拌、静置、过滤，弃去 25mL 初滤液。

分取经预处理的水样于 50mL 比色管中（如水样中亚硝酸盐氮含量较高，则分取适量，用水稀释至标线），加 1.0mL 显色剂，然后按校准曲线绘制的相同步骤操作，测量吸光度。经空白校正后，从校准曲线上查得亚硝酸盐氮含量。

③ 空白试验。用水代替水样，按相同步骤进行测定。

（7）计算

$$亚硝酸盐氮(N，mg/L)=\frac{m}{V} \tag{2-6}$$

式中　m——由水样测得的校正吸光度，从校准曲线上查得相应的亚硝酸盐氮的含量，μg；

V——水样的体积，mL。

2.5.4　总氮

2-8 水质总氮的测定

2.5.4.1　基础知识

总氮（total nitrogen，TN）是各种形态氮的总和。大量生活污水、农田排水或含氮工业废水排入水体，使水中有机氮化物和各种无机氮化物含量增加，生物和微生物大量繁殖，消耗水中的溶解氧，进而使水体质量恶化。湖泊、水库中含有超标的氮、磷类物质时，会造成浮游植物繁殖旺盛，出现富营养化状态。因此，总氮是衡量水质的重要指标之一。

测定方法有碱性过硫酸钾消解紫外分光光度法（HJ 636—2012）、气相分子吸收光谱法（HJ/T 199—2005）、连续流动-盐酸萘乙二胺分光光度法（HJ 667—2013）和流动注射-盐酸萘乙二胺分光光度法（HJ 668—2013），还可以采用将各种形态氮加和的方法求得。

2.5.4.2　总氮的测定

参考《水质　总氮的测定　碱性过硫酸钾消解紫外分光光度法》（HJ 636—2012）。

（1）方法原理　在 120～124℃的碱性介质条件下，用过硫酸钾作氧化剂，不仅可将水样中的氨氮和亚硝酸盐氮氧化为硝酸盐，同时还可将水样中大部分有机氮化合物氧化为硝酸盐。而后，用紫外分光光度法分别于波长 220nm 与 275nm 处测定其吸光度，按 $A=A_{220}-2A_{275}$ 计算得到硝酸盐氮的吸光度值，从而计算出总氮的含量。

（2）干扰及消除

① 碘离子含量相对于总氮含量的 2.2 倍以上，溴离子含量相对于总氮含量的 3.4 倍以上时，会对测定产生干扰。

② 水样中的六价铬离子和三价铁离子会对测定产生干扰，可加入 5%的盐酸羟胺 1～2mL 消除。

（3）方法的适用范围　该法主要适用于地表水、地下水、工业废水和生活污水中总氮的测定。当样品量为 10mL 时，该方法检测下限为 0.05mg/L，测定范围为 0.20～7.00mg/L。

（4）仪器和设备

① 紫外分光光度计。

② 压力蒸汽消毒器或民用压力锅，压力为 1.1～1.4kg/cm^2，相对温度为 120～124℃。

③ 25mL 具塞磨口玻璃比色管。

（5）试剂

① 无氨水：每升水中加入 0.1mL 浓硫酸蒸馏，收集馏出液于玻璃容器中。或用新制备的去离子水。

② 200g/L 氢氧化钠溶液：称取 20g 氢氧化钠，溶于无氨水中，冷却后稀释至 100mL。

③ 碱性过硫酸钾溶液：称取 40g 过硫酸钾、15g 氢氧化钠，溶于无氨水中，冷却至室温后稀释至 1000mL。溶液存放在聚乙烯瓶内，可贮存一周。

④（1+9）盐酸溶液。

⑤ 硝酸钾标准溶液

a. 硝酸钾标准贮备液：称取 0.7218g 经 105～110℃烘干 4h 的优级纯硝酸钾溶于无氨水

中，移至1000mL容量瓶中，定容。此溶液每毫升含100μg硝酸盐氮。

b. 硝酸钾标准使用液：将标准贮备液用无氨水稀释10倍而得。此溶液每毫升含10μg硝酸盐氮。

(6) 步骤

① 校准曲线的绘制

a. 分别吸取0、0.20mL、0.50mL、1.00mL、3.00mL、5.00mL、7.00mL硝酸钾标准使用液于25mL比色管中，用无氨水稀释至10mL标线。

b. 加入5mL碱性过硫酸钾溶液，塞紧磨口塞，用纱布及纱绳裹紧管塞，以防迸溅。

c. 将比色管置于压力蒸汽消毒器中，加热0.5h，放气使压力指针回零。然后升温至120～124℃开始计时，使比色管在过热水蒸气中加热0.5h。

d. 自然冷却，开阀放气，移去外盖，取出比色管并冷至室温。

e. 加入(1+9)盐酸溶液1mL，用无氨水稀释至25mL标线。

f. 在紫外分光光度计上，以无氨水作参比，用10mm石英比色皿分别在220nm及275nm波长处测定吸光度。用校正的吸光度绘制校准曲线。

② 样品测定步骤。取10mL水样，或取适量水样（使氮含量为20～80μg）。按校准曲线绘制步骤b～f操作。然后根据校正吸光度，在校准曲线上查出相应的含氮量，再用式(2-7)计算总氮含量。

$$总氮(mg/L)=\frac{m}{V} \tag{2-7}$$

式中 m——从校准曲线上查得的含氮量，μg；

V——所取水样体积，mL。

(7) 注意事项

① 参考吸光度比值$A_{275}/A_{220}\times100\%$大于20%时，应予以鉴别。

② 玻璃具塞比色管的密合性应良好。使用压力蒸汽消毒器时，冷却后放气要缓慢。

③ 玻璃器皿可用10%盐酸浸洗，用蒸馏水冲洗后再用无氨水冲洗。

④ 测定悬浮物较多的水样时，在过硫酸钾氧化后可能出现沉淀。遇此情况，可吸取氧化后的上清液进行紫外分光光度法测定。

2.5.5 总磷

2.5.5.1 基础知识

在天然水和废水中，磷几乎都以各种磷酸盐的形式存在，它们分为正磷酸盐、缩合磷酸盐（焦磷酸盐、偏磷酸盐和多磷酸盐）和有机结合的磷（如磷脂等），存在于溶液中、腐殖质粒子中或水生生物中。

一般天然水中磷酸盐含量不高。化肥、冶炼、合成洗涤剂等行业的工业废水及生活污水中常含有较大量磷。磷是生物生长必需的元素之一。但水体中磷含量过高（如超过0.2mg/L），可造成藻类的过度繁殖，直至数量上达到有害的程度（称为富营养化），进而导致湖泊、河流透明度降低，水质变坏。因此，磷是评价水质的重要指标。

2-9 总磷的测定

水中磷的测定，通常按其存在的形式而分别测定总磷、溶解性正磷酸盐和总溶解性磷。溶解性正磷酸盐的测定方法有离子色谱法、钼酸铵分光光度法、连续流动-钼酸铵分光光度法、流动注射-钼酸铵分光光度法、ICP-AES 和 ICP-MS。总磷、溶解性总磷需先将样品用过硫酸钾或硝酸-高氯酸钾消解，将各种形态的磷转变为溶解性正磷酸盐后再用上述方法测定，磷酸盐的含量均以 mg/L（以 P 计）表示。有机磷多采用气相色谱法或液相色谱法测定。

2.5.5.2　总磷的测定

参考《水质　总磷的测定　钼酸铵分光光度法》(GB 11893—89)。

（1）方法原理　在酸性条件下，正磷酸盐与钼酸铵、酒石酸氧锑钾反应，生成磷钼杂多酸，被还原剂抗坏血酸还原后变成蓝色络合物，通常称磷钼蓝。

（2）方法的适用范围　本方法最低检出限浓度为 0.01mg/L（吸光度 $A=0.01$ 时所对应的浓度），测定上限为 0.6mg/L。

适用于测定地表水、生活污水及化工、磷肥、金属表面磷化处理、农药、钢铁、焦化等行业的工业废水中的正磷酸盐分析。

（3）仪器和设备　分光光度计。

（4）试剂

①（1+1）硫酸。

② 10%抗坏血酸溶液：溶解 10g 抗坏血酸于水中，并稀释至 100mL。该溶液贮存在棕色玻璃瓶内，在冰箱内保存可稳定几周。如颜色变黄，则弃去重配。

③ 钼酸盐溶液：溶解 13g 钼酸铵于 100mL 水中。溶解 0.35g 酒石酸氧锑钾于 100mL 水中。在不断搅拌下，将钼酸铵溶液缓慢加到 300mL（1+1）硫酸中，加酒石酸氧锑钾溶液并且混合均匀。该溶液贮存在棕色的玻璃瓶中于冰箱内保存，可稳定两个月。

④ 浊度-色度补偿液：将两体积的（1+1）硫酸和一体积的 10%抗坏血酸溶液混合。此溶液使用当天配制。

⑤ 磷酸盐贮备溶液：将优级纯磷酸二氢钾于 110℃ 干燥 2h，在干燥器中放冷。称取 0.2197g 溶于水，移入 1000mL 容量瓶中，加（1+1）硫酸 5mL，再用水稀释至标线。此溶液每毫升含 50.0μg 磷。

⑥ 磷酸盐标准溶液：吸取 10.00mL 磷酸盐贮备液于 250mL 容量瓶中，用水稀释至标线。此溶液每毫升含 2.00μg 磷，使用时现配。

（5）步骤

① 校准曲线的绘制。取数支 50mL 具塞比色管，分别加入磷酸盐标准溶液 0、0.50mL、1.00mL、3.00mL、5.00mL、10.0mL、15.0mL，加水至 50mL。

a. 显色：向比色管中加入 1mL 10%抗坏血酸溶液，混匀，30s 后加 2mL 钼酸盐溶液充分混匀，放置 15min。

b. 测量：用 10mm 或 30mm 比色皿，于 700nm 波长处，以零浓度溶液为参比，测量吸光度。

② 样品的采集与保存：进行总磷的测定时，于水样采集后，加硫酸酸化至 pH≤1 保存。

③ 水样的预处理：采集的水样立即经 0.45m 微孔滤膜过滤，其滤液供可溶性正磷酸盐的测定。滤液经强氧化剂的氧化分解，即可测得可溶性总磷。采集的混合水样（包括悬浮物），也可经过硫酸钾强氧化剂分解，测得水中总磷含量。

过硫酸钾消解法：

a. 仪器和设备。医用手提式高压蒸汽消毒器或一般民用压力锅、50mL 磨口具塞刻度管。

b. 试剂。5%过硫酸钾溶液，溶解 5g 过硫酸钾于水中，并加水稀释至 100mL。

c. 消解步骤

第一，吸取 25.0mL 混匀水样于 50mL 具塞刻度管中，加过硫酸钾溶液 4mL，加塞后管口包一小块纱布并用线扎紧，以免加热时玻璃塞冲出。将具塞刻度管放在大烧杯中，置于高压蒸汽消毒器或压力锅中加热，待锅内压力达 1.1kg/cm^2（相应温度为 120℃）时，保持此压力 30min 后，停止加热，待压力表指针降至零后，取出放冷。如溶液混浊，则用滤纸过滤，洗涤后定容。

第二，空白试样和标准溶液系列也经同样的消解操作。

④ 样品测定。分取适量经滤膜过滤或消解的水样加入 50mL 比色管中，用水稀释至标线。之后按绘制校准曲线的步骤进行显色和测量。用测得的吸光度减去空白试验的吸光度后，从校准曲线上查出含磷量。

（6）计算

$$\text{磷酸盐(P, mg/L)}=\frac{m}{V} \tag{2-8}$$

式中 m——从校准曲线上查得的含磷量，μg；

V——所取水样体积，mL。

（7）注意事项

① 如试样中色度影响吸光度测量时，需做补偿校正。在 50mL 比色管中，分取与样品测定相同量的水样，定容后加入 3mL 浊度补偿液，测量其吸光度，然后从水样的吸光度中减去校正吸光度。

② 室温低于 13℃时，可在 20～30℃水浴中显色 15min。

③ 操作所用的玻璃器皿，可用（1+5）盐酸浸泡 2h，或用不含磷酸盐的洗涤剂刷洗。

④ 比色皿用后应以稀硝酸浸泡片刻，以除去吸附的磷钼蓝有色物。

2.5.6 溶解氧

2.5.6.1 基础知识

溶解在水中的分子态氧称为溶解氧（DO）。天然水的溶解氧含量取决于水体与大气中氧的平衡。溶解氧的饱和含量和空气中氧的分压、大气压力、水温有密切关系。清洁地表水溶解氧一般接近饱和。由于藻类的生长，水中的溶解氧可能过饱和，水体受有机、无机还原性物质污染时溶解氧降低。当大气中的氧来不及补充时，水中溶解氧逐渐降低，以至趋近于零，此时厌氧菌繁殖，水质恶化，导致鱼虾死亡。废水中溶解氧的含量取决于废水排出前的处理工艺过程，一般含量较低，差异很大。鱼类死亡事故多是由于大量受纳污水，使水体中好氧性物质增多，溶解氧很低，水中溶解氧低于 3～4mg/L 时，许多鱼类呼吸困难；继续减少，则会窒息死亡。一般规定水体中的溶解氧至少在 4mg/L。在废水生化处理过程中，溶解氧也是一项重要控制指标。

2-10 溶解氧的测定

采集测定溶解氧的水样时，水样应充满容器并在现场加入溶解氧固定剂（硫酸锰和碱性碘化钾溶液），以避免运输和保存过程中的损失。

测定水中溶解氧的方法有碘量法（GB 7489—87）、修正的碘量法、电化学探头（氧电极）法（HJ 506—2009）、荧光光谱法等。清洁水可用碘量法，受污染的地表水和工业废水必须用修正的碘量法或电化学探头法。电化学探头（氧电极）法中广泛应用于测定溶解氧的电化学探头（氧电极）是聚四氟乙烯薄膜电极。氧电极法适用于地表水、地下水、生活污水、工业废水和盐水中溶解氧的测定，不受色度、浊度等影响，快速简便，可用于现场和连续自动测定。但当水样含氯、二氧化硫、硫化氢、氨、溴、碘等时也可通过膜扩散，干扰测定；含藻类、硫化物、碳酸盐、油等物质时，会使薄膜堵塞或损坏，应及时更换薄膜。当水中含有氧化性物质、还原性物质及有机物时，会干扰测定，应预先消除并根据不同的干扰物质采用修正的碘量法。

（1）叠氮化钠修正法　水样中有亚硝酸盐会干扰碘量法测定溶解氧，可用叠氮化钠将亚硝酸盐分解后再用碘量法测定，分解亚硝酸盐的反应如下：

$$2NaN_3 + H_2SO_4 = 2HN_3 + Na_2SO_4$$

$$HNO_2 + HN_3 = N_2O + N_2 + H_2O$$

亚硝酸盐主要存在于经生化处理的废（污）水和河水中，它能与碘化钾反应释放出 I_2 而产生正干扰，从而使测定结果偏高，即：

$$2HNO_2 + 2KI + H_2SO_4 = K_2SO_4 + 2H_2O + N_2O_2 + I_2$$

如果反应到此为止，引入误差尚不大。但当水样和空气接触时，新溶入的氧将和 N_2O_2 作用，再形成亚硝酸盐：

$$2N_2O_2 + 2H_2O + O_2 = 4HNO_2$$

如此循环，不断地释放出碘，将会引入相当大的正误差。

当水样中三价铁离子含量较高时，也会干扰测定，可加入氟化钾或用磷酸代替硫酸酸化来消除。应当注意，叠氮化钠是剧毒、易爆试剂，不能将碱性碘化钾-叠氮化钠溶液直接酸化，以免产生有毒的叠氮酸雾。

（2）高锰酸钾修正法　该方法适用于含亚铁盐高的水样，借助高锰酸钾在酸性介质中的强氧化性，将亚铁盐、亚硝酸盐及有机物氧化，消除干扰。过量的高锰酸钾用草酸钠溶液除去，生成的高价铁离子用氟化钾掩蔽，生成的硝酸盐不干扰测定，其他同碘量法。

2.5.6.2　溶解氧的测定

参考《水质　溶解氧的测定　碘量法》（GB 7489—87）。

（1）方法原理　水样中加入硫酸锰和碱性碘化钾，水中溶解氧会将低价锰氧化成高价锰，生成四价锰的氢氧化物棕色沉淀。加酸后，氢氧化物沉淀溶解并与碘离子反应释放出游离碘。以淀粉作指示剂，用硫代硫酸钠滴定释放出的游离碘，可计算出溶解氧的含量。

$$MnSO_4 + 2NaOH = Na_2SO_4 + Mn(OH)_2$$

$$2Mn(OH)_2 + O_2 = 2MnO(OH)_2$$

（棕色沉淀）

$$MnO(OH)_2 + 2H_2SO_4 = Mn(SO_4)_2 + 3H_2O$$

$$Mn(SO_4)_2 + 2KI = MnSO_4 + K_2SO_4 + I_2$$

$$2Na_2S_2O_3 + I_2 = Na_2S_4O_6 + 2NaI$$

（2）仪器和设备　250～300mL 溶解氧瓶。

（3）试剂

① 硫酸锰溶液：称取 480g 硫酸锰（$MnSO_4 \cdot 4H_2O$）溶于水，用水稀释至 1000mL。此溶液加至酸化过的碘化钾溶液中，遇淀粉不得产生蓝色。

② 碱性碘化钾溶液：称取 500g 氢氧化钠溶解于 300～400mL 水中，另称取 150g 碘化钾溶于 200mL 水中，待氢氧化钠溶液冷却后，将两溶液合并，混匀，用水稀释至 1000mL。如有沉淀，则放置过夜后，倾出上层清液，储于棕色瓶中，用橡胶塞塞紧，避光保存。此溶液酸化后，遇淀粉应不呈蓝色。

③（1+5）硫酸溶液。

④ 1%淀粉溶液：称取 1g 可溶性淀粉，用少量水调成糊状，再用刚煮沸的水稀释至 100mL，冷却后，加入 0.1g 水杨酸和 0.4g 氯化锌防腐。

⑤ 重铬酸钾标准溶液 $c(1/6K_2Cr_2O_7)=0.025mol/L$：称取于 105～110℃烘干 2h，并冷却的重铬酸钾 1.2258g 溶于水，移入 1000mL 容量瓶中，用水稀释至标线，摇匀。

⑥ 硫代硫酸钠溶液：称取 3.2g 硫代硫酸钠（$Na_2S_2O_3 \cdot 5H_2O$）溶于煮沸放冷的水中，加 0.2g 碳酸钠，用水稀释至 1000mL，储于棕色瓶中，使用前用 0.0250mol/L 的重铬酸钾标准溶液标定。标定方法如下：

于 250mL 碘量瓶中，加入 100mL 水和 1g 碘化钾，加入 10.00mL0.0250mol/L 重铬酸钾标准溶液、5mL（1+5）硫酸溶液，密塞，摇匀。于暗处静置 5min 后，用硫代硫酸钠溶液滴定至溶液呈淡黄色，加入 1mL 淀粉溶液，此时溶液呈蓝色继续滴定至蓝色刚好褪去为止，记录硫代硫酸钠溶液用量。

$$c=\frac{10.00\times 0.0250}{V} \tag{2-9}$$

式中　c——硫代硫酸钠溶液的浓度，mol/L；

V——滴定时消耗硫代硫酸钠溶液的体积，mL。

（4）步骤

① 水样的采集与保存：将水样采集到溶解氧瓶中。采集水样时，要注意不使水样曝气或有气泡残存在采样瓶中。可用水样冲洗溶解氧瓶后，沿瓶壁直接倾注水样或用虹吸法将细管插入溶解氧瓶底部，注入水样至溢流出瓶容积的 1/3～1/2。

水样采集后，为防止溶解氧的变化，用吸液管插入溶解氧瓶的液面下，加入 1mL 硫酸锰溶液、2mL 碱性碘化钾溶液，盖好瓶塞，颠倒混合数次，于暗处静置保存。一般在取样现场固定，同时记录水温和大气压。

② 游离碘：轻轻打开瓶塞，立即用细管插入液面下加入 2.0mL 硫酸，盖好瓶塞，颠倒混合摇匀，至沉淀物全部溶解，放于暗处静置 5min。

③ 测定：吸取 100.0mL 上述溶液于 250mL 锥形瓶中，用硫代硫酸钠标准溶液滴定至溶液呈淡黄色，加入 1mL 淀粉溶液，继续滴定至蓝色刚好褪去，并记录硫代硫酸钠溶液用量。

（5）计算

$$\text{溶解氧}(O_2,\ mg/L)=\frac{cV\times 8\times 1000}{100} \tag{2-10}$$

式中　c——硫代硫酸钠溶液浓度，mol/L；

V——滴定时消耗硫代硫酸钠溶液体积，mL。

（6）注意事项

① 如果水样中含有氧化性物质，应预先于水样中加入硫代硫酸钠去除。即用两个溶解氧瓶各取一瓶水样，在其中一瓶加入 5mL（1+5）硫酸和 1g 碘化钾，摇匀，此时游离出碘。以淀粉作指示剂，用硫代硫酸钠溶液滴定至蓝色刚褪，记下用量（相当于去除游离氯的量）。于另一瓶水样中，加入同样量的硫代硫酸钠溶液，摇匀后，按操作步骤测定。

② 如果水样呈强酸性或强碱性，可用氢氧化钠或硫酸液调至中性后测定。

2.5.7 化学需氧量

2-11 水质 COD 测定

2.5.7.1 基础知识

化学需氧量（COD）是指在强酸并加热条件下，氧化 1L 水样中还原性物质所消耗的氧化剂（通常以重铬酸钾为氧化剂）的量，以氧的质量浓度（mg/L）表示。化学需氧量反映了水体受还原性物质污染的程度。水中的还原性物质包括有机物、亚硝酸盐、亚铁盐、硫化物等。水被有机物污染是很普遍的，因此化学需氧量也作为水中有机物相对含量的指标之一。

化学需氧量是条件性指标，其随测定时所用氧化剂的种类、浓度、反应温度和时间、溶液的酸度、催化剂等变化而不同。测定化学需氧量的标准方法有重铬酸钾法、氯气校正法、快速消解分光光度法、恒电流库仑滴定法等。

2.5.7.2 化学需氧量的测定

参考《水质　化学需氧量的测定　重铬酸盐法》（HJ 828—2017）。

（1）方法原理　在水样中加入已知量的重铬酸钾溶液，并在强酸介质下以银盐作催化剂，经沸腾回流后，以试亚铁灵为指示剂，用硫酸亚铁铵滴定水样中未被还原的重铬酸钾，由消耗的重铬酸钾的量计算出消耗氧的质量浓度。

（2）干扰及消除　本方法的主要干扰物为氯化物，可加入硫酸汞溶液去除。经回流后，氯离子可与硫酸汞结合成可溶性的氯汞络合物。硫酸汞溶液的用量可根据水样中氯离子的含量，按质量比 $m[HgSO_4]:m[Cl^-]\geqslant 20:1$ 的比例加入，最大加入量为 2mL（按照氯离子最大允许浓度 1000mg/L 计）。水样中氯离子的含量可采用 GB 11896 或 HJ 506 附录 A 或 HJ 828 附录 A 进行测定或粗略判定，也可测定电导率后按照 HJ 506 附录 A 进行换算，或参照 GB 17378.4—2007 测定盐度后进行换算。

（3）方法的适用范围　该方法适用于地表水、生活污水和工业废水中化学需氧量的测定，不适用于含氯化物浓度大于 1000mg/L（稀释后）的水中化学需氧量的测定。当取样体积为 10.0mL 时，本方法的检出限为 4mg/L，测定下限为 16mg/L。未经稀释的水样测定上限为 700mg/L，超过此限时须稀释后测定。

（4）仪器和设备

① 回流装置：带有 250mL 磨口锥形瓶的全玻璃回流装置，可选用水冷或风冷全玻璃回流装置，其他等效冷凝回流装置亦可。

② 加热装置：电炉或其他等效消解装置。

③ 分析天平：感量为 0.0001g。

④ 酸式滴定管：25mL 或 50mL。

（5）试剂

① 重铬酸钾标准溶液 $c(1/6K_2Cr_2O_7)=0.250mol/L$：准确称取 12.258g 在 105℃干燥 2h 后的重铬酸钾溶于水中，加水稀释至 1000mL。

② 试亚铁灵指示液：溶解 0.7g 七水合硫酸亚铁（$FeSO_4 \cdot 7H_2O$）于 50mL 的水中，加入 1.458g 1，10-菲啰啉，搅拌至溶解，加水稀释至 100mL，贮于棕色瓶内。

③ 硫酸亚铁铵标准滴定溶液 $c[(NH_4)_2Fe(SO_4)_2 \cdot 6H_2O] \approx 0.05mol/L$：溶解 19.5g 硫酸亚铁铵于水中，边搅拌边加入 10mL 浓硫酸，待溶液冷却后稀释至 1000mL。临用前用重铬酸钾标准溶液标定。

硫酸亚铁铵标准滴定溶液的标定方法：取 5.00mL 重铬酸钾标准溶液置于锥形瓶中，用水稀释至约 50mL，缓慢加入 15mL 浓硫酸，混匀，冷却后加 3 滴（约 0.15mL）试亚铁灵指示剂，用硫酸亚铁铵溶液滴定，溶液的颜色由黄色经蓝绿色变为红褐色，即为终点。记录下硫酸亚铁铵溶液的消耗量 V（mL），并按下式计算硫酸亚铁铵标准滴定溶液浓度。

$$c[(NH_4)_2Fe(SO_4)_2]=\frac{0.250\times 5.00}{V} \tag{2-11}$$

式中 c——硫酸亚铁铵标准滴定溶液的浓度，mol/L；

V——硫酸亚铁铵标准滴定溶液的用量，mL。

④ 硫酸银-硫酸溶液：向 1L 硫酸中加入 10g 硫酸银，放置 1～2d，使之溶解，并摇匀，使用前小心摇动。

⑤ 化学纯试剂：硫酸银、硫酸汞、硫酸（$\rho=1.84g/L$）。

（6）采样及样品保存：采集不少于 100mL 具有代表性的水样。水样要采集于玻璃瓶中，并尽快分析，如不能立即分析，则应加入硫酸至 pH<2，置于 4℃下保存，但保存时间不得超过 5d。

（7）样品测定

① COD_{Cr}浓度≤50mg/L 的样品：取 10.0mL 水样于锥形瓶中，依次加入硫酸汞溶液（$\rho=100g/L$）、5.00mL 重铬酸钾标准溶液 $c(1/6K_2Cr_2O_7)=0.0250mol/L$ 和几颗防爆沸玻璃珠，摇匀。硫酸汞溶液按质量比 $m[HgSO_4]:m[Cl^-]\geqslant 20:1$ 的比例加入，最大加入量为 2mL。将锥形瓶连接到回流装置冷凝管下端，从冷凝管上端缓慢加入 15mL 硫酸银-硫酸溶液，以防止低沸点有机物的逸出，不断旋动锥形瓶使之混合均匀。自溶液开始沸腾起保持微沸回流 2h。水冷装置应在加入硫酸银-硫酸溶液之前，通入冷凝水。

回流冷却后，自冷凝管上端加入 45mL 水冲洗冷凝管，使溶液体积在 70mL 左右，取下锥形瓶。溶液冷却至室温后，加入 3 滴试亚铁灵指示剂溶液，用硫酸亚铁铵标准溶液（0.005mol/L）滴定，溶液的颜色由黄色经蓝绿色变为红褐色即为终点。记下硫酸亚铁铵标准溶液的消耗体积 V_1。

【注意】 样品浓度低时，取样体积可适当增加。

空白试验：按相同步骤以 10.0mL 试剂水代替水样进行空白试验，记录下空白滴定时消耗硫酸亚铁铵标准溶液的体积 V_0。

【注意】 空白试验中硫酸银-硫酸溶液和硫酸汞溶液的用量应与样品中的用量保持一致。

② COD_{Cr}浓度>50mg/L 的样品：取 10.0mL 水样于锥形瓶中，依次加入硫酸汞溶液（$\rho=100g/L$）、5.00mL 重铬酸钾标准溶液 $c(1/6K_2Cr_2O_7)=0.250mol/L$ 和几颗防爆沸玻

璃珠，摇匀。其他操作与 COD_{Cr}浓度≤50mg/L 的样品测定相同。待溶液冷却至室温后，加入 3 滴试亚铁灵指示剂溶液，用硫酸亚铁铵标准滴定溶液（0.05mol/L）滴定，溶液的颜色由黄色经蓝绿色变为红褐色即为终点。记录硫酸亚铁铵标准滴定溶液的消耗体积 V_1。

【注意】 对于浓度较高的水样，可选取所需体积 1/10 的水样放入硬质玻璃管中，加入试剂，摇匀后加热至沸腾数分钟，观察溶液是否变成蓝绿色。如呈蓝绿色，应再适当少取水样，直至溶液不变蓝绿色为止，从而可以确定待测水样的稀释倍数。

按相同步骤以试剂水代替水样进行空白试验。

（8）计算

$$COD_{Cr}(O_2，mg/L)=\frac{(V_0-V_1)c\times 8000}{V_2}\times f \tag{2-12}$$

式中　c——硫酸亚铁铵标准滴定溶液的浓度，mol/L；

V_0——滴定空白时硫酸亚铁铵标准滴定溶液用量，mL；

V_1——滴定水样时硫酸亚铁铵标准滴定溶液的用量，mL；

V_2——水样的体积，mL；

f——稀释倍数；

8000——$1/4O_2$的摩尔质量以 mg/L 为单位的换算值。

当 CODCr 测定结果小于 100mg/L 时保留至整数位，当测定结果大于或等于 100mg/L 时，保留三位有效数字。

（9）注意事项

① 消解时应使溶液缓慢沸腾，不宜爆沸。如出现爆沸，说明溶液中出现局部过热，会导致测定结果有误。爆沸的原因可能是加热过于激烈，或是防爆沸玻璃珠的效果不好。

② 试亚铁灵指示剂的加入量虽然不影响临界点，但应该尽量一致。当溶液的颜色先变为蓝绿色再变到红褐色即达到终点，几分钟后可能还会重现蓝绿色。

2.5.8　高锰酸盐指数

2.5.8.1　基础知识

2-12 高锰酸盐指数测定

高锰酸盐指数是指在一定条件下，以高锰酸钾为氧化剂氧化水样中的还原性物质所消耗的高锰酸钾的量，以氧的质量浓度（mg/L）来表示。

因高锰酸钾在酸性条件下的氧化能力比在碱性条件下强，故常分为酸性高锰酸钾法和碱性高锰酸钾法，分别适用于不同水样的测定。高锰酸盐指数的测定结果也是化学需氧量。

2.5.8.2　高锰酸盐指数的测定

参考《水质　高锰酸盐指数的测定》(GB 11892—89)。

（1）方法原理　水样加入硫酸使呈酸性后，再加入一定量的高锰酸钾溶液，并在沸水浴中加热反应一定的时间。反应后剩余的高锰酸钾用草酸钠溶液还原并加入过量草酸钠溶液，再用高锰酸钾溶液回滴过量的草酸钠，通过计算求出高锰酸盐指数值。

显然，高锰酸盐指数是一个相对的条件性指标，其测定结果与溶液的酸度、高锰酸盐浓度、加热温度和时间有关。因此，测定时必须严格遵守操作规定，使结果具可比性。

(2) 方法的适用范围　酸性高锰酸钾法适用于氯离子含量不超过 300mg/L 的水样。

当水样的高锰酸盐指数值超过 10mg/L 时，则酌情分取少量试样，并用水稀释后再进行测定。

(3) 水样的采集与保存　水样采集后，应加入硫酸使 pH<2，以抑制微生物活动。样品应尽快分析，尽量在 48h 内测定。

(4) 仪器和设备

① 沸水浴装置。

② 250mL 锥形瓶。

③ 50mL 酸式滴定管。

④ 定时钟。

(5) 试剂

① 高锰酸钾标准贮备液 ($1/5KMnO_4=0.1mol/L$)：称取 3.2g 高锰酸钾溶于 1.2L 水中，加热煮沸，使体积减小到约 1L，在暗处放置过夜，用玻璃砂芯漏斗过滤后，滤液贮于棕色瓶中保存。使用前用 0.1000mol/L 的草酸钠标准贮备液标定，求得实际浓度。

② 高锰酸钾标准使用液 ($1/5KMnO_4=0.01mol/L$)：吸取一定量的上述高锰酸钾标准贮备液于 1000mL 容量瓶中，用水稀释至刻线，混匀，贮于棕色瓶中。使用当天应进行标定。

③ (1+3) 硫酸。配置时趁热滴加高锰酸钾溶液至呈微红色。

④ 草酸钠标准贮备液 ($1/2Na_2C_2O_4=0.1000mol/L$)：称取 0.6705g 在 105～110℃烘干 1h 并冷却的优级纯草酸钠溶于水，移入 100mL 容量瓶中，用水稀释至标线。

⑤ 草酸钠标准使用液 ($1/2Na_2C_2O_4=0.0100mol/L$)：吸取 10.00mL 上述草酸钠标准贮备液移入 100mL 容量瓶中，用水稀释至标线。

(6) 步骤

① 分取 100mL 混匀水样 (如高锰酸盐指数高于 10mg/L，则酌情少取，并用水稀释至 100mL) 于 250 锥形瓶中。

② 加入 5mL (1+3) 硫酸，混匀。

③ 加入 10.00mL 0.01mol/L 高锰酸钾标准使用液，摇匀，立即放入沸水浴中加热 30min (从水浴重新沸腾起计时)。沸水浴液面要高于反应溶液的液面。

④ 取下锥形瓶，趁热加入 10.00mL 0.0100mol/L 草酸钠标准使用液，摇匀。立即用 0.01mol/L 高锰酸钾标准使用液滴定至显微红色，记录高锰酸钾标准使用液消耗量。

⑤ 高锰酸钾溶液浓度的标定：将上述已滴定完毕的溶液加热至约 70℃，准确加入 10.00mL 草酸钠标准使用液 (0.0100mol/L)，再用 0.01mol/L 高锰酸钾标准使用液滴定至显微红色。记录高锰酸钾标准使用液的消耗量，按下式求得高锰酸钾溶液的校正系数 (K)。

$$K=\frac{10.00}{V} \tag{2-13}$$

式中　V——高锰酸钾标准使用液消耗量，mL。

若水样经稀释时，应同时另取 100mL 水，同水样操作步骤进行空白试验。

(7) 计算

① 水样不经稀释

$$\text{高锰酸盐指数}(O_2,\ mg/L)=\frac{[(10+V_1)K-10]\times c\times 8\times 1000}{100} \tag{2-14}$$

式中　V_1——滴定水样时，高锰酸钾标准使用液的消耗量，mL；

　　K——校正系数；

　　c——草酸钠标准使用液浓度，mol/L；

　　8——氧（1/2O）摩尔质量。

② 水样经稀释

$$\text{高锰酸盐指数}(O_2,\ mg/L)=\frac{\{[(10+V_1)K-10]-[(10+V_0)K-10]\times C\}\times c\times 8\times 1000}{V_2} \tag{2-15}$$

式中　V_0——空白试验中高锰酸钾标准使用液消耗量，mL；

　　V_2——分取水样量，mL；

　　C——稀释的水样中含水的比值，例如：10.0mL 水样，加 90mL 水稀释至 100mL，则 $C=0.90$。

（8）注意事项

① 在水浴中加热完毕后，溶液仍应保持淡红色，如变浅或全部褪去，说明高锰酸钾的用量不够，此时，应将水样稀释倍数加大后再测定，使加热氧化后残留的高锰酸钾为其加入量的 1/2～1/3 为宜。

② 在酸性条件下，草酸钠和高锰酸钾的反应温度应保持在 60～80℃，所以滴定操作必须趁热进行，若溶液温度过低，需适当加热。

2.5.9　生化需氧量

2.5.9.1　基础知识

生化需氧量（BOD）就是水中有机物在好氧微生物的生物化学氧化作用下所消耗的溶解氧的量，以氧的质量浓度（mg/L）表示。水样中的硫化物、亚铁等还原性无机物也同时被氧化。水体发生生物化学过程必备的条件是好氧微生物、足够的溶解氧、能被微生物利用的营养物质。

有机物在微生物作用下的好氧分解分为两个阶段，第一阶段称为含碳物质氧化阶段，主要是含碳有机物氧化为二氧化碳和水；第二阶段称为消化阶段，主要是含氮有机物在消化细菌的作用下分解为亚硝酸盐和硝酸盐。两个阶段分主次且同时进行，消化阶段大约在 5～7d 甚至 10d 以后才显著进行，故目前国内外广泛采用 20℃ 五天培养法，其测定的消耗氧量称为五日生化需氧量，即 BOD_5。

BOD_5 是反映水体被有机物污染程度的综合指标，也是研究污水的可生化降解性和生化处理效果，以及生化处理污水工艺设计和动力学研究中的重要参数。

测定 BOD 的方法有：稀释与接种法（五日培养法，BOD_5 法）（HJ 505—2009）、微生物传感器快速测定法（HJ/T 86—2002）、压差法、库仑滴定法等。

2.5.9.2　生化需氧量的测定

参考《水质　五日生化需氧量（BOD_5）的测定　稀释与接种法》（HJ 505—2009）。

（1）方法原理　生化需氧量是指在规定的条件下，微生物分解水中的某些可氧化的物质，特别是分解有机物的生物化学过程消耗的溶解氧。通常情况下是指水样充满完全密闭的溶解氧瓶中，在（20±1)℃的暗处培养5d±4h或（2+5）d±4h［先在0～4℃的暗处培养2d，接着在（20±1)℃的暗处培养5d，即培养（2+5）d］，分别测定培养前后水样中溶解氧的质量浓度，由培养前后溶解氧的质量浓度之差，计算每升样品消耗的溶解氧量，以BOD_5形式表示。

若样品中的有机物含量较多，BOD_5的质量浓度大于6mg/L，样品需适当稀释后测定；对不含或含微生物少的工业废水，如酸性废水、碱性废水、高温废水、冷冻保存的废水或经过氯化处理等的废水，在测定BOD_5时应进行接种，以引进能分解废水中有机物的微生物。当废水中存在难以被一般生活污水中的微生物以正常的速度降解的有机物或含有剧毒物质时，应将驯化后的微生物引入水样中进行接种。

（2）方法的适用范围　适用于地表水、工业废水和生活污水中五日生化需氧量（BOD_5）的测定。

该方法的检出限为0.5mg/L，测定下限为2mg/L，非稀释法和非稀释接种法的测定上限为6mg/L，稀释法与稀释接种法的测定上限为6000mg/L。

（3）仪器和设备

① 恒温培养箱。

② 滤膜：孔径为1.6μm。

③ 1000～2000mL量筒。

④ 玻璃搅棒：棒长应比所用量筒高度长20cm，在棒的底端固定一个直径比量筒直径略小，并带有几个小孔的硬橡胶板。

⑤ 溶解氧瓶：200～300mL，带有磨口玻璃塞，并具有供水封闭的钟形口。

⑥ 虹吸管：供分取水样和添加稀释水用。

⑦ 溶解氧测定仪。

⑧ 曝气装置：多通道空气泵或其他曝气装置。曝气可能带来有机物、氧化剂和金属，导致空气污染，如有污染，空气应过滤清洗。

（4）试剂

① 磷酸盐缓冲溶液：pH=7.2。将8.5g磷酸二氢钾（KH_2PO_4）、21.75g磷酸氢二钾（K_2HPO_4）、33.4g磷酸氢二钠（$Na_2HPO_4 \cdot 7H_2O$）和氯化铵（NH_4Cl）溶于水中，稀释至1000mL。

② 硫酸镁溶液（22.5g/L）：将22.5g七水合硫酸镁溶于水，稀释至1000mL。

③ 氯化钙溶液（27.5g/L）：将27.5g无水氯化钙溶于水，稀释至1000mL。

④ 氯化铁溶液（0.25g/L）：将0.25g六水合氯化铁溶于水，稀释至1000mL。

⑤ 盐酸溶液（0.5mol/L）：将40mL（ρ=1.18g/mL）盐酸溶于水，稀释至1000mL。

⑥ 氢氧化钠溶液（0.5mol/L）：将20g氢氧化钠溶于水，稀释至1000mL。

⑦ 亚硫酸钠溶液（0.025mol/L）：将1.575g亚硫酸钠溶于水，稀释至1000mL。此溶液不稳定，需当天配制。

⑧ 葡萄糖-谷氨酸标准溶液：将葡萄糖和谷氨酸在103℃干燥1h后，各称取150mg溶于水中，移入1000mL容量瓶中，并稀释至标线，混合均匀。此标准溶液临用前配制。

⑨ 稀释水：在5～20L的玻璃瓶中加入一定量的水，控制水温在（20±1)℃，用曝气装置至少曝气1h，使稀释水中的溶解氧达到8mg/L以上。使用前每升水中加入氯化钙溶液、氯化铁溶液、硫酸镁溶液、磷酸盐缓冲溶液各1.0mL，混匀，20℃保存。在曝气的过程中

要防止污染，特别是防止带入有机物、金属、氧化物或还原物。

稀释水中氧的质量浓度不能过饱和，使用前需开口放置 1h，且应在 24h 内使用。剩余的稀释水应弃去。

⑩ 接种稀释水：根据接种液的来源不同，每升稀释水中加入适量接种液（可购买接种微生物用的接种物质，接种液的配制和使用按说明书的要求操作），城市生活污水和污水处理厂出水加 1～10mL，河水或湖水加 10～100mL，将接种稀释水存放在（20±1)℃的环境中，当天配制当天使用。接种的稀释水 pH 值为 7.2，BOD_5应小于 1.5mg/L。

（5）操作步骤

① 采样：按要求采取具有代表性的水样。

② 水样的预处理：

a. 水样的 pH 超过 6.5～7.5 范围时，可用盐酸或氢氧化钠稀释溶液调节至 7，但用量不要超过水样体积的 0.5%。

b. 水样中含有铜、铅、锌、镉、铬、砷、氰等有毒物质时，可使用含经驯化的微生物接种液的接种稀释水进行稀释，或增大稀释倍数，以减小有毒物质的浓度。

c. 含有少量游离氯的水样，一般放置 1～2h 游离氯即可消失。对于游离氯在短时间内不能消散的水样，可加入亚硫酸钠溶液以除去。

d. 从水温较低的水域中采集的水样，会出现含有过饱和溶解氧的情况，此时应将水迅速升温至 20℃左右，充分振摇，以赶出过饱和的溶解氧。

从水温较高的水域或污水排放口取得的水样，则应迅速使其冷却至 20℃左右，并充分振摇，使之与空气中氧分压接近平衡。

③ 不经稀释的水样的测定：溶解氧含量较高、有机物含量较少的地表水，可不经稀释，而直接以虹吸法将约 20℃的混匀水样转移至两个溶解氧瓶内，转移过程中应注意不使其产生气泡。以同样的操作使两个溶解瓶充满水样，加塞水封。

立即测定其中一瓶溶解氧，将另一瓶放入培养箱中，在（20 ±1)℃培养五天后，测其溶解氧含量。

④ 需稀释水样的测定：地表水稀释倍数可由测得的高锰酸盐指数乘以适当的系数求出，见表 2-8。

表 2-8　高锰酸盐指数及相应系数

高锰酸盐指数/(mg/L)	系数	高锰酸盐指数/(mg/L)	系数
＜5	—	10～20	0.4，0.6
5～10	0.2，0.3	＞30	0.5，0.7，1.0

工业废水稀释倍数可由重铬酸钾法测得的 COD 值确定。通常需做 3 个稀释比，即使用稀释水时，由 COD 值分别乘以系数 0.075、0.15、0.225，即获得 3 个稀释倍数；使用接种稀释水时，则分别乘以 0.075、0.15 和 0.25，获得 3 个稀释倍数。

稀释倍数确定后按下述方法之一测定水样。

a. 一般稀释法：按照选定的稀释比例，用虹吸法沿筒壁先引入部分稀释水（或接种稀释水）于 1000mL 量筒中，加入需要量的均匀水样，再引入稀释水（或接种稀释水）至 800mL，用带胶板的玻璃搅棒小心上下搅匀。搅拌时勿使搅棒的胶板露出水面，防止产生气泡。

按不经稀释水样的测定步骤，进行装瓶，测定当天溶解氧和培养五天后的溶解氧含量。另取两个溶解氧瓶，用虹吸法装满稀释水（或接种稀释水）作为空白，分别测定五天前、后的溶解氧含量。

b. 直接稀释法：直接稀释法是在溶解氧瓶内直接稀释，在已知两个容积相同（其差小于1mL）的溶解氧瓶内，用虹吸法加入部分稀释水（或接种稀释水）至刚好充满，加塞，勿留气泡于瓶内，其余操作与上述稀释法相同。

（6）计算

① 不经稀释直接培养的水样

$$BOD_5(mg/L)=\rho_1-\rho_2 \tag{2-16}$$

式中 ρ_1——水样在培养前的溶解氧浓度，mg/L；

ρ_2——水样经5d培养后，剩余溶解氧浓度，mg/L。

② 经稀释后培养的水样

$$BOD_5(mg/L)=\frac{(\rho_1-\rho_2)-(\rho_3-\rho_4)f_1}{f_2} \tag{2-17}$$

式中 ρ_3——稀释水（或接种稀释水）在培养前的溶解氧浓度，mg/L；

ρ_4——稀释水（或接种稀释水）在培养后的溶解氧浓度，mg/L；

f_1——稀释水（或接种稀释水）在培养液中所占比例；

f_2——水样在培养液中所占比例。

【注意】 f_1和f_2的计算，如培养液的稀释比为3%，即3份水样，97份稀释水，则f_1=0.97，f_2=0.03。

（7）注意事项

① 测定一般水样的BOD_5时，硝化作用很不明显或根本不发生。但对于生物处理池出水，则含有大量硝化细菌，因此在测定BOD_5时也包括了部分含氮化合物的需氧量。对于这种水样，如只需测定有机物的需氧量，应加入硝化抑制剂，如丙烯基硫脲等。

② 在2个或3个稀释比的样品中，凡消耗溶解氧大于2mg/L和剩余溶解氧大于1mg/L都有效，计算结果时应取平均值。

③ 为检查稀释水和接种液的质量以及化验人员的操作技术，可将20mL葡萄糖-谷氨酸标准溶液用接种稀释水稀释至1000mL，测其BOD_5，其结果应在180～230mg/L之间。否则应检查接种液、稀释水或操作技术是否存在问题。

【思考与练习2.5】

1. 测定溶解氧的水样为什么要在采样现场加入硫酸锰和碱性碘化钾？
2. 如何测定水中总磷？
3. 怎样采集测定溶解氧的水样？
4. 简述水样中氨氮、亚硝酸盐氮、硝酸盐氮、总氮的测定方法和原理。
5. 简述测定水中总磷的方法和原理。
6. 测定水中总磷时为什么要消解水样，如何消解？
7. 简述重铬酸钾法测定COD的原理和步骤、加入各种试剂的作用、影响测定准确度的因素。
8. 用稀释法测定BOD时，对稀释水有何要求？如何选择稀释倍数？

2.6 金属元素的测定

水体中含有多种金属元素，其中有些金属元素是人体健康所必需的常量和微量元素，如铁、锰、锌、钙、镁等；还有一些金属元素是对人体健康有害的，如汞、镉、铅、铜、锌、镍等。受污染的地表水和工业废水中有害金属化合物的含量大幅度增加。

2.6.1 汞

2.6.1.1 基础知识

汞及其化合物都属于剧毒物质，主要来源于金属冶炼、仪器仪表制造、颜料、塑料、食盐电解及军工等工业废水。天然水中汞含量一般不超过 0.1μg/L。《生活饮用水卫生标准》(GB 5749—2022）中规定的限值为 0.001mg/L。

汞的测定方法有双硫腙分光光度法（GB 7469—87)、原子荧光法（HJ 694—2014)、冷原子吸收分光光度法（HJ 597—2011 ）和冷原子荧光法（HJ/T 341—2007)。双硫腙分光光度法是测定多种金属离子的标准方法，但对测定条件要求严格、操作较烦琐；其他三种方法是测定水中微量、痕量汞的特效方法，测定简便、干扰因素少、灵敏度较高。

2.6.1.2 水中汞的测定—原子荧光法

测定汞的样品如果呈酸性，按每升水样加入 0.5mL 盐酸（浓度 1.19g/mL)。

(1) 方法原理　样品经预处理，其中各种形态的汞转化成二价汞（Hg^{2+})，加入硼氢化钾（或硼氢化钠）与其反应，生成原子态汞，用氩气将原子态汞导入原子化器，以汞高强度空心阴极灯为激发光源，汞原子受光辐射激发产生荧光，检测原子荧光强度，利用荧光强度在一定范围内与汞含量成正比的关系计算样品中汞的含量。

本方法是将氢化物发生技术与原子荧光光谱分析技术相结合测定水中汞，从而实现水样检测的新技术。适用于地表水、地下水、大气降水、污水及其再生利用水中汞的测定，方法检出限为 0.01μg/L，在 0.05～30μg/L 测定范围内，线性良好。大于 30μg/L 的样品，可稀释后测定。

(2) 仪器和设备

① 原子荧光光度计。

② 汞高强度空心阴极灯。

③ 恒温水浴锅。

④ 常用玻璃量器。

(3) 试剂

① 本方法所用水均指去离子水或同等纯度的水。

② 硫酸（H_2SO_4)：ρ=1.84g/mL，优级纯。

③ 硝酸（HNO_3)：ρ= 1.42g/mL，优级纯。

④ 盐酸（HCl)：ρ= 1.18g/mL，优级纯。

⑤ 氢氧化钾（KOH)：优级纯。

⑥ 50g/L 重铬酸钾溶液。

⑦ 20g/L 过硫酸钾溶液。

⑧ 溴酸钾（0.1mol/L）-溴化钾（10g/L）混合溶液：称取 2.8g 溴酸钾（优级纯），加水溶解后，加入 10g 溴化钾（优级纯），用水稀释至 1000mL，置于棕色试剂瓶中保存，如有溴析出，应重新配制。

⑨ 5g/L 盐酸羟胺溶液，此溶液如含有少量汞，必须对溶液先进行提纯，然后使用。

⑩ 5%盐酸溶液（体积分数）：量取 50mL 盐酸（优级纯），加入 950mL 水中，摇匀。

⑪ 20g/L 硼氢化钾（或硼氢化钠）溶液：称取 10g 硼氢化钾（或硼氢化钠），溶于 500mL0.5%氢氧化钾溶液（优级纯）中，摇匀。

⑫ 汞标准固定液：称取约 0.5g 重铬酸钾（优级纯）溶于适量水中，再加入 50mL 硝酸（优级纯），稀释至 1000mL，摇匀。

⑬ 汞标准贮备液（1000mg/L）：购置或自配。准确称取放置在硅胶干燥器中充分干燥过的 1.3540g（精确至 0.1mg）氯化汞，用汞标准固定液溶解后，转移至 1000mL 容量瓶中，再用汞标准固定液准确稀释至标线，摇匀。

⑭ 汞标准中间液（1.0mg/L）：准确移取浓度为 1000mg/L 的汞标准贮备液 1.0mL，转入 1000mL 容量瓶中，加入约 0.5g 重铬酸钾（优级纯），用汞标准固定液稀释至刻度，摇匀。

⑮ 汞标准使用液（0.010mg/L）：准确移取浓度为 1.0mg/L 的汞标准中间液 1.0mL，转入 100mL 容量瓶中，用汞标准固定液稀释至刻度，摇匀。

⑯ 氩气：纯度大于 99.99%。

（4）水样的预处理

①重铬酸钾-过硫酸钾消解法。此法适用于地表水、地下水和污水。取摇匀的 1.0～5.0mL 污水（或 10mL 较清洁净地表水、地下水）置于 25mL 比色管中，稀释至 10.0mL，加入 0.3mL 硫酸（优级纯）、0.3mL 硝酸（优级纯），混匀。再加入 1.0mL 重铬酸钾溶液，应保持至少 15min 不褪色，否则应适量补加。然后加入 1.0mL 过硫酸钾溶液，在水浴锅中闭塞保持近沸 1h，取下冷却。使用前，逐滴加入盐酸羟胺溶液，直至溶液褪色，再稀释至刻度。

②溴酸钾-溴化钾消解法。此法适用于较清洁地表水、地下水和有机污染物较少的污水。取 5.0～10.0mL 水样置于 25mL 比色管中，加入 1.0mL 硫酸（优级纯）、1.0mL 溴化剂，闭塞，摇匀，20℃以上温度下放置 5min 以上。样品中如没有橙黄色溴析出，应适当补加溴化剂（溴酸钾-溴化钾混合溶液），但最多不得超过 3.0mL，否则应使用重铬酸钾-过硫酸钾消解法进行处理。使用前，滴加盐酸羟胺溶液还原过剩的溴，再用水稀释至刻度。

（5）样品的测定

① 设置仪器参数（仪器型号不同，测量参数会有所变动，以下可作为参考）

激发光波长：253.7nm。

光电倍增管负高压：240～340V。

灯电流：15～55mA。

原子化器温度：点火，200℃以上。

原子化器高度：8～12mm。

载气流量：300～900mL/min。

屏蔽气流量：500～1200mL/min。

测量方式：标准曲线法。

读数方式：峰高或峰面积。

读数时间：10～16s。

延迟时间：0～2s。

② 标准曲线的绘制：分别准确吸取 0.010mg/L 汞标准使用液 0.0、1.0mL、2.0mL、4.0mL、6.0mL、8.0mL、10.0m L 加入 100mL 容量瓶中，用 5%盐酸溶液稀释至刻度。此标准系列的浓度分别为 0.0、0.10μg/L、0.20μg/L、0.40μg/L、0.80μg/L、1.00μg/L，放置 15min 后测定。

③ 测定样品：按照仪器操作规程，预热 30min，接通气源、调整好出口压力，使用 5% 盐酸溶液作为载流，按照仪器工作参数调整好仪器，测定汞标准工作曲线。测定的标准工作曲线相关系数应大于 0.9990，否则应查明原因重新测定标准曲线或用比例法处理数据。

按上述测定程序，先测定样品空白，再按程序依次测定各样品浓度。

（6）结果计算　仪器随机软件有自动计算的功能，工作曲线为线性拟合曲线，测得待测样品荧光强度值后减去样品空白荧光强度，代入拟合曲线的一次方程，即得出待测样品浓度。若人工计算，可采用式（2-18）：

$$\rho_{Hg}=\rho_0\frac{V}{V_0} \tag{2-18}$$

式中　ρ_{Hg}——待测样品浓度，μg/L；

ρ_0——根据待测样品的荧光强度减去样品空白荧光强度后，从工作曲线上查得相应的样品浓度，mg/L；

V——待测样品经处理、稀释定容后的最终体积，mL；

V_0——所取待测样品的体积，mL。

（7）注意事项

a. 锥形瓶、容量瓶等玻璃器皿均应及时用稀硝酸冲洗后再用水冲净使用，防止污染。

b. 硼氢化钾和硼氢化钠是强还原剂，使用时注意勿接触皮肤和溅入眼睛。

c. 仪器延迟时间和读数时间根据实验时的具体峰形确定。参考条件会因仪器型号、管路连接长短及粗细的不同而有差异，适当调整使仪器能读出完整的峰高或峰形即可。

2.6.2 铅

2.6.2.1 基础知识

铅是可在人体和动、植物体中积累的有毒金属，其主要毒性效应是导致贫血、神经机能失调和肾损伤等。铅对水生生物的安全浓度为 0.16mg/L。铅的主要污染源是蓄电池、冶炼、五金、机械、涂料和电镀等工业部门排放的废水。

测定水体中铅的方法主要有原子吸收分光光度法、双硫腙分光光度法、阳极溶出伏安法和示波极谱法等。

2.6.2.2 水中铅的测定——石墨炉原子吸收法

本方法需要用聚乙烯塑料瓶采集样品。采样瓶先用洗涤剂洗净，再在（1+1）硝酸溶液中浸泡，使用前用水冲洗干净。分析金属总量的样品，采集后立即加硝酸（优级纯）酸化至

pH为1～2，正常情况下，每1000mL样品加2mL硝酸（优级纯）。

本法适用于生活饮用水及水源水中铅的测定。最低检测质量为0.05ng铅，若取20μL水样测定，则最低检测质量浓度为2.5μg/L。水中共存离子一般不产生干扰。

（1）原理　样品经适当处理后，注入石墨炉原子化器，所含的金属离子在石墨管内经原子化高温蒸发解离为原子蒸气，待测元素的基态原子吸收来自同种元素空心阴极灯发出的共振线，其吸收强度在一定范围内与金属浓度成正比。

（2）试剂　除非另有说明，分析时均使用符合国家标准或专业标准的分析纯试剂、去离子水或同等纯度的水。

① 硝酸（HNO_3）：ρ = 1.42g/mL，优级纯。

② 硝酸（HNO_3）：ρ=1.42g/mL，分析纯。

③（1 + 1）硝酸溶液：用硝酸（分析纯）配制。

④（1+99）硝酸溶液：用硝酸（优级纯）配制。

⑤ 铅标准贮备溶液［ρ（Pb）= 1mg/mL］：称取0.7990g硝酸铅［Pb（NO_3）$_2$］，溶于约100mL纯水中，加入硝酸（ρ_{20}= 1.42g/mL）1mL，并用纯水定容至500mL。

⑥ 铅标准中间溶液［ρ（Pb）= 50μg/mL］：取铅标准贮备溶液5.00mL于100mL容量瓶中，用（1+ 99）硝酸溶液稀释至刻度，摇匀。

⑦ 铅标准使用溶液［ρ（Pb）= 1μg/mL］：取铅标准中间溶液2.00mL于100mL容量瓶中，用（1+99）硝酸溶液稀释至刻度，摇匀。

⑧ 磷酸二氢铵溶液（120g/L）：称取12g磷酸二氢铵（$NH_4H_2PO_4$，优级纯），加水容解并定容至100mL。

⑨ 硝酸镁溶液（50g/L）：称取5g硝酸镁［Mg（NO_3）$_2$，优级纯］，加水溶解并定容至100mL。

（3）仪器和设备

① 石墨炉原子吸收分光光度计。

② 铅元素空心阴极灯。

③ 氩气钢瓶。

④ 微量加样器：20/μL。

⑤ 聚乙烯瓶：100mL。

（4）仪器参数

元素：Pb。

波长：283.3nm。

干燥温度：120℃。

干燥时间：30s。

灰化温度：600℃。

灰化时间：30s。

原子化温度：2100℃。

原子化时间：5s。

（5）分析步骤

① 吸取铅标准使用溶液0、0.25mL、0.50mL、1.00mL、2.00mL、3.00mL和4.00mL于7个100mL容量瓶内，分别加入10mL磷酸二氢铵溶液、1mL硝酸镁溶液，用（1+99）硝

酸溶液稀释至刻度，摇匀，分别配制成 0、2.50ng/mL、5.0ng/mL、10ng/mL、20ng/mL、30ng/mL 和 40ng/mL 的标准系列。

② 吸取 10.0mL 水样，加入 1.0mL 磷酸二氢铵溶液、0.1mL 硝酸镁溶液，同时取 10.0mL（1＋99）硝酸溶液，加入等量磷酸二氢铵溶液和硝酸镁溶液作为空白。

③ 仪器参数设定后依次吸取 20μL 空白试剂、标准系列和样品，注入石墨管，启动石墨炉控制程序和记录仪，记录吸收峰高或峰面积。

（6）计算

从标准曲线查出铅浓度后，按下列公式计算铅含量 ρ_{Pb}

$$\rho_{Pb}=\frac{\rho_1 V_1}{V} \tag{2-19}$$

式中　ρ_{Pb}——水样中铅的质量浓度，μg/L；

ρ_1——从标准曲线上查得试样中铅的质量浓度，μg/L；

V——原水样体积，mL；

V_1——测定样品的体积，mL。

2.6.3 六价铬

2.6.3.1 基础知识

铬常见的价态有三价和六价。在水体中，六价铬一般以 CrO_4^-、$HCr_2O_7^-$、$Cr_2O_7^{2-}$ 三种阴离子形式存在；受水体 pH、温度、氧化还原性质、有机物等因素影响，三价铬和六价铬化合物可以互相转化。

铬是生物体所必需的微量元素之一。铬的毒性与其存在价态有关，六价铬具有强毒性，为致癌物质，并易被人体吸收而在体内积累。通常认为六价铬的毒性比三价铬大 100 倍，但是对鱼类来说，三价铬化合物的毒性比六价铬大。当水中六价铬质量浓度达 1mg/L 时，水呈黄色并有涩味；三价铬质量浓度达 1mg/L 时，水的浊度明显增加。铬的工业污染主要来自铬矿石加工、金属表面处理、皮革鞣制、印染等行业的废水。

水中铬的测定方法主要有二苯碳酰二肼分光光度法、火焰原子吸收光谱法、电感耦合等离子体原子发射光谱法（ICP-AES）和硫酸亚铁铵滴定法。滴定法适用于含铬量较高的水样。

2.6.3.2 水中铬的测定——二苯碳酰二肼分光光度法

本方法所测水样应用瓶壁光洁的玻璃瓶采集。如测总铬，水样采集后，加入硝酸调节 pH <2；如测六价铬，水样采集后，加 NaOH 使 pH 为 8～9；均应尽快测定，如放置，不得超过 24h。

如果所测水样含铁量大于 1mg/L，水样显色后呈黄色，干扰测定。六价钼和汞也和显色剂反应生成有色化合物干扰测定，但在本方法的显色酸度下反应不灵敏，钼和汞达 200mg/L 不干扰测定。钒也有干扰，其含量高于 4mg/L 即干扰测定，但钒与显色剂反应后 10min，可自行褪色。

氧化性及还原性物质，如：ClO^-、Fe^{2+}、SO_3^{2-}、$S_2O_3^{2-}$ 等，以及水样有色或混浊时，

对测定均有干扰，需进行预处理。

（1）实验原理　在酸性溶液中，六价铬离子与二苯碳酰二肼反应，生成紫红色络合物，其最大吸收波长为540nm，吸光度与浓度的关系符合比尔定律。反应式如下：

$$O{=}C\begin{matrix}\diagup NH{-}NH{-}C_6H_5\\ \diagdown NH{-}NH{-}C_6H_5\end{matrix} + Cr^{6+} \longrightarrow O{=}C\begin{matrix}\diagup NH{-}NH{-}C_6H_5\\ \diagdown N{=}N{-}C_6H_5\end{matrix} + Cr^{3+} \longrightarrow \text{紫红色络合物}$$

二苯碳酰二肼　　　　苯肼羰基偶氮苯

如果测定总铬，需先用高锰酸钾将水样中的三价铬氧化为六价，再用本法测定。

（2）仪器和设备　容量瓶、可见分光光度计、实验室常用仪器。

（3）试剂

① 丙酮。

② （1＋1）磷酸溶液：将磷酸（H_3PO_4，优级纯，$\rho=1.69g/mL$）与水等体积混合。

③ 4g/L 氢氧化钠溶液。

④ 氢氧化锌共沉淀剂：使用时将 100mL 80g/L 硫酸锌（$ZnSO_4 \cdot 7H_2O$）溶液和120mL20g/L 氢氧化钠溶液混合。

⑤ 40g/L 高锰酸钾溶液：称取高锰酸钾（$KMnO_4$）4g，在加热和搅拌下溶于水，最后稀释至 100mL。

⑥ 铬标准贮备液：称取于 110℃干燥 2h 的重铬酸钾（$K_2Cr_2O_7$，优级纯）（0.2829±0.0001）g，用水溶解后，移入 1000mL 容量瓶中，用水稀释至标线，摇匀。此溶液 1mL 含 0.10mg 六价铬。

⑦ 铬标准溶液 A：吸取 5.00mL 铬标准贮备液置于 500mL 容量瓶中，用水稀释至标线，摇匀。此溶液 1mL 含 1.00μg 六价铬。使用当天配制。

⑧ 铬标准溶液 B：吸取 25.00mL 铬标准贮备液置于 500mL 容量瓶中，用水稀释至标线，摇匀。此溶液 1mL 含 5.00μg 六价铬。使用当天配制。

⑨ 200g/L 尿素溶液：将 [$(NH_2)_2CO$] 20g 溶于水并稀释至 100mL。

⑩ 20g/L 亚硝酸钠溶液：将亚硝酸钠（$NaNO_2$）2g 溶于水并稀释至 100mL。

⑪ 显色剂 A：称取二苯碳酰二肼（$C_{13}N_{14}H_4O$）0.2g，溶于 50mL 丙酮中，加水稀释到 100mL，摇匀，贮于棕色瓶，置冰箱中保存（色变深后不能使用）。

⑫ 显色剂 B：称取二苯碳酰二肼 1g，溶于 50mL 丙酮中，加水稀释到 100mL，摇匀，贮于棕色瓶，置冰箱中保存（色变深后不能使用）。

（4）样品的预处理

① 样品中应不含悬浮物。低色度的清洁地表水可直接测定，不需预处理。

② 色度校正。当样品有色但不太深时，另取一份水样，以 2mL 丙酮代替显色剂，其他步骤同水样测定步骤。水样测得的吸光度扣除此色度校正吸光度后，再进行计算。

③ 对浑浊、色度较深的样品可用锌盐沉淀分离法进行前处理。取适量水样（含六价铬少于 100μg）于 150mL 烧杯中，加水至 50mL，滴加氢氧化钠溶液，调节溶液 pH 为 7～8。在不断搅拌下，滴加氢氧化锌共沉淀剂至溶液 pH 为 8～9。将此溶液转移至 100mL 容量瓶中，用水稀释至标线。用慢速滤纸过滤，弃去 10～20mL 初滤液，取其中 50.0mL 滤液供测定。

④ 二价铁、亚硫酸盐、硫代硫酸盐等还原性物质的消除。取适量水样（含六价铬少于50μg）于 50mL 比色管中，用水稀释至标线，加入 4mL 显色剂 B 混匀，放置 5min 后，加入 1mL 硫酸溶液摇匀。5～10min 后，在 540nm 波长处，用 10mm 或 30mm 光程的比色皿，以水作参比，测定吸光度。扣除空白试验测得的吸光度后，从校准曲线查得六价铬含量。用同法绘制校准曲线。

⑤ 次氯酸盐等氧化性物质的消除。取适量水样（含六价铬少于 50μg）于 50mL 比色管中，用水稀释至标线，加入 0.5mL 硫酸溶液、0.5mL 磷酸溶液、1.0mL 尿素溶液，摇匀，逐滴加入 1mL 亚硝酸钠溶液，边加边摇，以除去由过量的亚硝酸钠与尿素反应生成的气泡，待气泡除尽后，按水样测定步骤（免去加硫酸溶液和磷酸溶液）的方法进行操作。

（5）空白试验　按与水样完全相同的处理步骤进行空白试验，仅用 50mL 蒸馏水代替水样。

（6）水样测定　取适量（含六价铬少于 50μg）无色透明水样，置于 50mL 比色管中，用水稀释至标线。加入 0.5mL 硫酸溶液和 0.5mL 磷酸溶液，摇匀。加入 2mL 显色剂 A，摇匀放置 5～10min 后，在 540nm 波长处，用 10mm 或 30mm 的比色皿，以水作参比，测定吸光度，扣除空白试验测得的吸光度后，从校准曲线上查得六价铬含量（如经锌盐沉淀分离、高锰酸钾氧化法处理的样品，可直接加入显色剂测定）。

（7）校准曲线绘制　向一系列 50mL 比色管中分别加入 0、0.20mL、0.50mL、1.00mL、2.00mL、4.00mL、6.00mL、8.00mL 和 10.00mL 铬标准溶液 A 或铬标准溶液 B（如经锌盐沉淀分离法前处理，则应加倍吸取），用水稀释至标线。然后按照测定水样的步骤（6）进行处理。

以测得的吸光度减去空白试验的吸光度后所得的数据，绘制以六价铬的量对吸光度的校准曲线。

（8）数据处理　按下式计算水样中六价铬含量 $\rho_{Cr^{6+}}$（mg/L）：

$$\rho_{Cr^{6+}}=\frac{m}{V} \tag{2-20}$$

式中　m——由校准曲线查得的水样含六价铬质量，μg；

V——水样的体积，mL。

六价铬含量以三位有效数字表示。

（9）注意事项

① 氧化性、还原性物质均有干扰，水样浑浊时亦不便测定。

② 所有玻璃仪器、容器不能用铬酸洗液洗涤。

③ 有机物有干扰，可加高锰酸钾氧化后再测定。

2.6.4　砷

2.6.4.1　基础知识

单质砷毒性极低，但砷的化合物均有剧毒，其中三价砷化合物毒性最强。三氧化二砷（俗称砒霜）5～10mg 可造成人急性中毒，致死量 60～200mg。砷化合物容易在人体内积累，造成急性或慢性中毒。砷污染主要来源于采矿、冶金、化工、化学制药、农药、玻璃、制革等工业废水。

测定水中砷的方法有硼氢化钾-硝酸银分光光度法（GB 11900—89）、二乙基二硫代氨基甲酸银分光光度法（GB 7485—1987）、氢化物发生-原子吸收光谱法、原子荧光光谱法（HJ 694—2014）、ICP-AES 法。

2.6.4.2 水中砷的测定-原子荧光法

参考《水质　汞、砷、硒、铋和锑的测定　原子荧光法》（HJ 694—2014）。

本方法是将氢化物发生技术与原子荧光光谱分析技术相结合测定水中砷，从而实现水样检测的新技术。原子荧光光度法与分光光度法相比，具有操作简便、用样量少、灵敏度和准确度高、测量重现性好、自动化程度高、适合大批量分析等特点。本方法适用于地表水、地下水、大气降水、污水及其再生利用水中砷的测定。检出限为 0.2μg/L，在 1～200μg/L 范围内，线性良好；大于 200μg/L 的样品，可稀释后测定。

本方法采样后水样加硝酸（优级纯）酸化保存，可保持稳定数月。

（1）方法原理　样品经预处理，其中各种形态的砷均转变成三价砷（As^{3+}），加入硼氢化钾（或硼氢化钠）与其反应，生成气态氢化砷，用氩气将气态氢化砷载入原子化器进行原子化，以砷高强度空心阴极灯作激发光源，砷原子受光辐射激发产生荧光，检测原子荧光强度，利用荧光强度在一定范围内与溶液中砷含量成正比的关系计算样品中的砷含量。

（2）仪器和设备

① 原子荧光光度计。

② 高强度空心阴极灯。

③ 2kW 电热板。

④ 常用玻璃量器。

（3）试剂

① 本标准所用水均指去离子水或同等纯度的水。

② 硝酸（HNO_3）：ρ=1.42g/mL，优级纯。

③ 盐酸（HCl）：ρ=1.18g/mL，优级纯。

④ 高氯酸（$HClO_4$）：ρ=1.67g/mL，优级纯。

⑤ 硫酸（H_2SO_4）：ρ= 1.84g/mL，优级纯。

⑥ 氢氧化钾（KOH）：优级纯。

⑦ 50%（体积分数）盐酸溶液：量取 50mL 盐酸（优级纯），缓慢加入 50mL 水中，摇匀。

⑧ 5%（体积分数）盐酸溶液：量取 50mL 盐酸（优级纯），缓慢加入 950mL 水中，摇匀。

⑨ 硫脲（50g/L）-抗坏血酸（50g/L）混合溶液：称取 10g 硫脲和 10g 抗坏血酸溶于 200mL 水中，用时现配。

⑩ 20g/L 硼氢化钾（或硼氢化钠）溶液：称取 10g 硼氢化钾（或硼氢化钠），溶于 500mL0.5%氢氧化钾（优级纯）溶液中，摇匀。

⑪ 砷标准贮备液 [ρ（As）=100mg/L]：购买市售有证标准物质，或称取 0.1320g 于 105℃干燥 2h 的优级纯三氧化二砷溶解于 5mL1mol/L 氢氧化钾溶液中，用 1mol/L 盐酸溶液中和至酚酞红色褪去，移入 1000mL 容量瓶中，用水稀释至标线，混匀。贮存于玻璃瓶中，4℃下可存放 2 年。

⑫ 砷标准中间液［ρ（As）＝1.00mg/L］：移取 5.00mL 砷标准贮备液于 500mL 容量瓶中，加入 100mL（1＋1）盐酸，用水稀释至标线，混匀。4℃下可存放 1 年。

⑬ 砷标准使用液［ρ（As）＝100μg/L］：移取 10.00mL 砷标准中间液于 100mL 容量瓶中，加入 20mL（1＋1）盐酸，用水稀释至标线，混匀。4℃下可存放 30d。

⑭ 氩气：纯度大于 99.99％以上。

（4）水样的预处理

① 清洁透明的水样：准确移取适量水样（视浓度而定，精确至 0.1mL）置于 50mL 容量瓶中，依次加 50％盐酸溶液 10.0mL、硫脲-抗坏血酸混合溶液 5.0mL，用水定容并摇匀，至少放置 15min，待测。如室温低于 15℃，放置 30min，待测。同时制备并测定样品空白。

② 较浑浊或基体干扰较严重的水样：准确量取适量水样（精确至 0.1mL）置于 150mL 锥形瓶中，加硝酸（优级纯）3.0～10.0mL，摇匀后置于电热板上加热消解至近干并澄清，若消解液处理至 10.0mL 左右时仍有未分解物质或颜色变深，待稍冷，补加硝酸（优级纯）5.0～10.0mL，再消解至 10.0mL 左右观察。如此反复两三次，注意避免碳化变黑。如仍有未分解物质则加入高氯酸（优级纯）1.0～2.0mL，加热至消解完全后，再继续蒸发至高氯酸的白烟散尽（不能蒸干），冷却后转入 50mL 容量瓶中，依次加 50％盐酸溶液 10.0mL、硫脲-抗坏血酸混合溶液 5.0mL，用水定容并摇匀，至少放置 15min，待测，如室温低于 15℃放置 30min，待测。同时制备并测定样品空白。

（5）样品的测定

① 设置仪器工作参数（依仪器型号不同，测量参数会有所变动，以下可作为参考）。

激发光波长：193.7nm

光电倍增管负高压：250～310V

空心阴极灯电流：40～90mA

原子化器高度：8～10mm

原子化器温度：点火，200℃以上

载气流量：300～900mL/min

屏蔽气流量：600～1200mL/min

测量方式：标准曲线法

读数方式：峰高或峰面积

读数时间：10～16s

延迟时间：0～2s

② 标准工作曲线的绘制：分别准确移取 1.00mg/L 的砷标准使用液 0.0、0.5mL、1.0mL、2.0mL、3.0mL、4.0mL、5.0mL 置于 50mL 容量瓶中，各加入 10.0mL50％盐酸和 5.0mL 硫脲-抗坏血酸混合溶液，用水定容至 50mL，此标准系列的浓度分别为：0.0、10.0μg/L、20.0μg/L、40.0μg/L、60.0μg/L、80.0μg/L、100.0μg/L，放置 15min 后测定。

③ 测定样品：按照仪器操作规程，预热 30min，接通气源、调整好出口压力，使用 5％盐酸溶液作为载流，按照仪器工作参数调整好仪器，测定砷标准工作曲线。测定的标准工作曲线相关系数应大于 0.9990，否则应查明原因重新测定标准曲线或用比例法处理数据。

按前述测定程序，先测定样品空白，再按程序依次测定各样品浓度。

（6）结果计算　仪器随机软件有自动计算的功能，工作曲线为线性拟合曲线，测得待测样品荧光强度值后减去样品空白荧光强度，代入拟合曲线的一次方程，即得出待测样品浓度。若人工计算，可采用下式。

$$\rho_{As}=\rho_0\frac{V}{V_0} \tag{2-21}$$

式中 ρ_{As}——待测样品浓度，μg/L；

ρ_0——根据待测样品的荧光强度减去样品空白荧光强度后，从标准工作曲线上查得相应的样品浓度，mg/L；

V——待测样品经处理、稀释定容后的最终体积，mL；

V_0——所取待测样品的体积，mL。

（7）注意事项

① 锥形瓶、容量瓶等玻璃器皿均应及时使用稀硝酸洗后用水冲净再使用，防止污染。

② 硼氢化钾和硼氢化钠是强还原剂，使用时注意勿接触皮肤和溅入眼睛。

③ 仪器延迟时间和读数时间根据实验时的具体峰形确定。参考条件会因仪器型号、管路连接长短及粗细的不同而有差异，适当调整使仪器能读出完整的峰高或峰形即可。

【思考与练习 2.6】

1. 我国生活饮用水卫生标准 GB 5749—2022 规定汞含量限值为________。
2. 铬化合物中对人体危害最大的是____________。
3. 砷的化合物中毒性最强的是____________，俗称________。
4. 测定水中铅含量的方法有哪些？

2.7 水质自动监测系统

水质自动监测系统是以在线自动分析仪器为核心，运用现代自动监测技术、自动控制技术、计算机应用技术以及相关的专用分析软件和通信网络所组成的一个综合性的在线自动监测系统。系统完全实现水样的自动采集和预处理、水质分析仪器的连续自动运行，对监测数据能自动采集和存储，能提供远程传输接口及控制接口。

水质自动监测系统能做到实时、连续监测和远程监控，能够及时掌握主要流域重点断面和水源水体水质状况，预警预报重大流域性水质污染事故，在发生重大水污染时及时掌控水源水质状况，做到防范、解决突发水污染事故。同时还可以在发生水质污染时及时通报政府相关部门，启动相应应急预案，确保城市供水安全。

2.7.1 水质自动监测系统的组成及功能

水质自动监测系统由取水单元、水样预处理及配水单元、分析监测单元、现场系统控制单元、通信单元、辅助单元和监测中心管理系统组成。系统工作以在线自动监控仪表为核心，以取水、预处理工程为辅助，以数据采集传输和远程监控为最终目的。

2.7.1.1 组成单元

① 取水单元：负责完成水样采集和输送的功能，分别有浮船式、滑竿式、悬臂式等。

② 水样预处理及配水单元：负责完成水样的一级、二级预处理和将水或气导入相应的管路，以达到水样输送和清洗的目的。水样预处理采用旋转式固液分离器和全自动自清洗型过滤器组合的方式，由旋转式固液分离器、过滤芯等组成，主要应用于含砂量比较大的地表水区域。

③ 分析监测单元：由监测分析仪表组成，负责完成系统水样监测分析任务。主要监测的参数有温度、电导率、溶解氧、pH、浊度、总磷、总氮、氨氮、叶绿素 a、蓝绿藻、有机物、重金属、综合毒性、微生物等。

④ 现场系统控制单元：负责完成水质自动监测系统的控制、数据采集、存储、处理等工作。

⑤ 通信单元：负责完成监测数据从各水质自动监测站到监测中心的通信传输工作。

⑥ 辅助单元：辅助单元是保证水质自动监测系统正常稳定运行所不可或缺的重要组成部分。主要包括：清洗装置、除藻装置、空气压缩装置、停电保护及稳压装置、防雷装置、超标留样装置、纯水制备装置、废水收集处理装置等。

⑦ 监测中心管理系统：监测中心管理系统作为水质自动监测系统的中心站，是一个集远程数据采集、汇总、分析以及远程控制等功能于一体的系统。包括：服务器、监测管理软件、组态软件以及通信模块等。监测管理软件具备在线水质监测、查询、评价等功能。

2.7.1.2　主要功能

① 自动监测：根据用户的设定，系统能连续、及时、准确地监测目标水域的水质及其变化状况，并可获得 24h 连续的在线监测水质数据；

② 自动化控制：现场利用可编程控制器（PLC）控制水泵、电磁阀、空压机、分析仪表等设备，完成管路取水、配水、分析、清洗、反吹等分步控制操作；

③ 数据采集：现场监测站信息处理系统具有信息提取采集功能，并能把提取采集来的数据以统一的格式自动存入数据库；

④ 数据传输：监测系统可自动与远程监测中心建立连接，并把数据存入本地和监测中心数据库，支持 PSTN、SMS、GPRS 等通信方式；

⑤ 直观显示：现场可通过 LED 触摸屏及大屏幕实时显示仪器运行状态和监测数据；

⑥ 自动报警：当监测数据发生较大变化时自动向中心站进行报警，如具有数据异常、仪器状态异常、试剂减少、电源停电等报警功能；

⑦ 设备运转状态管理：具备自动运行、停电保护、来电恢复功能，能维护检查状态测试，便于例行维修和应急故障处理；

⑧ 远程控制：具备远程设置监测时间及频次、打开和关闭自动运行等远程控制功能；

⑨ 数据处理：监测中心具备对监测数据进行合理性检查和实时处理、按规定格式存入数据库等功能，能分析、统计计算数据（如月均值、年均值及日、月、年最大值统计），并能按规定标准进行水质评价和各类图表处理；

⑩ 反吹清洗：在每次分析的过程中，对系统管路进行反吹清洗，具备除藻、杀菌等功能。

2.7.2　地表水水质自动监测项目与监测方法

地表水水质可自动监测的项目及方法见表 2-9。

表 2-9 地表水水质可自动监测的项目及方法

监测项目		监测方法
常规指标	水温	铂电阻法或热敏电阻法
	pH	电位法（玻璃电极法）
	电导率	电导电极法
	浊度	光散射法
	溶解氧	隔膜电极法（极谱型或原电池型）
综合指标	化学需氧量（COD）	分光光度法、流动注射-分光光度法、库仑滴定法、比色法等
	高锰酸盐指数（I_{Mn}）	分光光度法、流动注射-分光光度法、电位滴定法
	总有机碳（TOC）	燃烧氧化-非色散红外吸收法、紫外照射-非色散红外吸收法
	紫外吸收值（UVA）	紫外分光光度法
单项污染指标	总氮	过硫酸钾消解-紫外分光光度法、密闭燃烧氧化-化学发光分析法
	总磷	高温消解-分光光度法
	氨氮	气敏电极法、分光光度法、流动注射-分光光度法
	氯化物	离子选择电极法
	氟化物	离子选择电极法
	油类	紫外分光光度法、荧光光谱法、非色散红外吸收法

根据《地表水自动监测技术规范（试行）》（HJ 915—2017），地表水水质自动监测项目分为必测项目和选测项目，见表 2-10。

表 2-10 地表水水质自动监测的必测项目和选测项目

水体	必测项目	选测项目
河流	五项常规指标、高锰酸盐指数、氨氮、总磷、总氮	挥发酚、挥发性有机物、油类、重金属、粪大肠菌群、流量、流速、流向、水位等
湖、库	五项常规指标、高锰酸盐指数、氨氮、总磷、总氮、叶绿素	挥发酚、挥发性有机物、油类、重金属、粪大肠菌群、藻类密度、水位等

2.7.3 地表水水质自动监测仪器

用于水质自动监测的仪器分为水质常规五参数监测系统（图 2-2）和其他项目监测系统，水质常规五参数包括温度、pH、溶解氧（DO）、电导率和浊度；其他项目主要包括高锰酸盐指数、化学需氧量、总有机碳（TOC）、总氮（TN）、总磷（TP）及氨氮（NH_3-N）等。

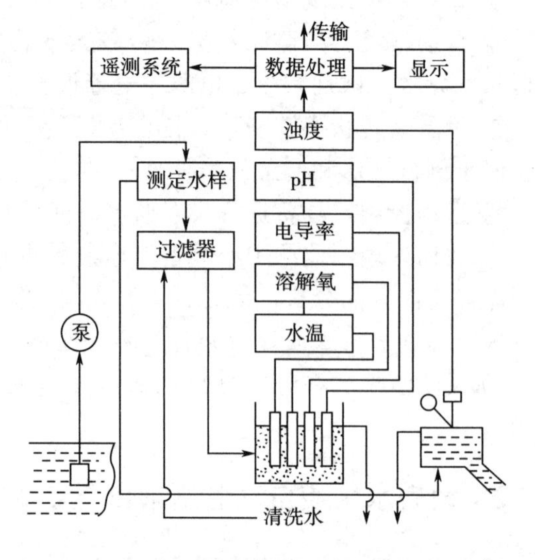

图 2-2 水质常规五参数自动监测系统示意图

【思考与练习 2.7】

1. 水质自动监测系统一般由哪些单元构成？

2. 《地表水自动监测技术规范（试行）》（HJ 915—2017）中河流水质自动监测的必测项目有哪些？

3. 地表水水质常规五参数是哪五项？

【阅读材料】

国家地表水质量监测网

国家地表水质量监测网由地表水质量监测中心站和若干个地表水质量监测子站组成。地表水质量监测子站设在各水域，委托地方监测站负责日常运行和维护，监测子站的类型有背景监测站、污染趋势监测站、生产性水域监测站和污染物通量监测站。子站的监测断面布设在重要河流的省界、重要支流入河（江）口和入海口、重要湖泊及出入湖河流、国界河流及出入境河流、湖泊和河流的生产性水域及重要水利工程处等。目前，我国已在松花江、辽河、海河、黄河、淮河、长江、珠江、太湖、巢湖、滇池等水系或水域布设759个国控断面（其中含国界断面26个、省界断面145个、入海口断面30个），监控318条河流、26个湖（库），共262个环境监测站承担国控网点的监测任务，在评价重要地表水水域水质变化趋势、污染事故预警、解决跨界纠纷、重要工程项目环境影响评价及保障公众用水安全方面发挥了重要作用。国家地表水质量监测网的组成及监测断面设置见图2-3。

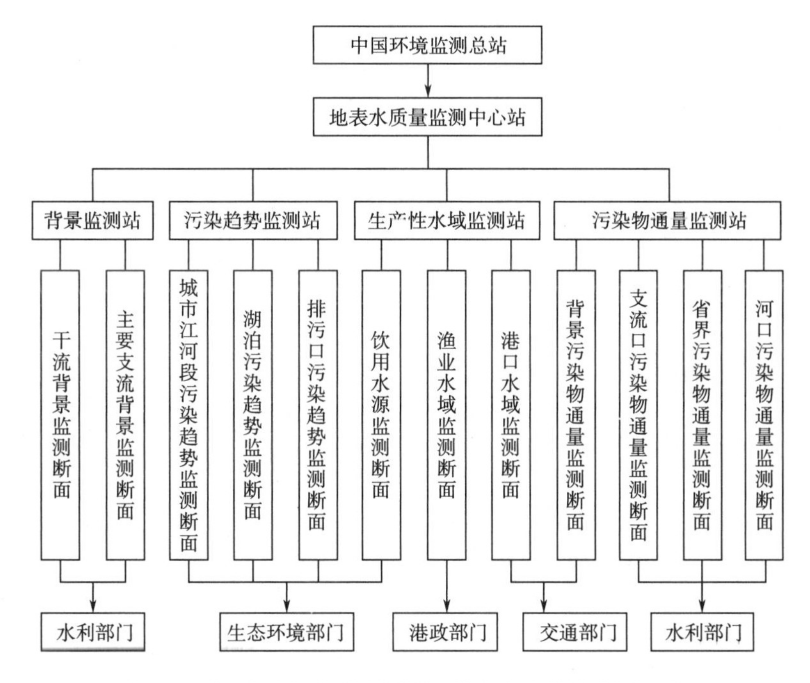

图2-3 国家地表水质量监测网的组成及监测断面设置

水质监测船

水质监测船是一种水上流动的水质分析实验室，它用船作运载工具，装上必要的监测仪器、相关设备和实验材料，可以灵活地开到需要监测的水域进行监测工作，以弥补固定监测站的不足；可以方便地追踪寻找污染源，进行污染物扩散、迁移规律的研究；可以在大水域范围内进行物理、化学、生物、底质和水文等参数的综合观测，取得多方面的数据。在水质监测船上，一般装备有水体、底质、浮游生物等采样系统或工具，固定监测站和水质分析实验室中必备的分析仪器、化学试剂、玻璃仪器及相关材料，水文、气象参数测量仪器，以及其他辅助设备和设施，如标准源、烘箱、冰箱、实验台、通风和生活设施等，还备有浸入式多参数水质监测仪，可以垂直放入水体不同深度，同时测量 pH、水温、溶解氧、电导率、氧化还原电位和浊度等参数。

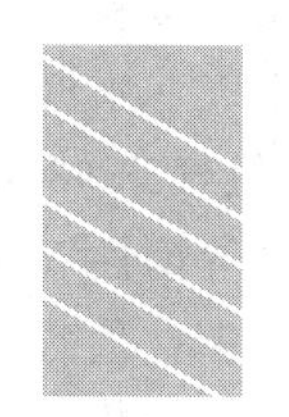

第3章

环境空气监测

【重点内容】

① 环境空气污染物及其来源、危害；

② 环境空气样品的采集、保存方法；

③ 环境空气中主要污染物的测定方法；

④ 室内空气中主要污染物的测定方法。

【知识目标】

① 掌握环境空气相关的常用术语；

② 掌握环境空气和室内空气中主要污染物的来源以及危害；

③ 掌握环境空气中典型污染物的测定方法和原理；

④ 掌握环境空气样品常用的采样方法。

【能力目标】

① 能正确采集环境空气的样品；

② 能正确运用国家标准中规定的方法测定环境空气中臭氧、二氧化硫、氮氧化物、TSP、$PM_{2.5}$等重要指标；

③ 能正确运用国家标准中规定的方法测定室内空气中甲醛、氨等重要指标；

④ 能够规范记录环境空气采样单；

⑤ 能正确处理和分析测定数据并得到监测结果。

【素质目标】

① 通过学习环境空气采样，培养爱岗敬业的品德和严格遵守操作规程的良好习惯；

② 树立严谨认真、踏实勤奋、实事求是的工作作风；

③ 培养合作、进取的团结协作精神；

④ 培养发现问题、分析思考问题、解决问题的能力。

3.1 空气污染物及其分类

3-1 空气污染及其危害

3.1.1 空气及空气污染物

大气是指包围在地球周围的气体，其厚度达1000～1400km，其中，对人类及生物生存起着重要作用的是近地面约10km内的空气层（对流层）。

空气层厚度虽然比大气层厚度小得多，但空气质量却占大气总质量的95%左右。在环境科学相关书籍、资料中，常把“空气”和“大气”作为同义词使用。大气的组成主要包括三部分，干洁空气、水汽和悬浮颗粒物。干洁空气的主要组分体积分数是：氮气78.09%、氧气20.95%、氩气0.93%，这三种气体约占总体积的99.97%，其余还含有氦气、氖气、氩气、氪气、氙气等惰性气体以及少量的二氧化碳、臭氧和甲烷等，其体积总和不足0.1%。水汽是大气成分中含量变化最大的成分，其含量因地理位置和气象条件而异，干燥地区可低至0.02%（体积分数），而暖湿地区可高达0.46%，是唯一能发生相变的成分。悬浮颗粒物的来源包括自然因素（火山喷发、森林火灾、自然尘埃、森林植物释放和海浪飞沫等）和人为因素（燃料燃烧、工业生产、交通运输和农业生产等）。干洁空气、水汽和悬浮颗粒物三部分的含量组成了大气的本底值，可以由某种组分的含量是否超过标准含量来判断是否超标；通过自然界大气中有无本来不存在的物质出现，可以判断大气中是否有外来污染物。

清洁的空气是人类和其他生物赖以生存的环境要素之一。在通常情况下，每人每天平均吸入10～12m^2的空气，在面积为60～90m^2的肺泡上进行气体交换，吸收生命所必需的氧气，以维持人体正常的生理活动。除此之外，空气还可以助燃、保护地球上的生物免受红外线和紫外线的照射、通过发射电磁波发展全球通信事业。

随着城市化和工业化以及交通运输业的迅速发展、能源消耗的迅速增加，特别是化石燃料，如煤和石油的大量使用，大量有害物质如臭氧、烟尘、二氧化硫、氮氧化物、一氧化碳、烃类等排放到空气中，当其浓度超过环境所允许的极限浓度并持续一定时间后，就会改变空气的正常组成，破坏自然的物理、化学和生态平衡体系，从而危害人们的生活、工作和健康，损害自然资源及财产、器物等。国际标准化组织（ISO）定义：由于人类活动和自然过程引起某种物质进入大气，呈现出足够的浓度，达到足够的时间，并因此而危害人体的舒适、健康和福利或危害环境的现象称为空气污染。引起空气污染的物质叫作空气污染物。造成空气污染需要具备三要素：污染源、大气状态、受体。

3.1.2 空气污染物的分类

空气污染物按照物理状态和化学组成分为气态污染物和气溶胶状污染物。

气态污染物包括含硫化合物（SO_2、H_2S等）、含氮化合物（NO_x、NH_3等）、含碳化合物（CO、CO_2等）、烃类、含卤素化合物（HCl、HF等）。

气溶胶状污染物是指沉降速度可以忽略的固体粒子、液体粒子或固体粒子和液体粒子在气体介质中的悬浮体，包括总悬浮颗粒物（<100μm的固体颗粒）、粉尘（1～100μm）[其中>10μm的称为降尘，<10μm的称为飘尘（包括PM_{10}和$PM_{2.5}$）]、烟（<1μm）、雾（<100μm由蒸气状态凝结成液体的颗粒）。

按照污染物与污染源的关系分为一次污染物和二次污染物。一次污染物指从污染源直接排出的原始物质，进入大气后性质没有发生变化，典型的一次污染物有：颗粒物、SO_2、H_2S、CO、烃类、NO_x等。二次污染物指从污染源排出的一次污染物与大气中原有成分或几种一次污染物之间，发生了一系列的化学变化或光化学反应，形成的与原污染物性质不同的新污染物，常见的二次污染物有光化学烟雾和硫酸烟雾。

【思考与练习3.1】

1. 大气的组成主要包括哪些部分？（　　）（多选）

A. 干洁空气　　B. 水汽　　C. 悬浮颗粒物　　D. 烟雾

2. 下列物质中属于气态污染物的有（　　）

A. 粉尘　　B. H_2S　　C. 烟　　D. 雾

3. 大气中悬浮颗粒物的来源有哪些？

4. 什么是空气污染？什么是空气污染物？

5. 主要的气态污染物和气溶胶状污染物有哪些？

3.2 空气样品的采集

3.2.1 采样方法分类

根据污染物在空气中存在的状态、浓度和分析检测方法，可采用下述不同的采样方法。

3.2.1.1 气态污染物采样方法

3-2 空气监测方案制订

（1）直接采样法　此方法一般用于空气中被测组分浓度较高或监测方法灵敏度高的情况，气体不必浓缩，只需用仪器直接采集空气样品“原样”即可进行分析测定。直接采样法测得的结果反映了污染物在采样瞬时或者短时间内的平均浓度。其优点是能够比较快地得到分析结果。

直接采样法按采样容器不同分为塑料袋采样法、注射器采样法、采气管采样法和真空瓶采样法等。

3-3 空气样品的采集

① 塑料袋采样法：此种方法所用的容器是一种特制的塑料袋。一般采用聚乙烯、聚氯乙烯和聚四氟乙烯材料的塑料袋，为防止样品的渗漏采用铝铂等金属作为衬里。此塑料袋连接一个特制的带活塞的橡胶球。在采样前要做气密性检查，充足气后，密封进气口，将其置于水中，不应冒气泡。现场使用时首先用橡胶球把空气打进采气塑料袋，用空气冲洗 3～5 次，然后再采样，采样完毕后用乳胶帽堵住进气口，尽快带回实验室进行分析。

【注意】应选择与采集气体中的污染物不发生化学反应、不吸附、不渗漏的塑料袋。

② 注射器采样法：选用一支 100mL 注射器，连接一个三通活塞，事先检查注射器磨口的气密性，并校正注射器的刻度。现场采样时先用现场气体抽洗注射器 3～5 次，然后抽取一定体积的现场气体，密封进气口，将注射器进气口朝下，垂直放置，以使注射器内压略大于外压。样品必须当天送检并分析完。本法操作简单，但采样体积一般不大于 100mL。

③ 采气管采样法：采气管是两端具有旋塞的管式玻璃容器，其容积为 100～500mL，如图 3-1 所示。采样时，打开两端旋塞，将抽气泵接在管的一端，开启抽气泵，迅速抽进比采样管容积大 6～10 倍的现场气体，使采气管中原有气体被完全置换出，之后关上两端旋塞。采气管的容积即为采集的空气样品体积。

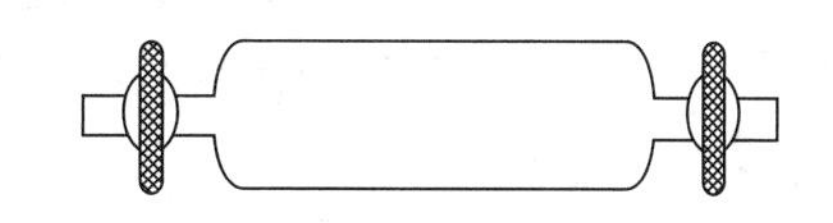

图 3-1　采气管示意图

④ 真空瓶采样法：真空瓶是一种具有活塞的用耐压玻璃制成的固定容器，容积一般为 500～1000mL，如图 3-2 所示。采样前，先用抽真空的装置把真空瓶中的气体抽走（达到真

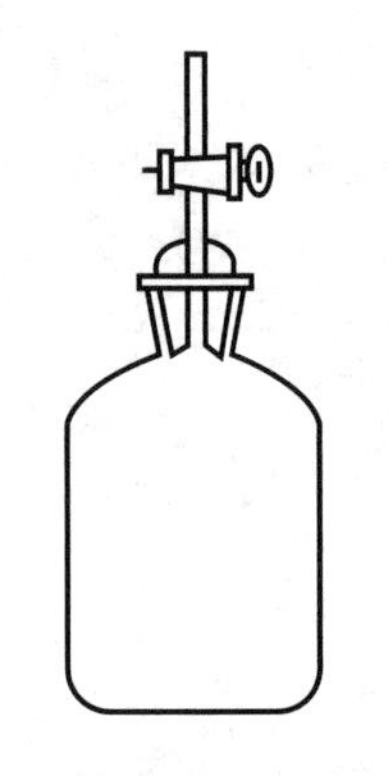

图 3-2　真空瓶示意图

空)，测量剩余压力使之达到 1.33kPa 左右，然后携带至现场打开瓶塞，由于压力差的作用被测空气会自动进入瓶中，采完即关闭旋塞，带回实验室分析。采样体积即为真空瓶容积，按式（3-1）计算：

$$V=\frac{V_0 \times (p-p_B)}{p} \tag{3-1}$$

式中　V——采样体积，L；

V_0——真空瓶容积，L；

p——大气压力，kPa；

p_B——真空瓶中剩余气体压力，kPa。

（2）富集浓缩采样法　在空气中气态污染物浓度较低的情况下，采用直接采样法不能满足分析测定的要求，这时就需要采取一定的手段，将空气中的污染物进行浓缩（即富集），使原来浓度较小的污染物质得到浓缩，以此来满足检测方法灵敏度的要求，这种方法称为富集浓缩采样法。具体方法是使大量的空气样品通过某些吸收介质，这些吸收介质可能是吸收液或多孔状的固体颗粒填充剂（吸收剂），它们对空气中待测的污染物有吸收或阻留能力，使污染物浓缩在吸收介质中，以利于分析测定和提高分析灵敏度。

富集浓缩采样法归结起来有以下两个方面的优点。

第一，有利于去除干扰物和选择不同原理的分析方法：空气中不同的污染物具有不同的化学性质，在检测过程中为了避免一种污染物对另外一种或几种污染物的干扰，可以有针对性地选择吸收介质，选择不同原理的分析方法。

第二，能够反映空气污染的真实情况：与直接采样法相比，由于富集浓缩采样法采样时间一般比较长，它所测得的结果反映的是大气污染物在一个采样时段内的平均浓度。

富集浓缩采样法主要有以下几种，可根据监测目的和要求进行选择。

① 液体吸收法：用抽气装置使待测空气以一定的流量通入装有吸收液的吸收管，待测组分与吸收液发生化学反应或物理作用，使待测污染物溶解于吸收液中。采样结束后，倒出吸收液，分析吸收液中待测组分的含量。根据采样体积和测定结果计算大气污染物的浓度。

液体吸收法的吸收效率高低决定于以下两个方面。

第一，吸收液对待测物质的溶解速度。常用的吸收液有水、水溶液、有机溶剂等，按其吸收污染物的原理可分为两种：一种是气体分子溶解于溶液中的物理作用，例如，用水吸收甲醛；另一种是基于发生化学反应的吸收，例如，用碱性溶液吸收酸性气体。理论和实践证明，伴有化学反应的吸收液吸收速度明显大于单靠溶解作用的吸收液。因此，除溶解度非常大的气体外，一般都选用伴有化学反应的吸收液来采集气体污染物。

吸收液的选择原则归纳如下：对气态污染物质溶解度大，与之发生化学反应的速率快；污染物质在吸收液中有足够的稳定时间，满足分析测定的时间要求；污染物被吸收后，要便于后续分析测定工作；吸收液毒性小、价格便宜、易得到和可回收利用。

第二，待测物质与吸收液的接触面积和接触时间。增大被采集气体与吸收液接触面积的有效措施是选用结构适宜的吸收管（瓶）。根据吸收原理不同，常用的吸收管可分为气泡式吸收管、冲击式吸收管、多孔筛板吸收管（瓶）3 种类型。吸收管（瓶）结构如图 3-3 所示。

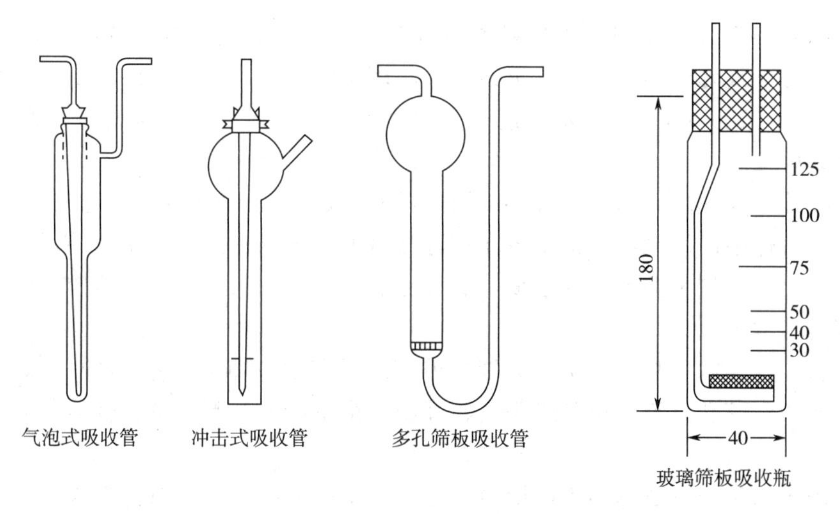

图 3-3　气体吸收管（瓶）

气泡式吸收管：管内装有 5～10mL 吸收液，进气管插至吸收管底部，气体在穿过吸收液时，形成气泡，增大了气体与吸收液的界面接触面积，有利于气体中污染物质的吸收。气泡式吸收管主要用于吸收气态、蒸气态物质。

冲击式吸收管：适宜采集气溶胶态物质。因为该吸收管的进气管喷嘴孔径小，距瓶底又很近，当被采集气样快速从喷嘴喷出冲向管底时，气溶胶颗粒因惯性作用冲击到管底被分散，从而易被吸收液吸收。但冲击式吸收管不适合采集气态和蒸气态物质，因为气体分子的惯性小，在快速抽气情况下，容易随空气一起逃逸。冲击式吸收管的吸收效率是由喷嘴孔径的大小和喷嘴距瓶底的距离决定的。

多孔筛板吸收管（瓶）：当气体经过多孔筛板吸收管的筛板后，被分散成很小的气泡，同时气体的滞留时间延长，大大地增加了气液接触面积，从而提高了吸收效率。各种多孔筛板的孔径大小不一，要根据阻力要求进行选择。多孔筛板吸收管（瓶）不仅适用于采集气态和蒸气态物质，也适用于采集气溶胶态物质。

② 固体吸附法：又称填充柱采样法，用长 6～10cm、内径 3～5mm 的玻璃管或塑料管作为采样管，内装颗粒状填充剂。采样时，空气以一定流速通过填充柱，待测组分因吸附、溶解或化学反应等作用被滞留在填充剂上，从而达到了浓缩采样的目的。采样后，将采样管带回实验室，通过解吸或溶剂洗脱，使待测组分从填充剂上释放出来，利用仪器对待测组分进行分析测定。填充柱采样法的优点：

第一，用填充剂采样管可以长时间采样，测得大气中日平均浓度或一段时间内的平均浓度值；液体吸收法则由于液体在采样过程中会蒸发，采样时间不宜过长。

第二，只要选择合适的固体填充剂，对气态、蒸气态和气溶胶态物质都有较高的富集效率，而液体吸收法一般对气溶胶态物质吸收效率要差些。

第三，浓缩在固体填充柱上的待测物质比在吸收液中稳定时间要长，有时可放置几天或几周也不发生变化。

第四，现场采样比较方便，样品不易发生再污染，泄漏的机会也小。

3.2.1.2　气溶胶状污染物采样方法

① 自然沉降法：自然沉降法是利用颗粒物受重力场的作用，将颗粒物沉降在一个敞开

的容器中。自然沉降法主要用于采集颗粒物粒径大于 30μm 的尘粒，在室内测定中很少使用，常用于室外大气降尘的测定，测定结果一般用单位面积、单位时间从空气中自然沉降的颗粒物质量［t/（km^2·月）］表示。这种方法虽然比较简便，但因受环境气象条件如风速的影响，误差较大。

② 滤料采样法：这种方法是将过滤材料（滤纸或滤膜）夹在采样夹上，采样时，用抽气装置抽气，气体中的颗粒物质被阻留在过滤材料上，根据过滤材料采样前后的质量和采样体积，即可计算出空气中颗粒物的浓度。这种方法主要用于大气中的气溶胶、降尘、可吸入颗粒物、烟尘等的测定。

常用滤料：纤维状滤料，如定量滤纸、玻璃纤维滤膜（纸）、氯乙烯滤膜等；筛孔状滤料，如微孔滤膜、核孔滤膜、银薄膜等。各种滤料由不同的材料制成，性能不同，适用的气体范围也不同。

根据所需要采集的颗粒物的不同质量，产生了不同的采样器，按流量大小可分为大流量采样器（1.1～1.7m^3/min）、中流量采样器（约 100L/min）、小流量采样器（约 10L/min）。在各种流量采样器的气样入口处加一个特定粒径范围的切割器，就构成了特定用途的采样器。

3.2.2 空气样品的采集过程

3.2.2.1 采样前准备

采样前需了解空气采样仪结构，以 QC-2 型大气采样仪（如图 3-4 所示）为例，基本组成包括抽气泵、流量计、时间控制电路、欠压指示电路和交直流电源，由两个抽气泵分别组成独立的两个气路系统，可同时采集两种气体样品或采集平行样，使采样快捷方便。

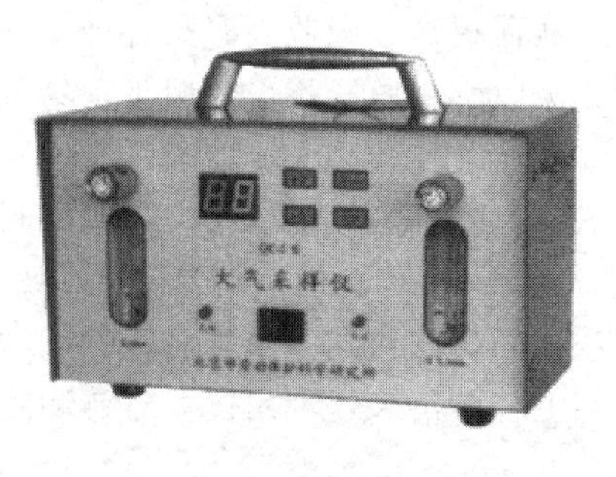

图 3-4 QC-2 型大气采样仪

① 一般性检查：打开电源，开关拨至“直流”，按下“采样”键，检查电池电量。如欠压指示红灯亮，说明电池欠压需充电。充电时，仪器电源处于关闭状态，后面板开关拨至“直流”，此时充电指示绿灯亮，说明开始充电，约 15h 后，绿灯熄灭，充电自动停止。不欠压情况下，打开电源开关，让仪器处于采样状态，来回转动调节钮，观察流量计是否灵活、有无死区、浮子是否稳定。

② 吸收管的检查：以气泡式吸收管为例，需检查吸收管的进气管口下端（喷嘴）有无损坏，其下端距吸收管底部不得超过 5mm；检查吸收管进气管与管座插口磨口之间是否严密不漏气，并对应编号，不得各吸收管之间混用。

③ 气密性检查：使用空气采样仪等有动力的采样器时，在采样之前都应对采样系统气密性进行检查，将吸收管、采样器及管路连接好，最好使用缓冲瓶以防止溶液倒吸，并连接好气路，检查后在确保不漏气的前提下，再进行采样系统的流量校准。安装时一定要注意吸收管和缓冲瓶都是大肚朝着采样仪连接，如果安装反了会产生溶液倒吸入仪器中而损坏仪器。

④ 流量校准：在每次采样前、采样后都要按规定用皂膜流量计进行采样器流量校准，

并使其流量准确度合乎要求。皂膜流量计由刻度玻璃管和橡胶球组成，因其测量准确度高，所以作为校正其他流量计的基准流量。

⑤ 携带仪器与物品：空气现场采样所必须携带的仪器设备及物品是——空气采样器、吸收管（液）、滤水井（即缓冲瓶）、采样管、温度计、压力计、风速仪、计时器、三角架、具塞比色管、保温箱等；蒸馏水、橡胶管、卷尺、采样记录单、委托单、记录笔、采样专业人员上岗证等。

3.2.2.2　现场采样

（1）环境空气的布点和采样

① 监测点布设数量

a. 城市点：城市点的最少监测点数根据建成区城市人口、面积确定，具体见表 3-1。如果建成区城市人口和面积确定的最少监测点数不同时，取两者中较大值。

表 3-1　城市点设置数量要求

建成区城市人口/万人	建成区面积/km^2	最少监测点数
＜25	＜20	1
25～50	20～50	2
50～100	50～100	4
100～200	100～200	6
200～300	200～400	8
＞300	＞400	按每 50～60km^2建成区面积设 1 个监测点，并且不少于 10 个点

b. 区域点和背景点：区域点和背景点的数量由国家环境保护行政主管部门根据国家规划设置，其中区域点还应兼顾区域面积和人口因素，各地方可根据环境管理的需要，申请增加区域点数量。

c. 污染监控点和路边交通点：由地方环境保护行政主管部门组织各地环境监测机构根据本地区环境管理的需要确定布设点数量。

② 监测点布设方法：监测区域内的监测点数量确定以后，可采用经验法、统计法、模拟法等进行监测点的布设。经验法是常采用的方法，特别是对尚未建立监测网或监测数据积累少的地区，需要凭借经验确定监测点的位置。其具体方法如下：

a. 功能区布点法：此布点法多用于区域性常规监测。先将监测区划分为工业区、商业区、居住区、工业和居住混合区、交通稠密区、清洁区等，再根据具体污染情况和人力、物力条件，在各功能区分别设置一定数量的监测点。功能区监测仅能反映局部范围的污染，各城市间功能区无可比性。

b. 网格布点法：在地图上将监测区域划分成若干个均匀网状方格，监测点设在两条直线的交点处或方格中心，如图 3-5 所示。网格大小根据污染源强度、人口分布及监测条件而定。主导风向明显的，在下风向应多设一些监测点，约占 60%。对于有多个污染源，且分布较均匀的地区，常

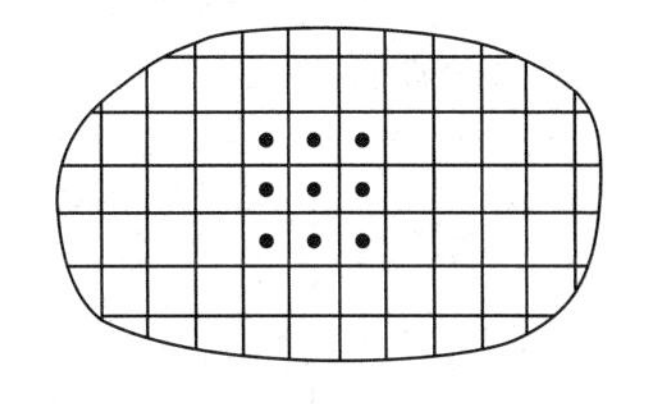

图 3-5　网格布点法

采用这种布点方法。

c. 同心圆布点法：主要用于多个污染源构成的污染群，且大污染源比较集中的地区。找出污染群的中心，以此为圆心画同心圆；再从圆心上作若干条45°夹角的放射线，将射线与圆的交叉点定为监测点位置（射线至少五条），如图3-6所示。不同圆周上的监测点数目不一定相等或均匀分布，常年主导风向的下风向应比上风向多设一些点。

d. 扇形布点法：适用于孤立的高架点源，且主导风向明显的地区。以点源所在位置为顶点，烟云方向为轴线，在下风向地面上画扇形，为布点范围。扇形夹角一般为45°～60°（不能超过90°），监测点放在扇形内距点源不同距离的弧线上（近密远疏），如图3-7所示，每条弧线上设3～4个点，相邻两点与顶点夹角一般取10°～20°，并在上风向设对照点。

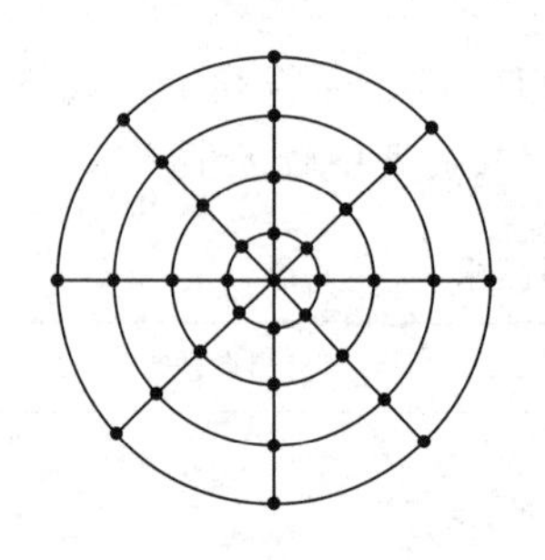

图3-6　同心圆布点法

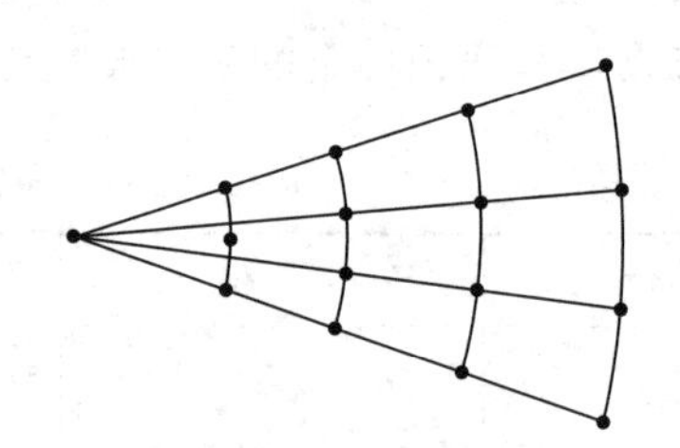

图3-7　扇形布点法

③ 采样频率和采样时间：采样频率是指在一个时段内的采样次数；采样时间是指单个样品采集的时间间隔。二者要根据监测目的、污染物分布特征、分析方法灵敏度等因素确定。

间断采样是指在某一时段或1h内采集一个环境空气样品，监测该时段或该小时环境空气中污染物的平均浓度所采用的采样方法。24h连续采样是指24h连续采集一个环境空气样品，监测污染物日平均浓度的采样方式，适用于环境空气中SO_2、NO_2、PM_{10}、总悬浮颗粒物（TSP）、苯并［a］芘、氟化物、铅的监测采样。如果要监测空气质量的长期变化趋势，连续或间歇自动采样测定为最佳方式。突发性污染事故等应急监测要求快速测定，采样时间尽量短。

采样频率及采样时间可依据《环境空气质量标准》（GB 3095—2012）中各污染物监测数据的统计有效性规定来确定，详见表3-2。

表3-2　污染物监测数据的统计有效性规定

污染物项目	平均时间	数据有效性规定
二氧化硫（SO_2）、二氧化氮（NO_2）、颗粒物（粒径小于等于10μm）、颗粒物（粒径小于等于2.5μm）、氮氧化物（NO_x）	年平均	每年至少有324个日平均浓度值 每月至少有27个日平均浓度值（二月至少有25个日平均浓度值）
二氧化硫（SO_2）、二氧化氮（NO_2）、一氧化碳（CO）、颗粒物（粒径小于等于10μm）、颗粒物（粒径小于等于2.5μm）、氮氧化物（NO_x）	24小时平均	每日至少有20个小时平均浓度值或采样时间
臭氧（O_3）	8小时平均	每8小时至少有6个小时平均浓度值

续表

污染物项目	平均时间	数据有效性规定
二氧化硫（SO_2）、二氧化氮（NO_2）、一氧化碳（CO）、臭氧（O_3）、氮氧化物（NO_x）	1 小时平均	每小时至少有 45 分钟的采样时间
总悬浮颗粒物（TSP）、苯并［a］芘（BaP）、铅（Pb）	年平均	每年至少有分布均匀的 60 个日平均浓度值 每月至少有分布均匀的 5 个日平均浓度值
铅（Pb）	季平均	每季至少有分布均匀的 15 个日平均浓度值 每月至少有分布均匀的 5 个日平均浓度值
总悬浮颗粒物（TSP）、苯并［a］芘（BaP）、铅（Pb）	24 小时平均	每日应有 24 小时的采样时间

（2）室内空气的布点和采样

① 采样方案

a. 采样点位确定：根据需检测的室内面积大小和现场情况而定，保证能正确反映室内空气污染物的水平。原则上小于 $50m^2$ 的房间应设 1～3 个点；50～$100m^2$ 设 3～5 个点；$100m^2$ 以上至少设 5 个点。在对角线上或以梅花式均匀分布，如图 3-8 所示。

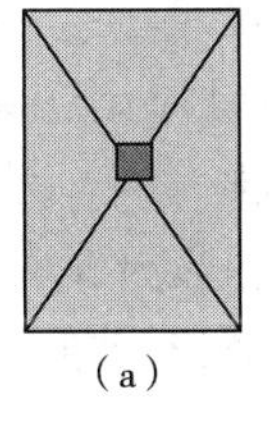

(a)

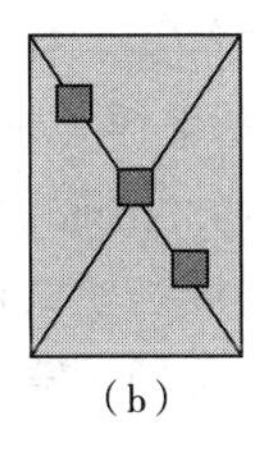

(b)

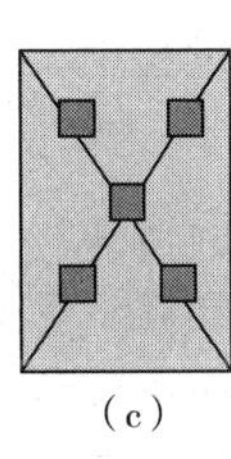

(c)

图 3-8　采样点的布设方式

采样点应避开通风口，离墙壁距离应大于 0.5m。采样点的高度：原则上与人的呼吸带高度相一致（大约 1.5m），相对高度 0.5～1.5m 之间。

b. 采样时间：每次采样从开始到结束经历的时间。采样时间短，试样缺乏代表性。为了增加采样时间，可采用两种方式：增加采样频率；使用自动采样仪器进行连续自动采样。

新装修的室内环境，采样应在装修完成 7d 以后进行。一般建议在使用前采样监测。

c. 采样频率：一定时间内的采样次数。

年平均是指至少连续或间隔采样 3 个月；日平均是指至少连续或间隔采样 18h；8h 平均是指至少连续或间隔采样 6h；1h 平均是指至少连续或间隔采样 45min。

长期累积浓度的监测可用于研究污染物对人体健康的影响，一般采样需 24h 以上，甚至连续几天进行累计性采样，得出一定时间内的平均浓度。短期浓度的监测是间歇式或抽样检测的方法，采样时间为几分钟至 1 小时。

d. 采样方式

筛选法采样：采样前关闭门窗 12h，采样时关闭门窗，至少采样 45min。参考《室内空气质量标准》（GB/T 18883—2002）。

累积法采样：当筛选法采样达不到《室内空气质量标准》中规定的要求时，必须采用累积法采样，按照年平均、日平均、8h 平均的要求采样。

② 采样方法：《室内空气质量标准》（GB/T 18883—2002）中室内空气中甲醛、氨气、臭氧、二氧化硫、氮氧化物等的测定采用的都是富集浓缩采样法。

③ 采样步骤：根据使用直流电源或交流电源，分别将开关拨至“直流”或“交流”档。选好采样点后将采样仪安放在三角架上，调节采样器水平，将采样器、吸收管等连接好。在采样时要注意保持流量计与地面垂直，并保持流量稳定。

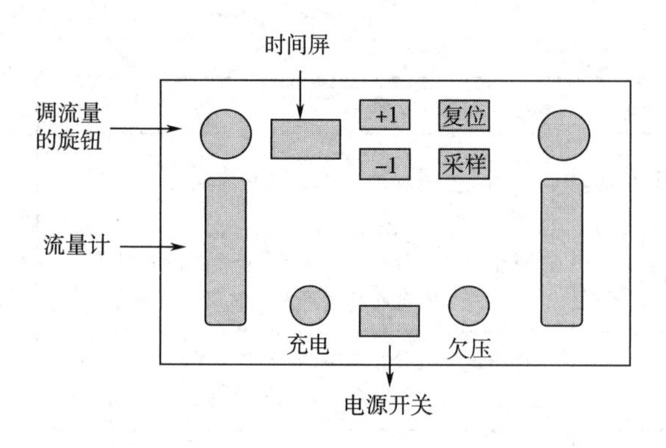

图 3-9 空气采样仪操作面板

空气采样仪操作面板如图 3-9 所示。时间显示为“30”（min），根据实际需要设定采样时间，分别可用前面板上“＋1”和“－1”键进行调整，按住“＋1”或“－1”可快速调整，定时范围为 1～99min。时间设定后，再按“采样”键，仪器开始工作，调节流量计为所需采样流量，时间到后自动停止，时间显示为“0”，蜂鸣器发出报警声，按“复位”键，蜂鸣器停止发声，时间恢复为上次设定的时间，或重新调整采样时间，然后按“采样”键开始第二次采样。在采样过程中，若想终止采样，也可按“复位”键。采样结束后，关闭电源。

④ 采样记录：采样记录单是原始记录，是做好检测工作的前提保障之一。采样时要对现场的情况、各种污染源、采样日期、采样时间、采样地点、采样数量、布点方式、大气压力、气温、相对湿度、空气流速以及采样者签字等做出详细记录，随样品一同报到实验室。采样人员应认真、正确填写采样记录单。表 3-3 为室内空气采样记录单，根据不同的污染物可添加项目或修改。

表 3-3 室内空气采样记录单

<table>
<tr><td colspan="7">室内空气采样记录单</td></tr>
<tr><td colspan="3" rowspan="2">采样地点：</td><td colspan="4">污染物名称：</td></tr>
<tr><td colspan="4">采样仪器型号：</td></tr>
<tr><td>样品编号</td><td>气压/kPa</td><td>室温/℃</td><td>相对湿度/%</td><td>采样时间 t/min</td><td>流量（经校准）Q_s/(L/min)</td><td>采样体积 ($V=Q_st$) /L</td></tr>
<tr><td></td><td></td><td></td><td></td><td></td><td></td><td></td></tr>
<tr><td></td><td></td><td></td><td></td><td></td><td></td><td></td></tr>
<tr><td></td><td></td><td></td><td></td><td></td><td></td><td></td></tr>
<tr><td></td><td></td><td></td><td></td><td></td><td></td><td></td></tr>
<tr><td></td><td></td><td></td><td></td><td></td><td></td><td></td></tr>
<tr><td colspan="7">现场情况及布点示意图：</td></tr>
<tr><td colspan="4">采样人（签字）：</td><td colspan="3">样品接收人（签字）：</td></tr>
<tr><td colspan="7">备注：采样点现场情况及各种污染源（详细记录室内装修时间、维护结构情况、装修材料用量结算、家具量等污染源状况以及室外污染源）。
采样时间：　年　月　日</td></tr>
</table>

3.2.2.3　采样体积计算和结果表达

(1) 富集浓缩采样法采样体积的计算　由于现场采样时的温度、大气压力都是变化着的，为了使计算出的空气污染物浓度具有可比性，必须将采样体积换算成标准状况下的体积。

$$采样体积 V_t = 采样时间 t \times 流量(L/min 或 m^3/min)$$

根据理想气体状态方程 $pV=nRT$，$R=8.314J/(mol \cdot K)$（理想气体常数），推导公式得出：

$$V_0 = V_t \times \frac{T_0}{T_1} \times \frac{p}{p_0} = V_t \times \frac{273}{273+T} \times \frac{p}{101.325} \tag{3-2}$$

式中　V_0——换算成标准状态下的采样体积，L；

V_t——现场的采样体积，L；

T_0——标准状态的绝对温度，273K；

T_1——采样时采样点现场的温度与标准状态的绝对温度之和，$(T+273)$ K；

p_0——标准状态下的大气压力，101.325kPa；

p——采样时采样点的大气压力，kPa；

(2) 污染物浓度的表达方式

① 质量浓度：以单位体积空气样品中所含污染物的质量来表示，常用的单位有 mg/m^3、$\mu g/m^3$。这种表示方法对任何状态的污染物都适用。

② 体积浓度：体积浓度是指单位体积空气中含污染气体或蒸气的体积，常用 mL/m^3 或 $\mu L/m^3$ 为单位表示。这种表示方法仅适用于气态或蒸气态物质，它不受空气温度和压力变化的影响。

因为质量浓度受空气温度和压力变化的影响，为使计算出的质量浓度具有可比性，我国空气质量标准中采用标准状态（0℃，101.325kPa）时的体积。非标准状态下的气体体积可用式（3-2）理想气体状态方程换算成标准状态下的体积。

美国、日本和世界卫生组织在全球环境监测系统中采用的是参比状态（25℃，101.325kPa），进行数据比较时应注意。两种浓度的表示方法可按式（3-3）进行换算：

$$\rho = \frac{ME}{22.4} \tag{3-3}$$

式中　M——污染物的摩尔分子质量，g/mol；

ρ——质量浓度，mg/m^3；

E——体积浓度，mL/m^3；

22.4　在标准状况（0℃，101325Pa）下气体的摩尔体积，L/mol。

3.2.2.4　样品的运输与保存

① 装箱：样品由专人运送，按采样记录清点样品，防止错漏。为防止运输中采样管震动破损，装箱时可用泡沫塑料等分隔。

② 运送：样品因物理、化学因素等影响，组分和含量可能发生变化，根据不同项目要求，进行有效处理和防护。贮存和运输过程中避开高温、强光。

③ 交接：样品运抵后与接收人员交接，填写样品接收登记表，登记各样品并标注保质

期，在保质期前检测。

【思考与练习 3.2】

1. 填空题

（1）在居室内采样时为了避免墙壁的吸附作用或逸出干扰，采样点离墙应不少于________；采样点的高度应与人的呼吸带高度相一致，一般距地面________。

（2）当空气中被测组分浓度较高或所用的检测方法灵敏度很高时，一般选用直接采样法来采集气态样品，常用的采样器有________、________、________和________。

（3）常用的富集浓缩采样法包括液体吸收法（如测定________和______）和固体吸附法（如测定________）。

（4）气泡式吸收管在使用时需先检查方可使用：主要是检查进气管口下端有无损坏，其下端距吸收管底部不得超过________________________。

2. 简答题

（1）请以图示来说明不同面积的居室采样布点的方法？

（2）为什么室内空气中或大气中的某些污染物采样时要采用富集浓缩采样法？

3. 计算题

采样点现场气温为 23℃，大气压力为 760.5mmHg（1mmHg=133.322Pa），采集空气体积 15L，请换算出标准状况下的采样体积是多少？

3.3 环境空气常见污染物及其测定

3.3.1 氮氧化物

3.3.1.1 基础知识

3-4 氮氧化物的测定

氮氧化物包括多种化合物，如一氧化二氮（N_2O）、一氧化氮（NO）、二氧化氮（NO_2）、三氧化二氮（N_2O_3）、四氧化二氮（N_2O_4）和五氧化二氮（N_2O_5）等。除二氧化氮以外，其他氮氧化物均极不稳定，遇光、湿或热变成二氧化氮及一氧化氮，一氧化氮又变为二氧化氮。因此，职业环境中接触的是几种气体的混合物，常称为硝烟（气），主要成分为一氧化氮和二氧化氮，并以二氧化氮为主。氮氧化物都具有不同程度的毒性。

一氧化氮（NO）为无色气体，分子量 30.01，熔点 −163.6℃，沸点 −151.5℃，蒸气压 101.31kPa（−151.7℃），溶于乙醇、二硫化碳，微溶于水和硫酸，水中溶解度 4.7%（20℃），性质不稳定，在空气中易氧化成二氧化氮（$2NO+O_2 \longrightarrow 2NO_2$）。一氧化氮结合血红蛋白的能力比一氧化碳还强，更容易造成人体缺氧。但是，人们发现它在生物学方面有独特作用。一氧化氮分子作为一种传递神经信息的信使分子，在使血管扩张、免疫、增强记忆力等方面有着极其重要的作用。

二氧化氮（NO_2）在 21.1℃时为红棕色刺鼻气体，在 21.1℃以下时为暗褐色液体，在 −11℃以下时为无色固体，加压液体为四氧化二氮。分子量 46.01，熔点 −11.2℃，沸点 21.2℃，蒸气压 101.31kPa（21℃），溶于碱、二硫化碳和氯仿，微溶于水，性质较稳定。

二氧化氮溶于水时生成硝酸和一氧化氮，工业上利用这一原理制取硝酸。二氧化氮能使多种织物褪色，损坏多种织物和尼龙制品，对金属和非金属材料也有腐蚀作用。空气中的二氧化氮被水雾吸收，会形成气溶胶状的硝酸和亚硝酸的酸性雾滴。二氧化氮与臭氧和碳氢化合物等共存于空气中时，经紫外线照射，可发生光化学反应，产生光化学烟雾，具有强氧化性。

二氧化氮的毒性比一氧化氮高 4～5 倍，健康人在二氧化氮浓度约为 32.86mg/m^3 的环境中待 10min，肺气流阻力就会明显上升。如空气中的二氧化氮浓度达到 10.27mg/m^3，就会对哮喘患者有影响；若在 205.4～308.1mg/m^3 的高浓度下连续呼吸 30～60min，就会使人陷入危险状态。

正常呼吸时，80%的二氧化氮可被吸收；在深呼吸时，90%的二氧化氮可被吸收。二氧化氮不仅对呼吸系统有损害作用，还可以亚硝酸根和硝酸根离子的形式通过肺进入血液，亚硝酸进入血液后，与血红蛋白结合生成高铁血红蛋白，易引起缺氧。二氧化氮进入血液后，在全身分布，对心、肝、肾以及造血组织等均有影响。

二氧化氮对人体产生各种危害作用的阈值浓度值见表 3-4。

表 3-4　二氧化氮对人体产生各种危害作用的阈值浓度值

危害作用的类型	阈值浓度值/(mg/m^3)
刺激嗅觉	0.4
呼吸道上皮受损，产生病理学改变	0.8～1
肺对有害因子抵抗力下降	1
短期暴露使成人肺功能改变	2～4
短期暴露使敏感人群肺功能改变	0.3～0.6
对肺生化功能产生不良影响	0.6
使接触人群呼吸系统患病率增加	0.2
WHO 建议对机体产生损伤作用	0.94

人体对不同浓度二氧化氮的忍耐能力不同，对比数据如表 3-5 所列。

表 3-5　不同浓度的二氧化氮对人体的急性影响

浓度/(mg/m^3)	对人体的急性影响	浓度/(mg/m^3)	对人体的急性影响
70	能耐受几小时	440～730	危险程度急剧增加
140	只能坚持 30min	1460	很快致死
220～290	立刻发生危险		

就全球来看，空气中的氮氧化物主要来源于天然源，但城市大气中的氮氧化物大多来自于燃料燃烧，即人为源，如汽车等流动源、工业窑炉等固定源。

3.3.1.2　盐酸萘乙二胺分光光度法测定空气中氮氧化物

参考《环境空气　氮氧化物（一氧化氮和二氧化氮）的测定　盐酸萘乙二胺分光光度法》(HJ 479—2009)。

（1）方法原理　空气中的二氧化氮被串联的第一支吸收瓶中的吸收液吸收并反应生成粉红色偶氮染料。空气中的一氧化氮不与吸收液反应，通过氧化管时被酸性高锰酸钾溶液氧化成二氧化氮，被串联的第二支吸收瓶中的吸收液吸收并反应生成粉红色偶氮染料。生成的偶氮染料在波长540nm处的吸光度与二氧化氮的含量成正比。分别测定第一支和第二支吸收瓶中样品的吸光度，计算两支吸收瓶内二氧化氮和一氧化氮的质量浓度，二者之和即为氮氧化物的质量浓度（以NO_2计）。

（2）实验试剂　所有试剂均为分析纯和无亚硝酸根的蒸馏水、去离子水或相当纯度的水。

① 冰乙酸。

② 盐酸羟胺溶液，ρ为0.2～0.5g/L。

③ 硫酸溶液，$c(1/2H_2SO_4)$＝1mol/L：取15mL浓硫酸（ρ_{20}＝1.84g/mL），缓慢加到500mL水中，搅拌均匀，冷却备用。

④ 酸性高锰酸钾溶液，$\rho(KMnO_4)$＝25g/L：称取25g高锰酸钾于1000mL烧杯中，加入500mL水，稍微加热使其全部溶解，然后加入1mol/L硫酸溶液500mL，搅拌均匀，贮于棕色试剂瓶中。

⑤ *N*-(1-萘基）乙二胺盐酸贮备液，$\rho[C_{10}H_7NH(CH_2)_2NH_2 \cdot 2HCl]$＝1.00g/L：称取0.50g *N*-(1-萘基）乙二胺盐酸盐于500mL容量瓶中，用水溶解稀释至刻度。此溶液贮于密闭的棕色瓶中，在冰箱中冷藏，可稳定保存三个月。

⑥ 显色液：称取5.0g对氨基苯磺酸（$NH_2C_6H_4SO_3H$）溶于约200mL沸水中，将溶液冷却至室温，全部移入1000mL容量瓶中，加入50mL *N*-(1-萘基）乙二胺盐酸贮备液和50mL冰乙酸，用水稀释至刻度。此溶液贮于密闭的棕色瓶中，在25℃以下暗处存放可稳定3个月。若溶液呈现淡红色，应弃之重配。

⑦ 吸收液：使用时将显色液和水按4∶1（体积分数）比例混合，即为吸收液。吸收液的吸光度应小于等于0.005。

⑧ 亚硝酸钠标准贮备液，$\rho(NO_2^-)$＝250μg/mL：准确称取0.3750g $NaNO_2$（优级纯，使用前在105℃±5℃干燥恒重）溶于水，移入1000mL容量瓶中，用水稀释至刻度。此溶液贮于密闭棕色瓶中于暗处存放，可稳定保存三个月。

⑨ 亚硝酸钠标准工作液，$\rho(NO_2^-)$＝2.5μg/mL：准确吸取亚硝酸钠标准贮备液1.00mL于100mL容量瓶中，用水稀释至刻度。临用现配。

（3）仪器和设备

① 分光光度计：具10mm比色皿，波长540nm。

② 空气采样器：流量范围0.1～1.0L/min。采样流量为0.4L/min时，相对误差小于±5%。

③ 多孔玻板吸收瓶：10mL，用于短时间采样，内装10mL吸收液，使用棕色吸收瓶或采样过程中吸收瓶外罩黑色避光罩。新的多孔玻板吸收瓶或使用后的多孔玻板吸收瓶，应用（1＋1）HCl浸泡24h以上，再用清水洗净。

④ 氧化瓶：可装5mL或10mL酸性高锰酸钾溶液的洗气瓶，液柱高度不能低于80mm。使用后，用盐酸羟胺溶液浸泡洗涤。

（4）样品采集和保存

① 短时间采样：取两支内装10mL吸收液的多孔玻板吸收瓶和一支内装5～10mL酸性高锰酸钾溶液的氧化瓶，用尽量短的硅橡胶管将氧化瓶串联在两支吸收瓶之间，以0.4L/min

流量采气 4～24L。

② 采样要求：采样前应检查采样系统的气密性，用皂膜流量计进行流量校准。采样期间、样品运输和存放过程中应避免阳光照射。

③ 现场空白样：将装有吸收液的吸收瓶带到采样现场，与样品在相同的条件下保存、运输，直至送交实验室分析，运输过程中应注意防止沾污。

④ 样品保存：样品采集、运输及存放过程中要避光，样品采集后尽快分析。若不能及时测定，可将样品于低温暗处存放，样品在 30℃暗处存放，可稳定 8h；在 20℃暗处存放，可稳定 24h；在 0～4℃冷藏，至少可稳定 3d。

（5）步骤

① 标准曲线绘制：取 6 支 25mL 具塞比色管，按表 3-6 制备亚硝酸钠标准溶液系列。

表 3-6　亚硝酸钠标准溶液

管号	0	1	2	3	4	5
亚硝酸钠标准工作液/mL	0.00	0.40	0.80	1.20	1.60	2.00
水/mL	2.00	1.60	1.20	0.80	0.40	0.00
显色液/mL	8.00	8.00	8.00	8.00	8.00	8.00
NO_2^- 质量浓度/（μg/mL）	0.00	0.10	0.20	0.30	0.40	0.50

各管混匀，于暗处放置 20min，用 10mm 比色皿，在波长 540nm 处，以水为参比测定吸光度，扣除 0 号管的吸光度以后的校正吸光度，对应 NO_2^- 的质量浓度（μg/mL），绘制以 NO_2^- 质量浓度对校正吸光度的标准曲线。标准曲线斜率控制在 0.960～0.978 吸光度·mL/μg，截距控制在 0.000～0.005 之间。

② 空白试验

a. 实验室空白试验：取实验室内未经采样的空白吸收液，用 10mm 比色皿，在波长 540nm 处，以水为参比测定吸光度。

b. 现场空白试验：现场空白样同上测定吸光度。将现场空白和实验室空白的测量结果相对照，若现场空白与实验室空白相差过大，查找原因，重新采样。

③ 样品测定：采样后放置 20min，用水将采样瓶中吸收液的体积补充至标线，混匀。用 10mm 比色皿，在波长 540nm 处，以水为参比测量吸光度，同时测定空白样品的吸光度。若样品的吸光度超过标准曲线的上限，应用实验室空白试液稀释，再测定其吸光度。但稀释倍数不得大于 6。

（6）结果计算

① 将采样体积换算成标准状况下的采样体积：

$$V_0 = V_t \frac{T_0}{273 + T} \times \frac{p}{p_0} \tag{3-4}$$

式中　V_0——标准状况下的采样体积，L；

V_t——采样体积，L，为采样流量与采样时间乘积；

T——采样时的空气温度，℃；

T_0——标准状况下的绝对温度，273K；

p——采样时的大气压，kPa；

p_0——标准状况下的大气压，101.3kPa。

② 空气中二氧化氮质量浓度（mg/m^3）：

$$\rho(NO_2)=\frac{(A_1-A_0-a)VD}{bfV_0} \tag{3-5}$$

③ 空气中一氧化氮质量浓度（mg/m^3）以NO_2计：

$$\rho(NO)=\frac{(A_2-A_0-a)VD}{bfkV_0} \tag{3-6}$$

④ 空气中氮氧化物的质量浓度：

$$\rho(NO_x)=\rho(NO_2)+\rho(NO) \tag{3-7}$$

式中 A_1，A_2——分别为串联的第一支和第二支吸收瓶中样品溶液的吸光度；

A_0——空白试验样品的吸光度；

b，a——分别为标准曲线的斜率（吸光度·mL/μg）和截距；

V——采样用吸收液体积，mL；

V_0——换算为标准状态（0℃，101.325kPa）下的采样体积，L；

k——$NO \rightarrow NO_2$ 氧化系数，0.68；

D——样品的稀释倍数；

f——Saltzman 实验系数，0.88。

3.3.2 二氧化硫

3.3.2.1 基础知识

3-5 二氧化硫的测定

二氧化硫又名亚硫酸酐，分子量为64.10，为无色、具有辛辣及窒息性气味的有毒气体，沸点－10℃，熔点－76.1℃，相对于空气的密度为1.434，属中等毒性物质。气态二氧化硫易溶于水，部分变成亚硫酸；也易溶于乙醇、乙醚及醋酸；能氧化成三氧化硫。一般条件下，1体积水可以溶解40体积的二氧化硫。液态的二氧化硫在水中只能部分溶解形成亚硫酸，但能以任何比例与苯混溶。二氧化硫在空气中可在亚铁离子和锰离子等金属离子的催化下进一步氧化形成三氧化硫。三氧化硫化学性质活泼，可溶于空气的水分子中形成硫酸，并以气溶胶状态在空气中存在。三氧化硫的毒性较二氧化硫大10倍左右。亚硫酸和硫酸均有腐蚀作用，能与空气中存在的氨和金属阳离子形成相应的盐。二氧化硫也有氧化性，能将硫化氢氧化成单质硫。

二氧化硫对眼结膜和上呼吸道黏膜具有强烈辛辣刺激性，在呼吸道中主要是被鼻腔黏膜和上呼吸道黏膜吸收。由于二氧化硫易溶于水，易被上呼吸道黏膜的湿润表面吸收而生成亚硫酸，一部分进而氧化为硫酸，因此二氧化硫不易进入肺部。但二氧化硫可吸附于颗粒物的表面而进入呼吸道深部，如细支气管和肺泡等。随颗粒物进入呼吸道深部的二氧化硫，一部分可进入毛细血管，随血液流动分布在全身各个器官而造成全身损害；另一部分则沉积在肺泡内或黏附在肺泡壁上，产生刺激和腐蚀作用，引起细胞破坏和纤维断裂，形成肺气肿，在长期作用下将引起细胞壁纤维增生而发生肺纤维变性。

研究发现，暴露在2.9mg/m^3低浓度的二氧化硫环境下，人的呼吸防御系统受到抑制，表现在呼吸道上皮纤毛运动减弱，对异物的清理作用降低，鼻黏膜和呼吸道其他部分黏膜分泌黏液的能力和黏液的流动性减弱。人体健康与室内二氧化硫浓度的关系见表 3-7。

表 3-7 人体健康与室内二氧化硫浓度的关系

序号	二氧化硫浓度/(mg/m^3)	对人体健康的影响
1	0.116	支气管炎及肺癌死亡增多
2	0.120	学龄儿童呼吸系统疾病增多、增重
3	0.3～0.56	老年人呼吸系统疾病增多，可能增加死亡率
4	0.61	慢性肺癌加重
5	0.72	死亡率增加，发病率急增

空气中的二氧化硫主要有下列三个来源：含硫燃料（如煤和石油）的燃烧，含硫矿石（特别是含硫较多的有色金属矿石）的冶炼，化工厂、炼油厂和硫酸厂等的生产过程。

3.3.2.2 甲醛溶液吸收-盐酸副玫瑰苯胺分光光度法测定空气中二氧化硫

参考《环境空气 二氧化硫的测定 甲醛吸收-副玫瑰苯胺分光光度法》(HJ 482—2009)。

(1) 方法原理 二氧化硫被甲醛缓冲溶液吸收后，生成稳定的羟甲基磺酸加成化合物，在样品溶液中加入氢氧化钠使加成化合物分解，释放出二氧化硫与副玫瑰苯胺、甲醛作用，生成紫红色化合物，用分光光度计在 577nm 处进行吸光度测定。

$$SO_2+HCHO+H_2O \longrightarrow HOCH_2SO_3H$$

$$HOCH_2SO_3H+NaOH \longrightarrow SO_2\uparrow$$

$$SO_2+\text{副玫瑰苯胺 (PRA)}+\text{甲醛} \longrightarrow \text{紫红色化合物}$$

(2) 试剂 除非另有说明，分析时均适用符合国家标准的分析纯化学试剂和蒸馏水或同等纯度的水。

① 氢氧化钠溶液，$c(NaOH)=1.5mol/L$。

② 环己二胺四乙酸二钠溶液，$c(CDTA\text{-}2Na)=0.05mol/L$：称取 1.82g 反式 1,2-环己二胺四乙酸 (trans-1,2-cyclohexanediamine tetraacetic acid，简称 CDTA)，加入氢氧化钠溶液（已配制）6.5mL，用水稀释至 100mL。

③ 甲醛缓冲吸收贮备液：吸取 36%～38%的甲醛溶液 5.5mL、CDTA-2Na 溶液（已配制）20.00mL，称取 2.04g 邻苯二甲酸氢钾，溶于少量水中，将三种溶液合并，再用水稀释至 100mL，贮于冰箱可保存 1 年。

④ 甲醛缓冲吸收液：用水将甲醛缓冲吸收贮备液（已配制）稀释 100 倍。临用现配。

⑤ 氨磺酸钠溶液，$\rho(NaH_2NSO_3)=0.60\%$：称取 0.60g 氨磺酸 (H_2NSO_3H) 置于 100mL 烧杯中，加入 4.0mL 氢氧化钠溶液，搅拌至完全溶解后用水稀释至 100mL，摇匀。此溶液密封可保存 10 天。

⑥ 碘贮备液，$c(1/2I_2)=0.1mol/L$：称取 12.7g 碘 (I_2) 于烧杯中，加入 40g 碘化钾和 25mL 水，搅拌至完全溶解，用水稀释至 1000mL，贮存于棕色细口瓶中。

⑦ 碘溶液，$c(1/2I_2)=0.05mol/L$：量取碘贮备液（已配制）250mL，用水稀释至 500mL，贮于棕色细口瓶中。

⑧ 淀粉溶液，$\rho=0.5g/100mL$：称取 0.5g 可溶性淀粉，用少量水调成糊状，慢慢倒入 100mL 沸水中，继续煮沸至溶液澄清，冷却后贮于试剂瓶中。临用现配。

⑨ 碘酸钾标准溶液，$c(1/6KIO_3)=0.1000mol/L$：称取 3.5667g 碘酸钾（KIO_3，优级纯，经 110℃干燥 2h）溶于水，移入 1000mL 容量瓶中，用水稀至标线，摇匀。

⑩（1+9）盐酸溶液。

⑪ 硫代硫酸钠贮备液，$c(Na_2S_2O_3)=0.10mol/L$：称取 25.0g 硫代硫酸钠（$Na_2S_2O_3\cdot 5H_2O$），溶于 1000mL 新煮沸但已冷却的水中，加入 0.2g 无水碳酸钠，贮于棕色细口瓶中，放置一周后备用。如溶液呈现混浊，必须过滤。标定方法同 2.5.6.2。

⑫ 硫代硫酸钠标准溶液，$c(Na_2S_2O_3)=0.01mol/L\pm0.00001mol/L$：取 50mL 硫代硫酸钠贮备液置于 500mL 容量瓶中，用新煮沸但已冷却的水稀释至标线，摇匀。

⑬ 乙二胺四乙酸二钠盐（EDTA-2Na）溶液，0.05g/100mL：称取 0.25g EDTA-2Na 溶于 500mL 新煮沸但已冷却的水中。临用现配。

⑭ 亚硫酸钠溶液，$\rho(Na_2SO_3)=1.000g/L$：称取 0.200g 亚硫酸钠（Na_2SO_3），溶于 200mL EDTA-2Na 溶液中，缓缓摇匀以防充氧，使其溶解，放置 2～3h 后标定。此溶液每毫升相当于 320～400μg 二氧化硫。标定方法如下：

a. 取 6 个 250mL 碘量瓶（A_1、A_2、A_3、B_1、B_2、B_3），分别加入 50.00mL 碘溶液。在 A_1、A_2、A_3 内各加入 25mL 水，在 B_1、B_2 内加入 25.00mL 亚硫酸钠溶液，盖好瓶盖。

b. 立即吸取 2.00mL 亚硫酸钠溶液加到一个已装有 40～50mL 甲醛吸收液的 100mL 容量瓶中，并用甲醛吸收液稀释至标线、摇匀。此溶液即为二氧化硫标准贮备液，在 4～5℃下冷藏，可稳定 6 个月。

c. 紧接着再吸取 25.00mL 亚硫酸钠溶液加入 B_3 内，盖好瓶塞。

d. A_1、A_2、A_3、B_1、B_2、B_3 六个瓶子于暗处放置 5min 后，用硫代硫酸钠标准溶液滴定至浅黄色，加 5mL 淀粉指示剂，继续滴定至蓝色刚刚消失。平行滴定所用硫代硫酸钠标准溶液的体积之差应不大于 0.05mL。

二氧化硫标准贮备溶液的质量浓度由式（3-8）计算：

$$\rho=\frac{(\bar{V}_0-\bar{V})c_2\times32.02\times10^3}{25.00}\times\frac{2.00}{100} \tag{3-8}$$

式中 ρ——二氧化硫标准贮备溶液的质量浓度，μg/mL；

V_0——空白滴定所耗硫代硫酸钠标准溶液的体积，mL；

V——样品滴定所耗硫代硫酸钠标准溶液的体积，mL；

c_2——硫代硫酸钠标准溶液的浓度，mol/L；

32.02——二氧化硫（$1/2SO_2$）的摩尔质量，g/mol。

⑮ 二氧化硫标准贮备溶液，$\rho=1.00\mu g/mL$：用甲醛吸收液将二氧化硫贮备溶液稀释成每毫升含 1.0μg 二氧化硫的标准溶液。此溶液用于绘制标准曲线，在 4～5℃下冷藏，可稳定 1 个月。

⑯ 盐酸副玫瑰苯胺（pararosaniline，简称 PRA，即副品红或对品红）贮备液，$\rho=0.20g/100mL$。其纯度应达到盐酸副玫瑰苯胺提纯及检验方法的质量要求。

⑰ PRA 溶液，0.05g/100mL：吸取 25.00mL PRA 贮备液于 100mL 容量瓶中，加 30mL 85%的浓磷酸、12mL 浓盐酸，用水稀释至标线，摇匀，放置过夜后使用。避光密封保存。

（3）仪器和设备

① 分光光度计（可见光波长 380～780nm）。

② 多孔玻板吸收管 10mL，用于短时间采样；多孔玻板吸收瓶 50mL，用于 24h 连续采样。

③ 恒温水浴器：广口冷藏瓶内放置圆形比色管架，插一支长约 150mm、0～40℃的酒精温度计，其误差应不大于 0.5℃。

④ 具塞比色管：10mL。用过的比色管和比色皿应及时用酸洗涤，否则红色难以洗净，可用三体积（1+4）盐酸加一体积 95%乙醇的混合溶液浸洗。

⑤ 空气采样器：用于短时间采样的普通空气采样器，流量范围 0～1L/min，应具有保温装置。

（4）采样和样品保存

① 短时间采样：根据空气中二氧化硫浓度的高低，采用内装 10mL 吸收液的 U 型多孔玻板吸收管，以 0.5L/min 的流量采样 45～60min。采样时吸收液温度的最佳范围在 23～29℃。

② 采样、运输、贮存过程中要避免日光直接照射样品。及时记录采样点气温和大气压力，当气温高于 30℃时，样品若不能当天分析，应贮于冰箱。

（5）步骤

① 校准曲线的绘制：取 16 支 10mL 具塞比色管，分 A、B 两组，每组 7 支，分别对应编号。A 组按表 3-8 配制校准溶液系列。

表 3-8 二氧化硫校准溶液系列

管号	0	1	2	3	4	5	6
二氧化硫标准溶液/mL	0	0.50	1.00	2.00	5.00	8.00	10.00
甲醛缓冲吸收溶液/mL	10.00	9.50	9.00	8.00	5.00	2.00	0.00
二氧化硫含量/μg	0	0.50	1.00	2.00	5.00	8.00	10.00

B 组各管加入 1.00mL PRA 溶液，A 组各管分别加入 0.5mL 氨磺酸钠溶液和 0.5mL 氢氧化钠溶液，混匀。再逐管迅速将 A 组溶液全部倒入对应编号并盛有 PRA 溶液的 B 组管中，立即具塞混匀后放入恒温水浴装置中显色。显色温度与室温之差应不超过 3℃，根据不同季节和环境条件按表 3-9 选择显色温度与显色时间。

表 3-9 显色条件

显色温度/℃	10	15	20	25	30
显色时间/min	40	25	20	15	5
稳定时间/min	35	25	20	15	10
试剂空白吸光度 A_0	0.030	0.035	0.040	0.050	0.060

在波长 577nm 处，用 10mm 比色皿，以水为参比溶液测量吸光度。用最小二乘法计算校准曲线的回归方程：

$$Y = bX + a \tag{3-9}$$

式中 Y——$(A-A_0)$ 校准溶液吸光度 A 与试剂空白吸光度 A_0 之差；

X——二氧化硫含量，μg；

b——回归方程的斜率（由斜率倒数求得校正因子：$B_s=1/b$）；

a——回归方程的截距（一般要求小于 0.005）。

试剂空白吸光度 A_0 在显色规定条件下波动范围不超过±15%。

② 样品测定

a. 样品溶液中如有浑浊物，则应离心分离除去。

b. 样品放置 20min，以使臭氧分解。

c. 短时间采样：将吸收管中样品全部移入 10mL 比色管中，用甲醛缓冲吸收液稀释至标线，加 0.5mL 氨磺酸钠溶液，混匀，放置 10min 以除去氮氧化物的干扰，剩余步骤同校准曲线的绘制。

如样品吸光度超过校准曲线上限，则可用试剂空白溶液稀释，在数分钟内再测量其吸光度，但稀释倍数不要大于 6。

（6）结果计算

① 将采样体积按式（3-10）换算成标准状况下的采样体积：

$$V_0=V_t\frac{T_0}{273+T}\times\frac{p}{p_0} \tag{3-10}$$

式中 V_0——标准状况下的采样体积，L；

V_t——采样体积，L，为采样流量与采样时间乘积；

T——采样时的空气温度，℃；

T_0——标准状况下的绝对温度，273K；

p——采样时的大气压，kPa；

p_0——标准状况下的大气压，101.3kPa。

② 空气中二氧化硫的浓度按式（3-11）计算：

$$\rho_{SO_2}=\frac{(A-A_0-a)}{bV_s}\times\frac{V_t}{V_a} \tag{3-11}$$

式中 ρ_{SO_2}——空气中二氧化硫的质量浓度，mg/m^3；

A——样品溶液的吸光度；

A_0——试剂空白溶液的吸光度；

b——校准曲线的斜率，吸光度/μg；

a——校准曲线的截距（一般要求小于 0.005）；

V_t——样品溶液的总体积，mL；

V_a——测定时所取试样的体积，mL；

V_s——换算成标准状态下（101.325kPa，273K）的采样体积，L。

【注意】 计算结果精确到小数点后三位。

3.3.3 臭氧

3.3.3.1 基础知识

臭氧是地球大气中一种微量气体，是氧的同素异形体，又名三原子氧，俗称“福氧、超氧、活氧”，分子式是O_3。气态臭氧层呈蓝色，具有刺激性气味。当浓度高时，臭氧具有强烈的腥臭味，并略带酸味，与氯气相像。其分子量为48，沸点为－112℃，熔点为－251℃，相对于空气密度为1.658，在常温、常压下1L臭氧重2.1445g。液态臭氧呈蓝色，容易爆炸，相对于水的密度为1.71（－183℃），在常温下分解缓慢，在高温下分解迅速，形成氧气。

臭氧是最强的氧化剂之一，在酸性溶液中氧化还原电位是2.01V。臭氧可以把二氧化硫氧化成三氧化硫或硫酸，把二氧化氮氧化成五氧化二氮或硝酸。但在空气中臭氧的浓度很低，这些反应进行得很慢。臭氧和烯烃反应生成醛是臭氧的特性反应，与烃类和氮氧化物发生化学反应，会形成具有强烈刺激作用的有机混合物——光化学烟雾。臭氧占光化学烟雾总量的85%。在25℃时，0.02～0.1mg/m^3的臭氧即可为人们感知，空气中含量在15%～20%的臭氧具有爆炸性，臭氧在水中的溶解度比氧高，是一种广谱高效的消毒剂，可用臭氧净化城市饮用水，作为生活饮用水的消毒剂。

3-6 臭氧的测定

臭氧对人体有不良影响一般是浓度过大或纯度不够所致。臭氧有较高的化学反应活性，且具有强烈的刺激性，对人体健康有一定危害。它主要是刺激和损害深部呼吸道，并可损害中枢神经系统，对眼睛也有轻度危害作用。当浓度增高时对人体有直接危害，会强烈刺激人的呼吸道，造成咽喉肿痛、胸闷咳嗽，引发支气管炎和肺气肿；会造成人的神经中毒、头晕头痛、视力下降、记忆力衰退；会对人体皮肤中的维生素E起到破坏作用，致使人的皮肤起皱、出现黑斑；还会破坏人体的免疫机能、诱发淋巴细胞染色体病变、加速衰老、致使孕妇生畸形儿；而复印机墨粉发热产生的臭氧及有机废气更是一种强致癌物质，会引发各类癌症和心血管疾病。

臭氧具有很强的氧化性，除了金和铂外，臭氧化空气几乎对所有的金属都有腐蚀作用。铝、锌、铅与臭氧接触会被强烈氧化，但含铬铁合金基本上不受臭氧腐蚀。基于这一点，生产上常使用含25% Cr的铬铁合金（不锈钢）来制造臭氧发生设备和加注设备中与臭氧直接接触的部件。

臭氧对非金属材料也有强烈的腐蚀作用，即使在别处使用得相当稳定的聚氯乙烯塑料滤板等，在臭氧加注设备中使用不久便见疏松、开裂和穿孔。在臭氧发生设备和计量设备中，不能用普通橡胶作密封材料，必须采用耐腐蚀能力强的硅橡胶或耐酸橡胶等。

正常大气中也含有极微量臭气，电击时可生成一些臭氧，所以夏天雷阵雨后田野中可嗅到一种特殊的腥臭味就是臭氧。但随着工业的发展和气候的变化，近年来大气中臭氧的浓度呈现上升趋势，局部地区有时达到相当高的浓度。在生产中，高压电器放电、强大的紫外灯照射、光谱分析发光、高频无声放电、焊接切割等过程中均会生成一定的臭氧。

在日常生活中，在住宅居室，或办公室，或有关活动场所，电影放映机、电视机、复印机、激光印刷机、负离子发生器、电子消毒柜（器）、舞厅的黑灯等在使用过程中都能产生臭氧，它们是臭氧的主要污染源。

3.3.3.2 靛蓝二磺酸钠分光光度法测定空气中臭氧

参考《环境空气　臭氧的测定　靛蓝二磺酸钠分光光度法》（HJ 504—2009）。

（1）方法原理　空气中的臭氧在磷酸盐缓冲溶液存在下，与吸收液中蓝色的靛蓝二磺酸钠等摩尔反应，褪色生成靛红二磺酸钠，在610nm处测量吸光度，根据蓝色减退的程度定量空气中臭氧的浓度。

（2）试剂　本实验中所用试剂除特别说明外均为分析纯，实验用水为重蒸水。重蒸水的制备方法：在一次蒸馏水中加高锰酸钾至淡红色，再用氢氧化钡碱化后，进行重蒸馏。

① 溴酸钾标准溶液，$c(1/6KBrO_3)$ =0.1000mol/L：准确称取 1.3918g 溴酸钾（优级纯，经 180℃烘干 2h）溶于水，稀释定容至 500mL。

② 溴酸钾-溴化钾标准溶液，$c(1/6KBrO_3)$ =0.0100mol/L：吸取 10.00mL 0.1000mol/L 溴酸钾标准溶液于 100mL 容量瓶中，加入 1.0g 溴化钾，用水稀释至刻度。

③ 硫代硫酸钠标准溶液，$c(Na_2S_2O_3)$ =0.00500mol/L：临用前，取提前配好的硫代硫酸钠标准贮备溶液［$c(Na_2S_2O_3)$ =0.10000mol/L］准确稀释 20 倍。

④ 硫酸溶液（1+6）。

⑤ 淀粉指示剂（2.0g/L）：临用现配。

⑥ 磷酸盐缓冲溶液，$c(KH_2PO_4\text{-}Na_2HPO_4)$ =0.050mol/L（pH=6.8）：称取 6.80g 磷酸二氢钾（KH_2PO_4）、7.10g 无水磷酸氢二钠（Na_2HPO_4）溶于水，稀释至 1L。

⑦ 靛蓝二磺酸钠（$C_{16}H_8N_2Na_2O_8S_2$，简称 IDS）：分析纯、化学纯或生化试剂。

⑧ 靛蓝二磺酸钠标准贮备液：称取 0.25g IDS 溶于水，移入 500mL 棕色容量瓶内，用水稀释至刻度，在室温暗处存放 24 后标定。标定后的溶液在冰箱内可稳定 1 个月。

标定方法：准确吸取 20.00mL IDS 标准贮备液于 250mL 碘量瓶中，加入 20.00mL 溴酸钾-溴化钾标准溶液，再加入 50mL 水。在 16℃±1℃生化培养箱（或水浴）中放置至溶液温度与水浴温度平衡时，加入 5.0mL（1+6）硫酸溶液，立即盖塞混匀并开始计时，于 16℃±1℃暗处放置 35min±1min。再加入 1.0g 碘化钾，立即盖塞轻轻摇匀至溶解，于暗处放置 5min，用硫代硫酸钠标准溶液滴定至棕色刚好褪去呈淡黄色，加入 5mL 淀粉指示剂，继续滴定至蓝色消退，终点为亮黄色。记录所消耗的硫代硫酸钠标准溶液的体积。平行滴定所消耗硫代硫酸钠标准溶液体积差不应大于 0.05mL。靛蓝二磺酸钠溶液相当于臭氧的浓度（μg/mL）由式（3-12）表示：

$$\rho=\frac{c_1V_1-c_2V_2}{V}\times 12.00\times 10^3 \tag{3-12}$$

式中　ρ——每毫升靛蓝二磺酸钠溶液相当于臭氧的质量浓度，μg/mL

c_1——溴酸钾-溴化钾标准溶液的浓度，mol/L

V_1——加入溴酸钾-溴化钾标准溶液的体积，mL

c_2——硫代硫酸钠标准溶液的浓度，mol/L

V_2——滴定时所用硫代硫酸钠标准溶液的体积，mL

V——IDS 标准贮备液的体积，mL

12.00——臭氧的摩尔质量（$1/4O_3$），g/mol

⑨ 靛蓝二磺酸钠标准使用液：将标定后的 IDS 标准贮备液用磷酸盐缓冲液逐级稀释成相当于 1.00μg/mL 臭氧的 IDS 标准使用液，此溶液于 20℃以下暗处存放可稳定 1 周。

⑩ IDS 吸收液：取适量 IDS 标准贮备液，根据空气中臭氧质量浓度的高低，用磷酸盐缓冲溶液稀释成每毫升相当于 2.5μg（或 5.0μg）臭氧的 IDS 吸收液，此溶液于 20℃以下暗处可保存 1 个月。

（3）仪器和设备

① 多孔玻板吸收管：普通型，内装 10mL 吸收液，在流量 0.5L/min 时，玻板阻力应为

4～5kPa，气泡分散均匀。

② 空气采样器：流量范围0.0～1.0L/min，流量稳定。使用时，用皂膜流量计校准采样系统在采样前和采样后的流量，误差应小于5%。

③ 具塞比色管：10mL。

④ 生化培养箱或恒温水浴：温控精度为±1℃

⑤ 水银温度计：精度为±0.5℃。

⑥ 分光光度计：具有20mm比色皿，可在波长610nm处测吸光度。

(4) 采样和样品保存　用内装10.00mL±0.02mL IDS吸收液的多孔玻板吸收管，罩上黑色避光套，以0.5 L/min流量采气5～30L。当吸收液褪色约60%时（与现场空白样品比较），应立即停止采样。样品在运输及存放过程中应严格避光。当确信空气中臭氧的质量浓度较低，不会穿透时，可以用棕色玻板吸收管采样。样品于室温暗处存放至少可稳定3d。

(5) 步骤

① 绘制标准曲线　取10mL具塞比色管6支，按表3-10制备标准系列。

表3-10　标准系列

管号	0	1	2	3	4	5
IDS标准使用液体积/mL	10.00	8.00	6.00	4.00	2.00	0.00
磷酸盐缓冲溶液体积/mL	0.0	2.00	4.00	6.00	8.00	10.0
臭氧含量/μg	0.0	0.2	0.4	0.6	0.8	1.0

各管摇匀，用20mm比色皿，以水作参比，在波长610nm下测定吸光度。以标准系列中零浓度吸光度与各标准管吸光度之差为纵坐标，臭氧含量（μg）为横坐标，用最小二乘法计算标准曲线的回归方程。

② 样品测定　吸收管的入气口端串接一个玻璃尖嘴，在吸收管的出气口端用吸耳球加压将吸收管中的样品溶液移入25mL（或50mL）容量瓶中，用水多次洗涤吸收管，使总体积为25.0mL（或50.0mL）。用20mm比色皿，以水作参比，在波长610nm下测量吸光度。

(6) 结果计算

① 将采样体积按式（3-13）换算成标准状况下的采样体积：

$$V_0 = V_t \frac{T_0}{273 + T} \times \frac{p}{p_0} \tag{3-13}$$

式中　V_0——标准状况下的采样体积，L；

V_t——采样体积，L，为采样流量与采样时间乘积；

T——采样时的空气温度，℃；

T_0——标准状况下的绝对温度，273K；

p——采样时的大气压，kPa；

p_0——标准状况下的大气压，101.3kPa。

② 空气中臭氧浓度按式（3-14）计算：

$$\rho_{O_3} = \frac{(A_0 - A - a)V}{bV_0} \tag{3-14}$$

式中　ρ_{O_3}——空气中臭氧的质量浓度，mg/m^3；

A_0——现场空白样品的吸光度；

A——样品的吸光度；

b——标准曲线的斜率；

a——标准曲线的截距；

V——样品溶液的总体积，mL；

V_0——换算成标准状况下的采样体积，L。

3.3.4 总悬浮颗粒物

3.3.4.1 基础知识

总悬浮颗粒物（total suspended particulate，TSP）是指悬浮在空气中，空气动力学直径≤100μm 的颗粒物。总悬浮颗粒物可分为一次颗粒物和二次颗粒物。一次颗粒物是由天然污染源和人为污染源释放到大气中直接造成污染的物质，如：风扬起的灰尘、燃烧和工业烟尘。二次颗粒物是通过某些大气化学过程所产生的微粒，如二氧化硫转化生成硫酸盐。

3-7 颗粒物的测定

粒径小于 100μm 的称为 TSP，即总悬浮颗粒物；粒径小于 10μm 的称为 PM_{10}，即可吸入颗粒物。TSP 和 PM_{10} 在粒径上存在着包含关系，即 PM_{10} 为 TSP 的一部分。国内外研究结果表明，PM_{10}/TSP 的重量比值为 60%～80%。在空气质量预测中，烟尘或粉尘要给出粒径分布，当粒径大于 10μm 时，要考虑沉降；小于 10μm 时，与其他气态污染物一样，不考虑沉降。所有烟尘、粉尘联合预测，结果表达为 TSP，仅对小于 10μm 的烟尘、粉尘预测，结果表达为 PM_{10}。

总悬浮颗粒物有天然来源和人为来源，包括海洋、泥土、车辆废气、工业活动、建筑工程以及气相化学反应。颗粒物的组成复杂，其中的粗颗粒主要是由风沙、灰土及机械粉碎的水泥和石灰等形成的；细颗粒是人为活动的产物，如燃料未完全燃烧形成的炭粒、污染物在空气中由于光化学反应形成的二次污染物气溶胶（如硫酸盐、硝酸盐、铵盐等）。

城市大气总悬浮颗粒物是全球大部分城市空气污染严重的原因之一，世界各国对之已进行过很多的研究。大量的研究显示，总悬浮颗粒物的污染非常严重，是影响城市空气质量的首要污染物。

总悬浮颗粒物对人体的危害程度主要决定于自身的粒度大小及化学组成。TSP 中粒径大于 10μm 的物质，几乎都可被鼻腔和咽喉所捕集，不进入肺泡。对人体危害最大的是 10μm 以下的浮游状颗粒物，称为飘尘（又称可吸入颗粒物，大于 2.5μm，小于 10μm），飘尘可经过呼吸道沉积于肺泡。慢性呼吸道炎症、肺气肿、肺癌的发病与空气中颗粒物的污染程度明显相关，当长年接触颗粒物浓度高于 0.2mg/m³ 的空气时，其呼吸系统病症增加。

3.3.4.2 环境空气中总悬浮颗粒物含量的测定

参考《环境空气　总悬浮颗粒物的测定　重量法》（GB/T 15432—1995）。

（1）测定原理　采集一定体积的大气样品，其通过已恒重的滤膜时，悬浮微粒被阻留在滤膜上，根据采样前后滤膜质量之差及采样体积，计算总悬浮颗粒物的浓度。

本方法适用于大流量或中流量总悬浮颗粒物采样器进行空气中总悬浮颗粒物的测定，检测限为 0.001mg/m³。总悬浮颗粒物含量过高或雾天采样使滤膜阻力大于 10kPa 时，该方法不适用。

（2）仪器和设备

① 滤膜采样夹：有效直径 80mm 或 100mm。

② 气体流量计。

③ 抽气动力设备。

④ 滤膜：49 型超细玻璃纤维滤膜或过氯乙烯滤膜。

⑤ 分析天平：感量 0.1mg。

⑥ 镊子及装滤膜纸袋（或盒）。

（3）操作过程

① 滤膜准备：每张滤膜均需用 X 光看片机进行检查，不得有针孔或任何缺陷，在选中的滤膜光滑表面的两个对角上打印编号，滤膜袋上打印同样编号备用。将滤膜放在恒温恒湿箱中平衡 24h，平衡温度取 15～30℃中任一温度，记录下平衡温度与湿度。在上述平衡条件下称量滤膜，大流量采样器滤膜称量精确到 1mg，中流量采样器滤膜称量精确到 0.1mg，记录下滤膜质量 m_0（g）。称量好的滤膜平展地放在滤膜保存盒中，采样前不得将滤膜弯曲或折叠。

滤膜首次称量后，在相同条件下平衡 1h 后需再次称量。当使用大流量采样器时，同一滤膜两次称量质量之差应小于 0.4mg；当使用中流量或小流量采样器时，同一滤膜两次称量质量之差应小于 0.04mg。以两次称量结果的平均值作为滤膜质量。同一滤膜前后两次称量之差超出以上范围则该滤膜作废。

② 安放滤膜及采样：打开采样头顶盖，取出滤膜采样夹。用清洁干布擦去采样头内及滤膜采样夹的灰尘，将已编号并称量过的滤膜绒面向上，放在滤膜支撑网上，放上滤膜采样夹，对正，拧紧，使不漏气。安好采样头顶盖，按照采样器使用说明，设置好采样时间等参数，即可启动采样。

样品采完后，打开采样头，用镊子轻轻取下滤膜，采样面向里，将滤膜对折，放入号码相同的滤膜袋中。取滤膜时，如发现滤膜损坏，或滤膜上尘的边缘轮廓不清晰、滤膜安装歪斜（说明漏气），则本次采样作废，需重新采样。TSP/PM_{10}/$PM_{2.5}$ 现场采样原始记录见表 3-11（1cmH_2O=98Pa）。

表 3-11　TSP/PM_{10}/$PM_{2.5}$ 现场采样原始记录

______市　______监测点　______年										
月日	时间	采样温度 T/K	采样气压 P/kPa	采样器编号	滤膜编号	压差值/cmH_2O			流量 Q_n/(m^3/min)	备注
						开始	结束	平均		

③ 尘膜的平衡及称量：尘膜在恒温恒湿箱中，与干净滤膜平衡条件相同的温度、湿度下平衡 24h。在上述平衡条件下称量滤膜，大流量采样器滤膜称量准确到 1mg，中流量采样器滤膜称量精确到 0.1mg，记录下滤膜质量 m_1（g）。滤膜增重，大流量滤膜不小于 100mg，中流量滤膜不小于 10mg。TSP/PM_{10}/$PM_{2.5}$ 分析测试原始记录见表 3-12。

表 3-12　TSP/PM_{10}/$PM_{2.5}$分析测试原始记录

<table>
<tr><td>样品来源</td><td></td><td colspan="2">送检日期</td><td colspan="3">年　月　日</td></tr>
<tr><td>测试方法</td><td></td><td colspan="2">分析日期</td><td colspan="3">年　月　日</td></tr>
<tr><td>实验室环境</td><td colspan="6">室温：　　℃　相对湿度：　　%</td></tr>
<tr><td>天平型号</td><td></td><td colspan="2">滤膜尺寸</td><td colspan="3"></td></tr>
<tr><td>计算公式</td><td colspan="6"></td></tr>
<tr><td rowspan="6">样品预处理及使用说明</td><td rowspan="6"></td><td colspan="5">空白滤膜校正</td></tr>
<tr><td colspan="2">采样前滤膜质量</td><td colspan="3">采样后滤膜质量</td></tr>
<tr><td></td><td></td><td colspan="2"></td><td></td></tr>
<tr><td></td><td></td><td colspan="2"></td><td></td></tr>
<tr><td>均值</td><td></td><td colspan="2">均值</td><td></td></tr>
<tr><td>校正系数</td><td></td><td colspan="2"></td><td></td></tr>
<tr><td>备注</td><td colspan="6"></td></tr>
<tr><td rowspan="3">质控情况</td><td>自控</td><td>个数</td><td>合格率</td><td>它控</td><td>个数</td><td>合格率</td></tr>
<tr><td>平行样</td><td></td><td></td><td>平行样</td><td></td><td></td></tr>
<tr><td>样品个数</td><td></td><td></td><td colspan="3">质控监督：</td></tr>
</table>

（4）结果计算

$$\text{TSP}(\text{mg/m}^3)=\frac{(m-m_0)\times 1000}{V_0} \tag{3-15}$$

式中　m——样品滤膜质量，g；

m_0——空白滤膜质量，g；

V_0——换算为标准状态下的采样体积，m^3。

（5）注意事项

① 滤膜上集尘较多或电源电压变化时，采样流量会有波动，应检查并调整。

② 抽气动力设备的排气口应放在采样夹的下风方向。必要时将排气口垫高，以免排气将地面上尘土扬起。

③ 称量不带衬纸的过氯乙烯滤膜，应在取放滤膜时，用金属镊子触一下天平托盘，以消除静电的影响。

④ 方法的再现性：两台采样器安放在不大于 4m、不小于 2m 的距离内，同时采样测定总悬浮颗粒物含量，相对偏差不大于 15%。

⑤ 认真准备，谨慎使用滤膜和标准孔口流量计。

⑥ 注意测定时平衡条件的一致性。

⑦ 24h 连续采样宜从 8:00 开始至第二天 8:00 结束，连续采样 24h 于一张滤膜上。如果污染比较严重，可采用几张滤膜分段采样，合并计算日平均浓度。

3.3.5　PM_{10}和 $PM_{2.5}$

3.3.5.1　基础知识

PM_{10}为可吸入颗粒物，指空气动力学直径在 10μm 以下的颗粒物。$PM_{2.5}$为细颗粒物，也称为可入肺颗粒物，指空气动力学直径小于等于 2.5μm 的颗粒物，直径不到人头发丝的 1/20。空气中的 PM_{10}和 $PM_{2.5}$来源除了燃煤、燃油、工业生产过程等人为活动排放，土壤、扬尘、沙尘经风力作用输送到空气中等自然原因之外，大气中的气态前体污染物也会通过大气化学反应生成二次颗粒物，实现由气体到粒子的相态转换。

PM_{10}和 $PM_{2.5}$在环境空气中持续存在的时间很长，对人体健康和大气能见度影响都很大，尤其是细颗粒物。虽然细颗粒物只是地球大气成分中含量很少的组分，但它对空气质量和能见度等有重要的影响。与较粗的大气颗粒物相比，细颗粒物粒径小，富含大量的有毒、有害物质且在大气中的停留时间长、输送距离远，因而对人体健康和大气环境质量的影响更大。细颗粒物因为直径更小，进入呼吸道的部位更深。直径 10μm 的颗粒物通常沉积在上呼吸道，2μm 以下的可深入到细支气管和肺泡。细颗粒物进入人体到达肺泡后，直接影响肺的通气功能，使机体容易处在缺氧状态。长期暴露于颗粒物下可引发心血管病和呼吸道疾病以及肺癌。此外，细颗粒物极易吸附多环芳烃等有机污染物和重金属，使致癌、致畸、致突变的概率明显升高。与此同时，细颗粒物能影响成云和降雨过程，间接影响着气候变化。大气中雨水的凝结核，除了海水中的盐分，细颗粒物 $PM_{2.5}$也是重要的源。有些条件下，$PM_{2.5}$太多了，可能“分食”水分，使天空中的云滴都长不大，蓝天白云就变得比以前更少；有些条件下，$PM_{2.5}$会增加凝结核的数量，使天空中的雨滴增多，极端时可能发生暴雨。

3.3.5.2　环境空气中 PM_{10}和 $PM_{2.5}$含量的测定

参考《环境空气　PM_{10}和 $PM_{2.5}$的测定　重量法》(HJ 618—2011)。

(1) 方法原理　飘尘微粒 PM_{10}和 $PM_{2.5}$的测定，目前多采用重量法。采样方法有大流量采样法及低流量采样法，二者所采集的微粒粒径大多数在 10μm 以下。该方法的检出限为 0.010mg/m^3 (以感量 0.1mg 分析天平，样品负载量为 1.0mg，采集 108m^{3}空气样品计)。

使一定体积的空气进入切割器，将粒径 10μm 以上的微粒分离，小于这一粒径的微粒随着气流流经分离器的出口被阻留在已恒重的滤膜上。根据采样前后滤膜的质量差及采样体积，计算出空气中飘尘浓度，以 mg/m^{3}表示。

(2) 仪器和设备

① 大流量或中流量颗粒物采样器。

② 滤膜：超细玻璃纤维滤膜或过氯乙烯滤膜。

③ 分析天平：感量 0.1mg，再现性（标准差）<0.2mg。

④ 镊子及装滤膜袋（或盒）：袋（盒）上印有编号、采样日期、采样地点、采样人等栏目。

⑤ 恒温恒湿箱：箱内空气温度要求在 15～30℃范围内连续可调，控制精度±1℃；箱内相对湿度应控制在 50%±5%，恒温恒湿箱可连续操作。

(3) 操作过程

① 仪器校准和准备：新购置或维修后的采样器在启用前需进行流量校准；正常使用的

采样器每月进行一次校准。将滤膜放在恒温恒湿箱中平衡24h，平衡温度取15～30℃中任一点，记下平衡温度及湿度，称至恒重后记下滤膜质量m_0（g）。

② 采样：采样时，采样器入口距地面高度不得低于1.5m，采样不宜在风速大于8m/s等天气条件下进行，采样点应避开污染源及障碍物。如果测定交通枢纽处PM_{10}和$PM_{2.5}$，采样点应布置在距人行道边缘外侧1m处。采用间断采样方式测定PM_{10}和$PM_{2.5}$日平均浓度时，其采样次数不应少于4次，累计采样时间不应少于18h。现场采样原始记录见表3-11。

③ 分析测定：将采样后的滤膜置于恒温恒湿箱中，用与滤膜平衡时相同的温度和湿度平衡24h后，称滤膜质量，记下滤膜质量m_1（g），中流量滤膜增量不小于10mg。分析测试原始记录见表3-12。

（4）结果计算

$$\rho=\frac{(m-m_0)\times 1000}{V_0} \tag{3-16}$$

式中 ρ——PM_{10}和$PM_{2.5}$浓度，mg/m^3；

m——样品滤膜质量，g；

m_0——空白滤膜质量，g；

V_0——换算为标准状态下的采样体积，m^3。

计算结果保留3位有效数字，小数点后数字可保留到第3位。

（5）注意事项

① 滤膜使用前均需进行检查，不得有针孔或任何缺陷。滤膜称量时要消除静电的影响。

② 取清洁滤膜若干张，在恒温恒湿箱按平衡条件平衡24h，称重。每张滤膜非连续称量10次以上，求每张滤膜的平均值为该滤膜的原始质量。以上述滤膜作为标准滤膜。每次称滤膜的同时，称量两张标准滤膜。若标准滤膜称出的质量在原始质量±5mg（大流量）、±0.5mg（中流量和小流量）范围内，则认为该批样品滤膜称量合格，数据可用。否则应检查称量条件是否符合要求并重新称量该批样品滤膜。

③ 采样前后，滤膜称量应使用同一台分析天平。

3.3.6 一氧化碳

3.3.6.1 基础知识

一氧化碳是无色、无臭、无刺激性的窒息性剧毒气体，分子量为28.0，沸点－192.6℃，对空气相对密度为0.967，比空气略轻，微溶于水，不易液化和固化。在标准状态下，1L一氧化碳气体质量为1.25g，20℃时100mL水中可溶解2.838mg一氧化碳。在空气中燃烧时产生淡蓝色火焰，遇明火或火花易产生爆炸。在空气中不易与其他物质产生化学反应，因而能在空气中停留2～3年之久，不易引起人们注意，故其危害性很大。

一氧化碳易被含氧自由基氧化，转化为二氧化碳并放出大量热；能和很多金属形成羰基化合物，生成的羰基化合物大多都是剧毒物质。

一氧化碳的污染来源主要有煤、石油、液化气等燃料的不完全燃烧、吸烟以及交通运输工具排放尾气。

当空气中一氧化碳含量轻微升高时，可引起行为改变和工作能力下降。当血液中碳氧血红蛋白含量为2%时，时间辨别能力发生障碍；3%时，警觉性降低；5%时，光敏感度降低。7%时发生轻度头痛；12%时，中度头痛、眩晕；25%时，严重头痛、眩晕；45%～60%时，意识模糊、昏迷；70%时，可发生痉挛甚至死亡。空气中一氧化碳浓度剧增至62.5～312.5mg/m³时，持续0.5～2.5h，可使人的警觉性和理解力受到影响。

心血管系统对一氧化碳非常敏感。长期吸入浓度为2500～3750mg/m³的一氧化碳，其在血液中饱和度达到20%～30%时，约35.5%的人患心瓣膜病，其中大部分是中年妇女，青年人也发生动脉硬化性心脏病。

一氧化碳还能促使血管中类脂质和胆固醇的沉积量增加。当血液中碳氧血红蛋白含量达15%时，大血管内膜对胆固醇的沉积量增加，导致动脉硬化症加重。因此，慢性心脏病患者、贫血患者及肺病患者易发生一氧化碳中毒。

3.3.6.2 环境空气中一氧化碳含量的测定

参考《空气质量 一氧化碳的测定 非分散红外法》（GB 9801—88）。

（1）方法原理 样品气体进入仪器，在前吸收室吸收4.67μm谱线中心的红外辐射能量，在后吸收室吸收其他辐射能量。两室因吸收能量不同，破坏了原吸收室内气体受热产生相同振幅的压力脉冲，变化后的压力脉冲通过毛细管加在差动式薄膜微音器上，被转化为电容量的变化，通过放大器再转变为与浓度成正比例的直流测量值。

（2）仪器和设备 一氧化碳红外分析仪、记录仪、流量计、一般实验室用仪器。

（3）试剂

① 氮气：要求其中一氧化碳浓度已知，或是制备霍加拉特加热管除去其中一氧化碳。

② 一氧化碳标定气：浓度应选在仪器量程的60%～80%范围内。

（4）采样

① 直接采样分析：使用仪器现场连续监测，将样品气体直接通入仪器进气口。

② 现场采样后实验室分析：用采样仪器现场采样收集后带回实验室分析测定。记录采样地点、采样日期和时间、采气筒编号。

（5）分析

① 仪器调零：接通电源开机预热30min，启动仪器内装泵抽入氮气，用流量计控制流量为0.5L/min。调节仪器调零电位器，使记录器指针指在所用氮气的一氧化碳浓度的相应位置。

使用霍加拉特管调零时，将记录器指针指在零位。

② 仪器标定：在仪器进气口通入流量为0.5L/min的一氧化碳标定气，调节仪器灵敏度电位器，使记录器指针调在一氧化碳浓度的相应位置。

③ 样品分析：将样品气体连接到仪器进气口，待仪器读数稳定后直接读取指示格数。

（6）计算

空气中一氧化碳的质量浓度，按式（3-17）计算：

$$\rho_{CO}=1.25n \tag{3-17}$$

式中 ρ_{CO}——样品气体中一氧化碳的浓度，mg/m³；

n——仪器指示的一氧化碳格数；

1.25——一氧化碳换算成标准状态下浓度为mg/m³的换算系数。

【思考与练习 3.3】

1. 功能区布点法多用于区域性常规监测。先将监测区域划分成________、________、________、________、________、________等，再根据具体污染情况和人力、物力条件，在各功能区分别设置一定数量的监测点。

2. 网格布点法：在地图上将监测区域划分成____________________，监测点设在两条直线的____________________。网格大小根据____________、____________及____________而定。主导风向明显的，在下风向应多设一些，约占________。

3. 同心圆布点法：用于多个污染源构成的污染群，且大污染源比较集中的地区。找出____________，以此为圆心画____________；再从圆心上作若干条 45°夹角的放射线，将____________定为监测点位置（射线至少五条）。

4. 扇形布点法：适用于孤立的________，且主导风向________的地区。以__________为顶点，____________________为轴线，在下风向地面上画扇形为布点范围。扇形夹角一般为________（不能超过________）。监测点设在扇形平面内距点源不同距离的________。每条弧线上设________个点，相邻两点与顶点夹角一般取__________，在上风向应设对照点。

5.《环境空气质量标准》(GB 3095—2012）中将环境空气功能区分为两类：一类为________、________和其他需要特殊保护的地区；二类为________、________、________、________和农村地区。一类区适用______级浓度限值，二类区适用______级浓度限值。

6. 盐酸萘乙二胺分光光度法（HJ 479—2009）测定空气中氮氧化物的实验中，酸性高锰酸钾溶液的作用是______________________________。

7. 甲醛吸收法测定环境空气中 SO_2 的主要干扰物有________、________和________，加入氨磺酸钠可消除________的干扰，为使臭氧不产生干扰，应在采样后放置____min，加入________可以消除或减少某些金属离子的干扰。

8. 甲醛吸收法测定环境空气中 SO_2 时，空气中的 SO_2 被________吸收后，生成稳定的羟甲基磺酸加成化合物，在样品溶液中加入________使加成化合物分解，释放出________与副玫瑰苯胺、甲醛作用，生成紫红色化合物，用分光光度计在______nm 处进行吸光度测定。

9. 甲醛吸收法测定 SO_2 时，显色反应需在________性溶液中进行，故显色时应将加有其他试剂的待显色液倒入装有________的比色管中。

10. 实验中配制的亚硫酸钠溶液配制好应放________h 后标定。标定出准确浓度的亚硫酸钠溶液应用________溶液配制 SO_2 标准贮备液和 SO_2 标准溶液。

11. 短时间采集 SO_2 样品，采样用吸收液为________mL，流量是________。

12. 当采集的 SO_2 样品有浑浊物时，应该用________方法除去。

13. 空气动力学直径≤100μm 的颗粒物，称为________，PM_{10} 即________，是指空气动力学直径________的颗粒物，$PM_{2.5}$ 即________，是指空气动力学直径________的颗粒物。

3.4 室内环境空气常见污染物及其测定

室内环境是指工作、生活及其他活动所处的相对封闭的空间，包括住宅、办公室、学校教室、医院、娱乐场所等，室内环境空气质量与人体健康密切相关。室内环境空气质量主要关注有毒有害污染因子指标和舒适性指标两大类，目前我国规定并有参考值的室内环境空气质量监测项目分为物理性、化学性、生物性和放射性参数。其中，物理性参数包括温度、相对湿度、空气流速、新风量等，主要针对夏季开空调和冬季采暖期时门窗紧闭的情况；化学性参数包括 O_3、NH_3、CO、SO_2、NO_2、甲醛、苯、甲苯、二甲苯、CO_2、苯并［*a*］芘、总挥发性有机物（TVOC）等；生物性参数为菌落总数；放射性参数为氡（^{222}Rn）。

3.4.1　甲醛

3.4.1.1　基础知识

甲醛（HCHO）是一种无色具有强烈刺激性气味的气体，分子量为30.03，气体相对密度为1.04，略重于空气。易溶于水、醇和醚，通常以水溶液形式出现，其35%～40%的水溶液通常称为福尔马林，此溶液在室温下极易挥发，加热更甚。液体相对密度为0.815（－20℃），熔点为－92℃，沸点为－19.5℃。水溶液的含量最高可达55%。

甲醛因具有较强的黏合性和有加强板材硬度、防虫、防腐功能，而且价格便宜，所以是目前首选作为室内装修装饰的胶合板、细木工板、中密度纤维板、刨花板的原材料。以甲醛为主要成分的脲醛树脂还可作为建筑中的保温、隔热材料，除此之外还广泛用作多种化工生产的工业原料，主要是塑料工业（如制酚醛树脂和脲醛树脂）、合成纤维工业、皮革工业、医药行业、染料工业等。

3-8 甲醛的测定

由于甲醛是一种挥发性有机物，在应用的过程会不可避免地对环境空气造成污染，而且它具有广泛性应用的特点，因此也就产生了更多的污染源，甲醛是室内环境空气的主要污染物之一。室内甲醛的来源有两个方面：一是来自燃料和烟叶的不完全燃烧，二是来自建筑材料、家具及各种黏合剂、涂料、合成织品等。

甲醛对人体健康的危害如下所述。

① 刺激作用：甲醛对人的眼睛、皮肤黏膜和呼吸系统都有强烈的刺激作用，主要影响表现在人的嗅觉和肺部功能异常。当室内空气中甲醛含量达到0.1～2.0mg，50%的正常人能闻到气味；达到2.0～5.0mg，眼睛、气管将受到强烈刺激，出现打喷嚏、咳嗽等症状；达到10mg以上，呼吸困难；达到50mg以上，会引发肺炎等危重疾病，甚至导致死亡。甲醛蒸气在空气中若直接接触皮肤，会引起皮炎，皮肤发红、剧痛、裂化以及水疱反应等，造成接触性皮炎和黏膜刺激症状。

② 毒性作用：甲醛会使细胞中的蛋白质凝固变性，破坏和抑制细胞的正常功能。

③ 致癌作用：流行病学家长期以来的研究表明，长期接触高浓度甲醛，会使人患鼻咽癌、鼻腔癌、鼻窦癌、口腔癌、咽喉癌、消化系统癌、肺癌、皮肤癌和白血病等疾病。

3.4.1.2　酚试剂分光光度法测甲醛

参考《公共场所卫生检验方法　第2部分：化学污染物》（GB/T 18204.2—2014）。

（1）方法原理　空气中的甲醛与酚试剂反应生成嗪，嗪在酸性溶液中被高铁离子氧化形成蓝绿色化合物。根据颜色深浅，比色定量。

（2）试剂　本法中所用水均为重蒸馏水或去离子交换水，所用的试剂纯度均为分析纯。

① 吸收原液：称量 0.10g 酚试剂［$C_6H_4SN(CH_3)C:NNH_2 \cdot HCl$，简称 MBTH］，加水溶解，转入 100mL 具塞量筒中，加水到刻度。放冰箱中保存，可稳定三天。

② 吸收液：量取吸收原液 5mL，加 95mL 水，即为吸收液。采样时，临用现配。

③ 1%硫酸铁铵溶液：称量 1.0g 硫酸铁铵［$NH_4Fe(SO_4)_2 \cdot 12H_2O$］用 0.1mol/L 盐酸溶解，并稀释至 100mL。

④ 碘溶液［$c(1/2I_2)$ ＝0.1000mol/L］：称量 40g 碘化钾，溶于 25mL 水中，加入 12.7g 碘。待碘完全溶解后，用水定容至 1000mL。移入棕色瓶中，暗处贮存。

⑤ 1mol/L 氢氧化钠溶液：称量 40g 氢氧化钠，溶于水中，并稀释至 1000mL。

⑥ 0.5mol/L 硫酸溶液：取 28mL 浓硫酸缓慢加入水中，冷却后，稀释至 1000mL。

⑦ 硫代硫酸钠标准溶液［$c(Na_2S_2O_3)$ ＝0.1000mol/L］：称取 25g 硫代硫酸钠（$Na_2S_2O_3 \cdot 5H_2O$）和 2g 碳酸钠（Na_2CO_3），溶解于 1000mL 新煮沸但已冷却的水中，贮于棕色试剂瓶中，放一周后过滤，并标定其浓度。

标定方法：吸取 0.1000mol/L 碘酸钾标准溶液 25.0mL 置于 250mL 碘量瓶中，加 40mL 新煮沸但已冷却的水，加 1g 碘化钾，再加（1＋5）盐酸溶液 10mL，立即盖好瓶塞，混匀，在暗处静置 5min 后，用硫代硫酸钠溶液滴定至淡黄色，加 1mL 淀粉溶液继续滴定至蓝色刚刚褪去。记录硫代硫酸钠溶液的用量，通过计算得到硫代硫酸钠溶液的浓度。

⑧ 0.5%淀粉溶液：将 0.5g 可溶性淀粉，用少量水调成糊状后，再加入 100mL 沸水，并煮沸 2～3min 至溶液透明。冷却后，加入 0.1g 水杨酸或 0.4g 氯化锌保存。

⑨ 甲醛标准贮备溶液：取 2.8mL 甲醛含量为 36%～38%的甲醛溶液，放入 1L 容量瓶中，加水稀释至刻度。此溶液 1mL 约相当于 1mg 甲醛。其准确浓度用下述方法标定。

标定方法：精确量取 20.00mL 待标定的甲醛标准贮备溶液，置于 250mL 碘量瓶中，加入 20.00mL 碘溶液［$c(1/2I_2)$ ＝0.1000mol/L］和 15mL 1mol/L 氢氧化钠溶液，摇匀后放置 15min。加入 20mL 0.5mol/L 硫酸溶液，再放置 15min。用硫代硫酸钠标准溶液滴定，至溶液呈现浅黄色时，加入 1mL 0.5%淀粉溶液继续滴定至恰使蓝色褪去为止，并记录所用硫代硫酸钠标准溶液体积（V_2）。同时用水作试剂空白进行滴定，记录空白滴定所用硫代硫酸钠标准溶液体积（V_1）。甲醛标准贮备溶液的浓度用公式计算：

$$\rho(\text{甲醛}) = \frac{(V_1 - V_2)c(Na_2S_2O_3) \times 15}{20} \tag{3-18}$$

式中 ρ(甲醛) ——甲醛标准贮备溶液的浓度，mg/mL；

V_1——标定空白消耗硫代硫酸钠标准溶液体积，mL；

V_2——标定甲醛消耗硫代硫酸钠标准溶液体积，mL；

$c(Na_2S_2O_3)$ ——硫代硫酸钠标准溶液浓度，mol/L；

15——甲醛（1/2HCHO）摩尔质量，g/mol；

20——甲醛标准贮备溶液取样体积，mL。

⑩ 甲醛标准溶液：临用时，将甲醛标准贮备溶液用水稀释成 1.00mL 含 10μg 甲醛，立即再取此溶液 10.00mL，加入 100mL 容量瓶中，加入 5mL 吸收原液，用水定容至 100mL，此溶液 1.00mL 含 1.00μg 甲醛，放置 30min 后，用于配制标准系列。此标准溶液可稳定 24h。

（3）仪器和设备

① 大型气泡吸收管：出气口内径为 1mm，出气口至管底距离等于或小于 5mm。

② 恒流采样器：流量范围 0～1L/min。流量稳定可调，恒流误差小于 2%，采样前和采

样后应用皂膜流量计校准采样系列流量，误差小于 5%。

③ 具塞比色管：10mL。

④ 分光光度计：配有 10mm 比色皿，在波长 630nm 测定吸光度。

（4）采样　用一个内装 5mL 吸收液的大型气泡吸收管，以 0.5L/min 流量采气 10L。并记录采样点的温度和大气压力。采样后在室温下样品应在 24h 内分析。

（5）分析步骤

① 标准曲线的绘制：取 10mL 具塞比色管，用甲醛标准溶液按表 3-13 制备标准系列。

表 3-13　甲醛标准系列

管号	0	1	2	3	4	5	6	7	8
甲醛标准溶液（1.00μg/mL）体积/mL	0.00	0.10	0.20	0.40	0.60	0.80	1.00	1.50	2.00
吸收液体积/mL	5.0	4.9	4.8	4.6	4.4	4.2	4.0	3.5	3.0
甲醛含量/μg	0.0	0.1	0.2	0.4	0.6	0.8	1.0	1.5	2.0

表 3-13 甲醛标准系列各管中，加入 0.4mL 1%硫酸铁铵溶液，摇匀，放置 15min。用 10mm 比色皿，在波长 630nm 下，以水作参比，测定各管溶液的吸光度。以甲醛含量为横坐标，吸光度为纵坐标，绘制标准曲线，并计算回归线斜率，以斜率倒数作为样品测定的计算因子 B_g（μg/吸光度）。

② 样品测定：采样后，将样品溶液全部转入比色管中，用少量吸收液冲洗吸收管，合并使总体积为 5mL，按绘制标准曲线的操作步骤测定样品溶液吸光度（A）；在每批样品测定的同时，用 5mL 未采样的吸收液作试剂空白，测定试剂空白溶液的吸光度（A_0）。

（6）结果计算

① 将采样体积按式（3-19）换算成标准状况下的采样体积：

$$V_0 = V_t \frac{T_0}{273 + T} \times \frac{p}{p_0} \tag{3-19}$$

式中　V_0——标准状况下的采样体积，L；

V_t——采样体积，L，为采样流量与采样时间乘积；

T——采样时的空气温度，℃；

T_0——标准状况下的绝对温度，273K；

p——采样时的大气压，kPa；

p_0——标准状况下的大气压，101.3kPa。

② 空气中甲醛浓度按式（3-20）计算：

$$c = \frac{(A - A_0)B_g}{V_0} \tag{3-20}$$

式中　c——空气中甲醛浓度，mg/m^3；

A——样品溶液的吸光度；

A_0——试剂空白溶液的吸光度；

B_g——计算因子，由上述求得，μg/吸光度；

V_0——标准状况下的采样体积，L；

3.4.2 氨气

3.4.2.1 基础知识

氨（NH_3）是一种无色而有强烈刺激气味的气体，分子量为17.03，沸点－33.5℃，熔点－77.8℃，对空气的相对密度为0.5962（空气＝1）。1L NH_3 气体在标准状况下，质量为0.7708g。氨极易溶于水、乙醇和乙醚，0℃时每1L水中能溶解1176L，即907g氨。氨的水溶液由于形成氢氧化铵而呈碱性。氨可燃烧，其火焰稍带绿色；与空气混合时氨含量在16.5%～26.8%（体积分数）时，能形成爆炸性气体。氨在高温时会分解成氮和氢，有还原作用；有催化剂存在时可被氧化成一氧化氮。

3-9 空气中氨的测定方法

氨被广泛用于工业和农业，主要是用于一些含氮化合物的合成。氨是化学工业的主要原料，比如制造化肥、炼焦、石油精炼、合成尿素、合成纤维、合成染料、合成塑料、制药等，还可应用于热水瓶生产中镀银的配液中。大气中氨主要来源于自然界或人为的分解过程，是含氮有机物质腐败分解的最后产物。近年来氨在建筑装修的过程中被作为不同用途的添加剂得到了广泛的应用。对于室内环境来说，产生氨的来源主要有混凝土建筑、家具装饰材料、木材板材、美发剂等。氨通常以气体形式吸入人体，吸入肺后容易通过肺泡进入血液，与血红蛋白结合，破坏运氧功能。进入肺泡内的氨，少部分被二氧化碳所中和，余下被吸收至血液，少量的氨可随汗液、尿液或呼吸排出体外。

氨对人体的危害主要体现在对眼睛、口腔、鼻黏膜及呼吸道的刺激作用，短期吸入氨气会出现流泪、眼结膜充血水肿、咽痛、声音嘶哑、声带水肿、咳嗽、咳痰带血丝、鼻黏膜充血、胸闷、呼吸困难，并伴有头晕、头痛、呕吐、乏力等；长期吸入严重时会发生肺水肿或呼吸窘迫综合征、剧烈咳嗽、昏迷、休克等。除此之外，由于氨是一种碱性物质，溶解度极高，常会吸附在皮肤黏膜上，对皮肤组织产生腐蚀和刺激作用。它可以吸收皮肤组织中的水分，使组织蛋白变性，并使组织脂肪皂化，破坏细胞膜结构，使人出现面部皮肤色素沉着、手指有溃疡等。

3.4.2.2 靛酚蓝分光光度法测定氨

参考《公共场所卫生检验方法　第2部分：化学污染物》（GB/T 18204.2—2014）。

本方法适用于公共场所空气中氨的测定，也适用于居住区大气及室内空气中氨的测定。

（1）方法原理　空气中氨吸收在稀硫酸中，在亚硝基铁氰化钠及次氯酸钠存在下，与水杨酸反应生成蓝绿色靛酚蓝染料，用分光光度法定量。

（2）试剂　所有试剂均用无氨蒸馏水配制，且配制时，室内不得有氨气。

① 吸收液：0.005mol/L硫酸溶液。吸取2.8mL浓硫酸缓慢加入水中，并用水稀释至1L。临用时，再用水稀释10倍。

② 水杨酸溶液（50g/L）：称取10.0g水杨酸［$C_6H_4(OH)COOH$］和10.0g柠檬酸钠（$Na_3C_6O_7 \cdot 2H_2O$），加水约50mL，再加55mL 2mol/L氢氧化钠溶液，用水稀释至200mL。此试剂稍呈黄色，室温下可稳定一个月。

③ 亚硝基铁氰化钠溶液（10g/L）：称取1.0g亚硝基铁氰化钠［$Na_2Fe(CN)_5NO \cdot 2H_2O$］，

溶于 100mL 水中，贮于冰箱中可稳定一个月。

④ 次氯酸钠溶液（0.05mol/L）：次氯酸钠试剂（有效氯不低于 5.2%），取 1mL 次氯酸钠试剂原液，用碘量法标定其浓度。

标定方法：称取 2g 碘化钾于 250mL 碘量瓶中，加 50mL 水溶解。再加 1.00mL 次氯酸钠试剂，加 0.5mL（1＋1）盐酸溶液，摇匀，暗处放置 3min。用硫代硫酸钠标准溶液 $c(Na_2S_2O_3)=0.1000$mol/L 滴定析出的碘，至溶液呈黄色时，加入 1mL 新配制的 0.5%淀粉溶液，溶液呈蓝色，再继续滴定至蓝色刚刚褪去，即为终点。记录硫代硫酸钠标准溶液的用量（V），平行滴定三次，消耗硫代硫酸钠标准溶液体积之差不应大于 0.04mL，取其平均值。已知硫代硫酸钠标准溶液的浓度 $c(Na_2S_2O_3)$，则次氯酸钠试剂的浓度用式（3-21）计算：

$$c(NaClO)=\frac{c(Na_2S_2O_3)V}{1.00\times 2} \tag{3-21}$$

式中　$c(NaClO)$——次氯酸钠试剂的浓度，mol/L；

V——滴定时所消耗硫代硫酸钠标准溶液的体积，mL；

$c(Na_2S_2O_3)$——硫代硫酸钠标准溶液的浓度，mol/L。

然后，根据标定的浓度用 2mol/L 氢氧化钠溶液稀释成 0.05mol/L 的次氯酸钠溶液。贮于冰箱中可保存两个月。

⑤ 氨标准溶液：准确称量 0.3142g 经 105℃干燥 2h 的氯化铵（NH_4Cl），用少量水溶解，移入 100mL 容量瓶中，用吸收液稀释至刻度。此溶液 1.00mL 含 1mg 的氨。临用时，再用吸收液稀释成 1.00mL 含 1μg 氨的标准溶液。

（3）仪器和设备

① 气泡吸收管：普通型，有 10mL 刻度线。

② 空气采样器：流量范围 0.2～2L/min，流量稳定。使用时，用皂膜流量计校准采样系列在采样前和采样后的流量，流量误差应小于 5%。

③ 具塞比色管：10mL。

④ 分光光度计：配有 10mm 比色皿，可在波长 697.5nm 下测定吸光度。

（4）采样和样品保存　用一个内装 10mL 吸收液的普通型气泡吸收管，以 0.5L/min 流量采气 20L。记录采样时的温度和大气压力。采样后，样品在室温下保存，于 24h 内分析。

采集好的样品，应尽快分析。必要时于 2～5℃下冷藏，可贮存 1 周。

（5）操作步骤

① 标准曲线的绘制：按表 3-14 制备标准系列。

表 3-14　氨标准系列

管　号	0	1	2	3	4	5	6
氨标准溶液/mL	0.00	0.50	1.00	3.00	5.00	7.00	10.00
吸收液/mL	10.00	9.50	9.00	7.00	5.00	3.00	0.00
氨含量/μg	0.00	0.50	1.00	3.00	5.00	7.00	10.00

于标准系列各管中，加入 0.5mL 水杨酸溶液，再加入 0.1mL 亚硝基铁氰化钠溶液和

0.1mL 0.05mol/L 次氯酸钠溶液，混匀，室温下放置1h。在波长697.5nm下，用10mm比色皿，以水作参比，测定各管溶液吸光度。以氨含量（μg）为横坐标，吸光度为纵坐标，绘制标准曲线，并计算回归线的斜率、截距及回归方程：

$$Y = bX + a \tag{3-22}$$

式中 Y——标准溶液的吸光度；

X——氨含量，μg；

a——回归线的截距；

b——回归线的斜率。

标准曲线的斜率应为0.081±0.003，以斜率的倒数为样品测定的计算因子 B_s（μg/吸光度）。

② 样品测定：将样品溶液转入具塞比色管中，用少量的水洗吸收管，将洗涤液合并，使总体积为10mL。再按绘制标准曲线的操作步骤测定吸光度。在每批样品测定的同时，用10mL未采样的吸收液，按相同的操作步骤作试剂空白测定吸光度。

如果样品溶液吸光度超过标准曲线的范围，则取部分样品溶液，用吸收液稀释再分析。计算浓度时，应乘以样品溶液的稀释倍数。

（6）结果计算

① 将采样体积按式（3-23）换算成标准状况下的采样体积：

$$V_0 = V_t \frac{T_0}{273 + T} \times \frac{p}{p_0} \tag{3-23}$$

式中 V_0——标准状况下的采样体积，L；

V_t——采样体积，为采样流量与采样时间乘积，L；

T——采样时的空气温度，℃；

T_0——标准状况下的绝对温度，273K；

p——采样时的大气压，kPa；

p_0——标准状况下的大气压，101.3kPa。

② 空气中氨浓度用式（3-24）计算：

$$c = \frac{(A - A_0)B_s}{V_0}D \tag{3-24}$$

式中 c——空气中氨的浓度，mg/m^3；

A——样品溶液的吸光度；

A_0——试剂空白溶液的吸光度；

B_s——用标准溶液绘制标准曲线得到的计算因子，μg/吸光度；

D——分析时样品溶液稀释的倍数；

V_0——换算成标准状况下的采样体积，L。

3.4.3 菌落总数

3.4.3.1 基础知识

微生物污染普遍存在于室内环境中，包括细菌、真菌、病毒、立克次体、寄生虫及生物体所产生的副产物或毒素等污染。居室、办公室和公共场所内对人体健康危害较大的微生物主要有细菌、霉菌、尘螨和病毒等四种。

室内空气中微生物的存在可引起肺炎、鼻炎、呼吸道过敏、皮肤过敏并感染，螨虫可使人患过敏性鼻炎（伴有头疼、流泪）、过敏性湿疹及过敏性哮喘。只依靠空气反复循环而很少进行空气交换的通风系统会增加疾病的传播风险，空气中传播的生物性物质会对健康造成影响，引起传染病和变性疾病，如外源性变应性肺泡炎、变应性鼻炎（又称过敏性鼻炎）和哮喘，乃至肺癌。

室内微生物的污染源主要来自于室内人员生活和工作用品、室内人员自身的排放、室内空调的使用和室外空气微生物随气流的渗入等四个方面。

3.4.3.2　室内空气中菌落总数的检测

（1）基本原理　JWL-2 型撞击式空气微生物采样器模拟人体呼吸道的解剖结构及其空气动力学特征，利用惯性撞击原理，使空气通过狭缝或小孔而产生高速气流，将悬浮在空气中的微生物粒子，按大小等级分别收集在采样介质表面上，然后经过 37℃、48h 培养后，计算每立方米空气中所含的细菌菌落数，并求出空气中微生物粒子数量和大小分布的特征。捕获粒子：第一级≥8μm，不可吸入微粒；第二级≤8μm，可吸入微粒。

（2）仪器和设备　撞击式空气微生物采样器、高压蒸汽灭菌器、鼓风干燥箱、恒温培养箱、培养皿。

制备培养基用一般设备，量筒，锥形瓶，精密 pH 试纸等。

（3）实验步骤

① 准备培养皿：将培养皿洗净、控干，用报纸包好后放入鼓风干燥箱（160℃）干热灭菌 120min。

② 制备牛肉膏蛋白胨培养基

成分：蛋白胨 10g、NaCl 5.0g、琼脂 18g、牛肉膏 20g、蒸馏水 1000mL。

制法：将上述各成分用不锈钢盆或烧杯混合加热至溶解，用试纸测 pH，调 pH 至 7.4，用锥形瓶分装，在 120℃、20min 高压灭菌。

③ 在无菌条件下，用量杯往培养皿内倒入琼脂约 20mL，使琼脂表面距培养皿底 5mm，以保证采样时喷孔与琼脂表面之间 2～3mm 的最佳撞击距离。

④ 将加好采样介质的培养皿放置在 37℃恒温箱中培养 24 小时，无杂菌生长方可使用。

⑤ 选择有代表性的房间和位置设置采样点。采样器使用前，先用中性洗涤剂清洗，去除采样器喷孔中的污物（若条件允许使用超声清洗，效果会更好），然后用 75%酒精擦拭消毒。

⑥ 把采样器与主机连接好，插上电源，开机，调整仪器流量，使其稳定在 28.3L/min。

⑦ 将装有采样介质的培养皿按顺序放入采样器中，并用弹簧卡子卡紧。放入和取出采样皿时，操作人员必须戴口罩，以防口鼻排出细菌污染培养皿。

⑧ 将主机和采样器分别放置在平稳的台面上，采样点高度与人呼吸带高度（大约 1.5m）一致，相对高度 0.5～1.5m 之间。

⑨ 打开采样器上盖，打开开关，按×10、×1 键调整采样时间，按 SET 键启动抽气泵，即可采样。采样时间根据采样点被污染的程度定，一般室外环境 10min，室内环境 1～5min，但最好不要超过 30min，以免长时间的气流冲击致使采样介质水分损失而影响细菌活性。同时记录采样时大气压和温度。

⑩ 采样完毕后，取出采样皿，盖上盖子，注意顺序和编号，切勿弄错。采样完后，将带菌培养皿放置在36℃±1℃恒温箱中培养48h，计数菌落数，并根据采样器的流量和采样时间，换算成每立方米空气中的菌落数，以 cfu/m^3 报告结果。

（4）结果计算　撞击法测得单位空气中的菌落数可按式（3-25）计算：

$$c=\frac{N}{qt} \tag{3-25}$$

式中　c——单位空气中细菌菌落数，cfu/m^3；

N——平板上菌落数，cfu；

q——采样流量，m^3/min；

t——采样时间，min。

【注意】*qt 为采样体积，采样时需测定现场的温度和大气压，换算成标准状况下的体积，再代入公式计算。*

3.4.4 苯及苯系物

3.4.4.1 基础知识

苯是一种无色或近于浅黄色的透明油状液体，具有强烈芳香气味，易挥发、易燃、易炸。其分子量为78.11，相对于水的密度为0.8765，熔点为5.5℃、沸点为80.1℃，是室内挥发性有机物的一种，不溶于水，溶于乙醇、乙醚等许多有机溶剂。燃烧时发出光亮，苯蒸气与空气可形成爆炸性混合物，爆炸极限为1.5%～8.0%（体积分数），在适当情况下，分子中的氢能被卤素、硝基等置换，也能与氢和氯等起加成反应。

甲苯、二甲苯属于苯的同系物，均为煤焦油分馏或石油裂解产物。甲苯又称苯基甲烷，为无色透明液体，具有芳香性刺激气味，有挥发性，易燃，其蒸气能与空气形成爆炸性混合物。甲苯蒸气重于空气，能扩散到相当远距离外的火焰处点燃，并将火焰传播回来，引起火灾。分子量92.13，沸点110.7℃，蒸气压为4kPa（26.04℃）。与苯相比，甲苯的脂溶性更强、挥发性更弱，不溶于水，能与乙醇、乙醚、苯、丙酮、二硫化碳及溶剂汽油混合。二甲苯为无色透明、具有芳香气味的液体，分子量为106.16，凝固点为－25.2℃，沸点为144℃，易挥发，在水中不溶或微溶，易溶于乙醇、丙酮和乙醚等有机溶剂。它有三种异构体：邻二甲苯、间二甲苯和对二甲苯。一般将三种异构体及乙苯的混合体称作混合二甲苯，以间二甲苯含量较多。工业用二甲苯还含有甲苯和乙苯。

苯主要通过伴随吸入的受污染空气而进入人体，也可通过皮肤渗入人体，但摄入量很少。吸入的苯30%～80%进入人体的血液循环中。吸收的苯约50%以原形态经肺部呼出，约10%的苯以原形态蓄积在体内。苯的氧化物毒性比苯更强。世界卫生组织（WHO）及国际癌症研究机构于1993年将苯确定为人类的致癌物。

苯在各种建筑材料的有机溶剂中大量存在，比如各种油漆的添加剂和稀释剂、一些防水材料的添加剂，在日常生活中，苯也用于装饰材料、人造板家具以及胶黏剂、空气消毒剂和杀虫剂的溶剂。因此，在新装修或购置新家具的居室内空气中，可以检测出较高浓度的苯，可达1～2mg/m^3，甚至更高，造成室内空气的苯污染。

3.4.4.2 气相色谱法测定室内空气中的苯含量

主要依据《室内空气质量标准》（GB/T 18883—2002）附录B室内空气中苯的检验方

法——毛细管气相色谱法。

（1）方法原理　室内空气中的苯用活性炭管采集，然后用二硫化碳提取出来。用附有氢火焰离子化检测器的气相色谱仪分析，以保留时间定性，峰高定量。

干扰和排除：当空气中水蒸气或水雾量太大时，会在活性炭管中与被采组分发生严重竞争吸附，而凝结影响活性炭的穿透容量。空气湿度在 90%以下，活性炭管的采样效率符合要求。而空气中的其他污染物干扰，由于采用了气相色谱分离技术，选择合适的色谱分离条件就可以消除。

（2）适用范围　采样量为 20L 时，用 1mL 二硫化碳提取，进样 1μL，测定范围为 0.05～10mg/m^3。本法适用于室内空气和居住区大气中苯浓度的测定。

（3）试剂和材料

① 苯：色谱纯。

② 二硫化碳：分析纯，需经纯化处理，以保证色谱分析无干扰杂峰。

③ 椰子壳活性炭：20～40 目，用于装活性炭采样管。

④ 高纯氮：氮的质量分数为 99.999%。

（4）仪器和设备

① 活性炭采样管：用长 150mm、内径 3.5～4.0mm、外径 6mm 的玻璃管，装入 100mg 椰子壳活性炭，两端用少量玻璃棉固定。装好管后再用纯氮气于 300～350℃条件下吹 5～10min，然后套上塑料帽封紧管的两端。此管放于干燥器中可保存 5 天。若将玻璃管熔封，此管可稳定 3 个月。

② 空气采样器：流量范围 0.2～1L/min，流量稳定。使用时用皂膜流量计校准采样系统在采样前和采样后的流量，流量误差应小于 5%。

③ 微量注射器：1μL、10μL。体积刻度误差应校正。

④ 具塞刻度试管：2mL。

⑤ 气相色谱仪：附氢火焰离子化检测器。

⑥ 色谱柱：0.53mm×30m 大口径非极性石英毛细管柱。

（5）采样和样品保存　在采样地点打开活性炭管，两端孔径至少 2mm，与空气采样器进气口连接，以 0.5L/min 的速度抽取 20L 空气。采样后，将管的两端套上塑料帽，并记录采样时的温度和大气压力。样品可保存 5 天。

（6）分析步骤

① 色谱分析条件：由于色谱分析条件常因实验条件不同而有差异，所以应根据所用气相色谱仪的型号和性能，制定能分析苯的最佳的色谱分析条件。

② 绘制标准曲线和测定计算因子：在与样品分析的相同条件下，绘制标准曲线和测定计算因子。

用标准溶液绘制标准曲线：于 5.0mL 容量瓶中，先加入少量二硫化碳，用 1μL 微量注射器准确取一定量的苯（20℃时，1μL 苯质量为 0.8787mg）注入容量瓶中，加二硫化碳至刻度，配成一定浓度的苯贮备液。临用前取一定量的苯贮备液用二硫化碳逐级稀释成苯含量分别为 2.0μg/mL、5.0μg/mL、10.0μg/mL、50.0μg/mL、100.0μg/mL 的标准液。取 1μL 标准液进样，测量记录保留时间及峰高。每个浓度重复 3 次，取峰高的平均值。分别以 1μL 苯标准液中苯的含量为横坐标（μg），平均峰高为纵坐标（mm），绘制标准曲线。并计算回归线的斜率，以斜率的倒数 B_s 作为样品测定的计算因子。

③ 样品分析：将采样管中的活性炭倒入具塞刻度试管中，加1.0mL二硫化碳，塞紧管塞，放置1h，并不时振摇。取1μL进样，用保留时间定性，峰高（mm）定量。每个样品作三次分析，求峰高的平均值。同时，取一个未采样的活性炭管按与样品管相同的操作，测量空白管的平均峰高（mm）。

（7）结果计算

① 将采样体积按式（3-26）换算成标准状况下的采样体积：

$$V_0 = V_t \frac{T_0}{273+T} \times \frac{p}{p_0} \tag{3-26}$$

式中 V_0——标准状况下的采样体积，L；

V_t——采样体积，为采样流量与采样时间乘积，L；

T——采样时的空气温度，℃；

T_0——标准状况下的绝对温度，273K；

p——采样时的大气压，kPa；

p_0——标准状况下的大气压，101.3kPa。

② 空气中苯浓度按式（3-27）计算：

$$c = \frac{(h-h')B_s}{V_0 E_s} \tag{3-27}$$

式中 c——空气中苯的浓度，mg/m^3；

h——样品峰高的平均值，mm；

h'——空白管的峰高平均值，mm；

B_s——计算因子，由上述求得，μg/mm；

E_s——由实验确定的二硫化碳提取的效率；

V_0——标准状况下采样体积，L。

（8）方法特性

① 检测下限：采样量为20L时，用1mL二硫化碳提取，进样1μL，检测下限为0.05mg/m^3。

② 精密度：苯的浓度为8.78μg/mL和21.9μg/mL的液体样品，重复测定的相对标准偏差为7%和5%。

③ 准确度：对苯含量为0.5μg、21.1μg和200μg的回收率分别为95%、94%和91%。

3.4.5 总挥发性有机化合物

3.4.5.1 基础知识

沸点在50～260℃的有机化合物称为挥发性有机物（volatile organic compounds，VOCs）。随着化学品和各种装饰材料的广泛使用，室内其他污染物尤其是挥发性有机物的种类不断增加，因此提出将总挥发性有机物（TVOC）作为室内空气质量评价的一个指标。

总挥发性有机物是强挥发、有特殊气味刺激性、有毒的有机气体，部分已被列为致癌物，如氯乙烯、苯、多环芳烃等。多数挥发性有机物易燃易爆。它的主要成分为芳香烃、卤代烃、氧烃、脂肪烃、氮烃等达900种之多，室内空气中常见挥发性有机物的浓度范围见表3-15。工业生产中有189种污染物被列为有毒污染物，其中大部分为挥发性有机物。

表 3-15　室内空气中常见挥发性有机物的浓度范围

挥发性有机物		浓度范围/（μg/m³）	挥发性有机物		浓度范围/（μg/m³）
脂肪烃	环己烷	5～230	芳香烃	苯	10～500
	己烷	100～269		甲苯	5～2300
	庚烷	50～500		乙苯	5～380
	辛烷	50～500		正丙基苯	1～6
	壬烷	10～40		1,2,4-三甲基苯	10～400
	癸烷	10～1100		联苯	0.1～5
	十一烷	5～950		间/对二甲苯	25～300
	十二烷	10～220	萜烯	α-蒎烯	1～605
	2-甲基戊烷	10～200	醇	甲醇	1～280
	2-甲基己烷	5～278		乙醇	0～15
卤代烃	三氯氟甲烷	1～230		2-丙醇	0～10
	二氯甲烷	20～5000	醛	甲醛	0.02～1.5
	氯仿（三氯甲烷）	10～50		乙醛	10～500
	四氯化碳	200～1100		己醛	1～10
	1,1,1-三氯乙烷	10～8300	酮	2-丙酮	5～50
	三氯乙烯	1～50		2-丁酮	10～600
	四氯乙烷	1～617			
	氯苯	1～500	酯	乙酸乙酯	1～240
	1,4-二氯苯	1～250		醋酸正丁酯	2～12

室内总挥发性有机物的主要来源有以下几方面：

① 有机溶剂：如油漆、含水涂料、胶黏剂、化妆品、洗涤剂、捻缝胶等。

② 建筑材料：如各种人造板材、泡沫隔热材料和塑料板材等。

③ 室内装饰材料：如各种壁纸、其他装饰品等。

④ 纤维材料：如地毯、挂毯和化纤窗帘。

⑤ 家具、家用电器、清洁剂等各种日常生活用化学品。

⑥ 办公用品：如油墨、复印机、打印机等。

⑦ 自然煤和天然气等燃烧产物，吸烟、采暖和烹调等的烟雾。

⑧ 设计和使用不当的通风系统等。

不同的污染源散发的挥发性有机物（VOCs）的量有很大的差异。挥发性有机物最大的污染源是装修材料，典型家庭用品和材料中 VOCs 的释放量见表 3-16。

表 3-16 典型家庭用品和材料中 VOCs 的释放量（中值） 单位：μg/m³

释放的化学物质	化妆品	除臭剂	胶黏剂	涂料	纤维制品	润滑剂	油漆	胶带
1,2-二氯乙烷	—	—	0.8	—	—	—	—	3.25
苯	—	—	0.90	0.60	—	0.20	0.90	0.69
四氯化碳	—	—	1.00	—	—	—	—	0.75
氯仿	—	—	0.15	—	0.70	0.20	—	0.05
乙基苯	—	—	—	—	—	—	527.80	0.20
1,8-萜二烯	—	0.4	—	—	—	—	—	—
甲基氯仿	0.20	—	0.40	0.20	0.07	0.50	—	0.10
苯乙烯	1.10	0.15	0.17	5.20	—	12.54	33.50	0.10
四氯乙烯	0.70	—	0.60	—	0.30	0.10	—	0.08
三氯乙烯	1.90	—	0.30	0.09	0.03	0.10	—	0.09
样品个数	5	9	98	22	30	23	4	66

市场上出售的装修材料中化学材料所占的比例相当大，如涂料（油漆、乳胶漆）、墙纸、屋顶装饰板、胶合板、塑料地板等，这些都是室内 VOCs 的主要散发源。建筑和装饰材料中所含的有机物在不同室温下可以挥发为气体，对室内空气造成污染。建筑装饰材料中含有的一部分有机物在装饰完工后迅速地挥发出来，使新装修房间内的有害物质浓度急剧升高；另一部分（50%以上）有机物会在装修完后相当长的时间内，逐渐地挥发出来，造成室内长时间的 VOCs 污染。

当室内的挥发性有机物超过一定浓度时，在短时间内人们会感到头痛、恶心、四肢乏力，严重时会出现抽搐、昏迷、记忆力减退。挥发性有机物伤害人的肝脏、肾脏、大脑和神经系统。室内挥发性有机物的污染近年来已引起世界各国的重视，各国都积极采取措施进行防护。

3.4.5.2 室内空气中总挥发性有机物（TVOC）的测定

主要参考《室内空气质量标准》(GB/T 18883—2002) 附录 C 室内空气中总挥发性有机物（TVOC）的检验方法——热解吸/毛细管气相色谱法。

（1）方法原理　选择合适的吸附剂（Tenax GC 或 Tenax TA），用吸附管采集一定体积的空气样品，空气流中的挥发性有机物被保留在吸附管中。采样后，将吸附管加热，解吸挥发性有机物，待测样品随惰性载气进入毛细管气相色谱仪。用保留时间定性，峰高或峰面积定量。

采样前处理和活化采样管和吸附剂，可使干扰减到最小；选择合适的色谱柱和分析条件，能将多种挥发性有机物分离，使共存物干扰问题得以解决。

（2）适用范围　本法适用于浓度范围为 0.5μg/m³～100mg/m³ 之间的空气中 VOCs 的测定。适用于室内、环境和工作场所空气中 VOCs 的测定，也适用于评价小型或大型测试舱室内材料的 VOCs 释放。

（3）试剂和材料　分析过程中使用的试剂应为色谱纯；如果为分析纯，需经纯化处理，以保证色谱分析无杂峰。

① VOCs：为了校正浓度，需用 VOCs 作为基准试剂，配成所需浓度的标准溶液或标准气体，然后采用液体外标法或气体外标法将其定量注入吸附管。

② 稀释溶剂：液体外标法所用的稀释溶剂应为色谱纯，在色谱流出曲线中应与待测化合物分离。

③ 吸附剂：使用的吸附剂粒径为 0.18～0.25mm（60～80 目），吸附剂在装管前应在其最高使用温度下，用惰性气流加热活化处理过夜。为了防止二次污染，吸附剂应在清洁空气中冷却至室温，再进行储存和装管。解吸温度应低于活化温度。由制造商装好的吸附管使用前也需活化处理。

④ 高纯氮：质量分数为 99.999％。

（4）仪器和设备

① 吸附管：外径 6.3mm、内径 5mm、长 90mm 或 180mm 内壁抛光的不锈钢管或玻璃管，吸附管的采样入口一端有标记。吸附管可以装填一种或多种吸附剂，应使吸附层处于解吸仪的加热区。根据吸附剂的密度，吸附管中可装填 200～1000mg 的吸附剂，管的两端用不锈钢网或玻璃纤维堵住。如果在一支吸附管中使用多种吸附剂，吸附剂应按吸附能力增加的顺序排列，并用玻璃纤维毛隔开，吸附能力最弱的装填在吸附管的采样入口端。

② 注射器：可精确读出 0.1μL 的 10μL 液体注射器，可精确读出 0.02mL 的 1mL 气体注射器。

③ 空气采样泵：空气个体采样泵，流量范围 0.02～0.5L/min，流量稳定。使用时用皂膜流量计校准采样系统在采样前和采样后的流量，流量误差应小于 5％。

④ 色谱仪：配备氢火焰离子化检测器、质谱检测器或其他合适的检测器。色谱柱：非极性（极性指数小于 10）石英毛细管柱。

⑤ 热解吸仪：能对吸附管进行二次热解吸，并将解吸气用惰性气体载带进入气相色谱仪。解吸温度、解吸时间和载气流速是可调的。冷阱可将解吸样品进行浓缩。

推荐使用有冷阱的热解吸仪；不带冷阱，但解析效率较高的热解吸仪也允许使用；将吸附管中的样品不直接解吸到色谱进样系统，而是解吸到针筒或气袋中的解吸仪不宜使用。

⑥ 液体外标法制备标准系列的注射装置：常规气相色谱进样口，可以在线使用，也可以独立装配，保留进样口载气连线，进样口下端可与吸附管相连。

（5）采样和样品保存　将吸附管与采样泵用塑料管或硅橡胶管连接。个体采样时，采样管垂直安装在呼吸带；固定位置采样时，选择合适的采样位置。打开采样泵，调节流量，以保证在适当的时间内获得所需的采样体积（1～10L）。如果总样品量超过 1mg，采样体积应相应减少。记录采样开始和结束时的时间、采样流量、温度和大气压力。

采样结束后将管取下，密封管的两端或将其放入可密封的金属或玻璃管中。样品应尽快分析。

（6）分析步骤

① 样品的解吸和浓缩：将吸附管安装在热解吸仪上，加热，使有机蒸气从吸附剂上解吸下来，并被载气流带入冷阱，进行预浓缩，载气流的方向与采样时的方向相反。然后再以低流速快速解吸，经传输线进入毛细管气相色谱仪。传输线的温度应足够高，以防止待测成分凝结。解吸条件见表 3-17。

表 3-17 解吸条件

解吸温度	250～325℃
解吸时间	5～15min
解吸气流量	30～50mL/min
冷阱的制冷温度	－180～＋20℃
冷阱的加热温度	250～350℃
冷阱中的吸附剂	如果使用，一般与吸附管相同，40～100mg
载气	氦气或高纯氮气
分流比	样品管和二级冷阱之间以及二级冷阱和分析柱之间的分流比应根据空气中待测成分的浓度来选择

② 色谱分析条件：可选择膜厚度为1～5μm 50m×0.22mm的石英柱，固定相可以是二甲基硅氧烷或7%的氰基丙烷、7%的苯基、86%的甲基硅氧烷。柱操作条件为程序升温，初始温度50℃保持10min，再以5℃/min的速率升温至250℃。

③ 标准曲线的绘制

a. 气体外标法：用泵准确抽取100μg/m³的标准气体100mL、200mL、400mL、1L、2L、4L、10L通过吸附管，制备成标准系列。

b. 液体外标法：利用进样装置取1～5μL含液体组分100μg/mL和10μg/mL的标准溶液注入吸附管，同时用100mL/min的惰性气体通过吸附管，5min后取下吸附管密封，制备成标准系列。

用热解吸气相色谱法分析吸附管标准系列，以扣除空白后的峰面积为纵坐标，以待测物质量为横坐标，绘制标准曲线。

④ 样品分析：每支样品吸附管按绘制标准曲线的操作步骤（即相同的解吸和浓缩条件及色谱分析条件）进行分析，用保留时间定性，峰面积定量。

（7）结果计算

① 将采样体积按式（3-28）换算成标准状态下的采样体积。

$$V_0 = V_t \frac{T_0}{273 + T} \times \frac{p}{p_0} \tag{3-28}$$

式中 V_0——标准状况下的采样体积，L；

V_t——采样体积，L，为采样流量与采样时间乘积；

T——采样时的空气温度，℃；

T_0——标准状况下的绝对温度，273K；

p——采样时的大气压，kPa；

p_0——标准状况下的大气压，101.3kPa。

② TVOC的计算

a. 应对保留时间在正己烷和正十六烷之间所有化合物进行分析。

b. 计算TVOC，包括色谱图中从正己烷到正十六烷之间的所有化合物。

c. 根据单一的校正曲线，对尽可能多的VOCs定量，至少应对十个最高峰进行定量，最后与TVOC一起列出这些化合物的名称和浓度。

d. 计算已鉴定和定量的挥发性有机化合物的浓度 S_{id}。

e. 用甲苯的响应系数计算未鉴定的挥发性有机化合物的浓度 S_{un}。

f. S_{id} 与 S_{un} 之和为 TVOC 的浓度或 TVOC 的值。

g. 如果检测到的化合物超出了 b. 中 TVOC 定义的范围，那么这些信息也应该添加到 TVOC 值中。

③ 空气样品中待测组分的浓度按式（3-29）计算

$$\rho = \frac{(m - m_0)}{V_0} \times 1000 \tag{3-29}$$

式中　ρ——空气样品中待测组分的浓度，μg/m³；

m——样品管中待测组分的质量，μg；

m_0——空白管中待测组分的质量，μg；

V_0——标准状态下的采样体积，L。

【思考与练习 3.4】

1. 在居室内采样时为了避免室壁的吸附作用或逸出干扰，采样点离墙应不少于________；采样点的高度应与人的呼吸带高度相一致，一般距地面________。

2. 常用的富集浓缩采样法包括液体吸收法（如测定________和________）和固体吸附法（如测定________）。

3. 气泡吸收管在使用时需先检查方可使用：主要是检查进气管口下端有无损坏，其下端距吸收管底部不得超过________。

4. 简述测定室内空气中菌落总数时配制牛肉膏蛋白胨培养基的正确步骤。

5.《室内空气质量标准》（GB/T 18883—2002）对________、________、________、________等四大类的________种参数的标准值进行了规定。标准中确定进行室内空气质量检测的标准状态，指温度为________，压力为________时的干物质状态。在数据处理中要将采样体积换算成标准状况下的体积，是为了________________。

6. 当空气中被测组分浓度较高或所用的检测方法灵敏度很高时，一般选用直接采样法来采集气态样品，常用的采样器有________、________、________和________。

3.5　空气质量指数

3-10 空气质量指数 AQI

3.5.1　空气质量指数的定义与分级

空气质量指数（air quality index，简称 AQI）是定量描述空气质量状况的指数，其数值越大说明空气污染状况越严重，对人体健康的危害也就越大。AQI 将空气质量标准中的六项基本监测项目细颗粒物（$PM_{2.5}$）、可吸入颗粒物（PM_{10}）、二氧化硫（SO_2）、二氧化氮（NO_2）、臭氧（O_3）、一氧化碳（CO）浓度依据适当的分级浓度限值对其进行等标化，计算得到简单的无量纲指数，并通过分级，直观、简明、定量地描述环境污染的程度，向公众提供健康指引。AQI 分级计算参考的标准是《环境空气质量标准》（GB 3095—2012）、《环境空气质量指数（AQI）技术规定（试行）》（HJ 633—2012），AQI 指标从 2012 年开始在我国推行。空气质量指数具体级别划分见表 3-18。

表 3-18　空气质量指数级别划分

空气质量指数	空气质量指数级别	空气质量指数类别及表示颜色		对健康影响情况	建议采取的措施
0～50	一级	优	绿色	空气质量令人满意，基本无空气污染	各类人群可正常活动
51～100	二级	良	黄色	空气质量可接受，但某些污染物可能对极少数异常敏感人群健康有较弱影响	极少数异常敏感人群应减少户外活动
101～150	三级	轻度污染	橙色	易感人群症状有轻度加剧，健康人群出现刺激症状	儿童、老年人及心脏病、呼吸系统疾病患者应减少长时间、高强度的户外锻炼
151～200	四级	中度污染	红色	进一步加剧易感人群症状，可能对健康人群心脏、呼吸系统有影响	儿童、老年人及心脏病、呼吸系统疾病患者避免长时间、高强度的户外锻炼，一般人群适量减少户外运动
201～300	五级	重度污染	紫色	心脏病和肺病患者症状显著加剧，运动耐受力降低，健康人群普遍出现症状	儿童、老年人和心脏病、肺病患者应停留在室内，停止户外运动，一般人群减少户外运动
＞300	六级	严重污染	褐红色	健康人群运动耐受力降低，有明显强烈症状，提前出现某些疾病	儿童、老年人和病人应当留在室内，避免体力消耗，一般人群应避免户外活动

3.5.2　空气质量分指数的分级依据

将单项污染物的空气质量指数称为某污染物的空气质量分指数（IAQI）。根据《环境空气质量标准》（GB 3095—2012）的相关内容，分别规定了 SO_2、NO_2 和 CO 的 24h 平均和 1h 平均浓度限值，PM_{10}、$PM_{2.5}$ 的 24h 平均浓度限值和 O_3 的 1h 平均和 8h 滑动平均浓度限值。空气质量分指数及对应的污染物项目浓度限值见表 3-19。

表 3-19　空气质量分指数及对应的污染物项目浓度限值

空气质量分指数（IAQ I）	污染物项目浓度限值									
	二氧化硫（SO_2）24h 平均/（μg/m³）	二氧化硫（SO_2）1h 平均①/（μg/m³）	二氧化氮（NO_2）24h 平均/（μg/m³）	二氧化氮（NO_2）1h 平均①/（μg/m³）	颗粒物（粒径小于等于 10 μm）24h 平均/（μg/m³）	一氧化碳（CO）24h 平均/（mg/m³）	一氧化碳（CO）1h 平均①/（mg/m³）	臭氧（O_3）1h 平均/（μg/m³）	臭氧（O_3）8h 滑动平均/（μg/m³）	颗粒物（粒径小于等于 2.5 μm）24h 平均/（μg/m³）
0	0	0	0	0	0	0	0	0	0	0
50	50	150	40	100	50	2	5	160	100	35

续表

空气质量分指数（IAQI）	污染物项目浓度限值									
	二氧化硫（SO_2）24h平均/（μg/m³）	二氧化硫（SO_2）1h平均①/（μg/m³）	二氧化氮（NO_2）24h平均/（μg/m³）	二氧化氮（NO_2）1h平均①/（μg/m³）	颗粒物（粒径小于等于10 μm）24h平均/（μg/m³）	一氧化碳（CO）24h平均/（mg/m³）	一氧化碳（CO）1h平均①/（mg/m³）	臭氧（O_3）1h平均/（μg/m³）	臭氧（O_3）8h滑动平均/（μg/m³）	颗粒物（粒径小于等于2.5 μm）24h平均/（μg/m³）
100	150	500	80	200	150	4	10	200	160	75
150	475	650	180	700	250	14	35	300	215	115
200	800	800	280	1200	350	24	60	400	265	150
300	1600	②	565	2340	420	36	90	800	800	250
400	2100	②	750	3090	500	48	120	1000	③	350
500	2620	②	940	3840	600	60	150	1200	③	500

① 二氧化硫（SO_2）、二氧化氮（NO_2）和一氧化碳（CO）的 1h 平均浓度限值仅用于实时报，在日报中需使用相应污染物的 24h 平均浓度限值。

② 二氧化硫（SO_2）1h 平均浓度值高于 800μg/m³ 的，不再进行其空气质量分指数计算，二氧化硫（SO_2）空气质量分指数按 24h 平均浓度计算的分指数报告。

③臭氧（O_3）8h 平均浓度值高于 800μg/m³ 的，不再进行其空气质量分指数计算，臭氧（O_3）空气质量分指数按 1h 平均浓度计算的分指数报告。

3.5.3　空气质量指数的计算方法

首先根据各种污染物的实测浓度及其分指数分级浓度限值（表 3-19）计算各项空气质量分指数。当某种污染物实测质量浓度（C_P）处于两个浓度限值之间时，其空气质量分指数（IAQI）按式（3-30）计算：

$$IAQI_P=\frac{IAQI_{Hi}-IAQI_{Lo}}{BP_{Hi}-BP_{Lo}}(C_P-BP_{Lo})+IAQI_{Lo} \tag{3-30}$$

式中　$IAQI_P$——污染物 P 的空气质量分指数；

C_P——污染物 P 的实测质量浓度值；

BP_{Hi}，BP_{Lo}——分别为表 3-19 中与 C_P 相近的污染物 P 的浓度限值的高位值与低位值；

$IAQI_{Hi}$，$IAQI_{Lo}$——分别为表 3-19 中与 BP_{Hi} 和 BP_{Lo} 对应的空气质量分指数。

计算得到各项污染物的空气质量分指数后，AQI 为各项空气质量分指数中的最大值，即：

$$AQI=\max\{IAQI_1, IAQI_2, IAQI_3, \cdots, IAQI_n\} \tag{3-31}$$

AQI 大于 50 时，IAQI 最大的污染物为首要污染物；若 IAQI 最大的污染物为两项或两项以上时，并列为首要污染物。IAQI 大于 100 的污染物为超标污染物。

【思考与练习 3.5】

1. 参与空气质量评价的主要污染物为________、________、________、________、

________、________、________等六项。

2. 空气质量指数的数值越大说明__________、__________。

3. AQI 指标从__________年开始在我国推行。

3.6 环境空气质量自动监测

3.6.1 环境空气质量自动监测系统的组成

环境空气质量自动监测系统是一套区域性空气质量实时监测体系，在严格的质量保证程序控制下连续运行，无人值守。它由一个中心站、若干个子站（包括移动子站）、质量保证实验室和系统支持实验室及信息传输系统组成。

中心站配备有功能齐全、储存容量大的计算机，应用软件，收发传输信息的有线或无线通信设备和打印、绘图、显示仪器等输出设备，以及数据存储设备。其主要功能是：向各子站发送各种工作指令，管理子站的工作；定时收集各子站的监测数据，并对所收集的监测数据进行判别、检查和存储，建立数据库，以便随时检索或调用；对采集的监测数据进行统计处理、分析，打印各种报表，绘制污染物分布图；当发现污染指数超标时，向污染源行政管理部门发出警报，以便采取相应的对策；对监测子站的监测仪器进行远程诊断和校准。监测子站除为监测环境空气质量而设置的固定站外，还包括突发污染事故或者特殊环境应急监测用的流动站，即将监测仪器安装在汽车、轮船上，可随时开到需要监测场所开展监测工作。子站的主要功能是：在计算机的控制下，连续自动监测预定污染物和气象状况；按一定时间间隔采集、处理和存储监测数据；通过信息传输系统接收中心站的工作指令，并按中心站的要求向其传输监测数据和设备工作状态信息。

为保证系统的正常运转，获得准确、可靠的监测数据，还设有质量保证和系统支持实验室，负责对系统所用监测设备进行标定、校准和审核，监控、监督、改进整个系统的运行质量，及时检修出现故障的仪器设备，保管仪器设备、备件和有关器材。

3.6.2 环境空气质量自动监测项目

环境空气质量自动监测系统的子站监测项目分为两类：一类是温度、湿度、大气压、风速、风向及日照量等气象参数，另一类是二氧化硫、二氧化氮、一氧化碳、臭氧、可吸入颗粒物（PM_{10}）和细颗粒物（$PM_{2.5}$）、总悬浮颗粒物（TSP）、氮氧化物等污染参数。依据《环境空气质量监测点位布设技术规范（试行）》（HJ 664—2013）的规定，子站（监测点）代表的功能区和所在位置不同，选择的监测参数也有差异。城市环境空气质量监测点监测温度、湿度、大气压、风速、风向五项气象参数和《环境空气质量标准》（GB 3095—2012）确定的污染参数，详见表 3-20。

表 3-20　城市环境空气质量监测点监测项目

必测项目	二氧化硫、二氧化氮、一氧化碳、臭氧、可吸入颗粒物（PM_{10}）和细颗粒物（$PM_{2.5}$）
选测项目	总悬浮颗粒物（TSP）、氮氧化物、铅、苯并［*a*］芘（BaP）

3.6.3　环境空气质量自动监测仪器

环境空气质量自动监测仪器是获取准确污染信息的关键设备，必须具备连续运行能力强、灵敏、准确、可靠等性能。表 3-21 列出环境空气质量自动监测系统中广泛应用的监测方法自动监测仪器，它们都属于技术比较成熟的干法自动监测仪器。

表 3-21　广泛应用的环境空气质量监测方法和自动监测仪器

监测项目	监测方法	自动监测仪器
SO_2	紫外荧光光谱法	紫外荧光 SO_2 自动监测仪或脉冲紫外荧光 SO_2 自动监测仪
NO_x	化学发光分析法	化学发光 NO_x 自动监测仪
CO	非色散红外吸收法	相关红外吸收 CO 自动监测仪或非色散红外吸收 CO 自动监测仪
O_3	紫外吸收法	紫外吸收 O_3 自动监测仪
PM_{10}、$PM_{2.5}$	β射线吸收法	β射线吸收 PM_{10}、$PM_{2.5}$ 自动监测仪

【思考与练习 3.6】

1. 环境空气质量自动监测系统的由________、________、________、________、________等部分组成。
2. 简述环境空气质量自动监测系统中心站和子站的主要功能。
3. 哪些环境空气质量项目可以进行自动监测？

【阅读材料】

国家空气质量监测网

国家空气质量监测网由空气质量监测中心站和从城市、农村筛选出的若干个空气质量监测站组成。空气质量监测站分为空气质量背景监测站、城市空气污染趋势监测站和农村居住环境空气质量监测站三类，见图 3-10。

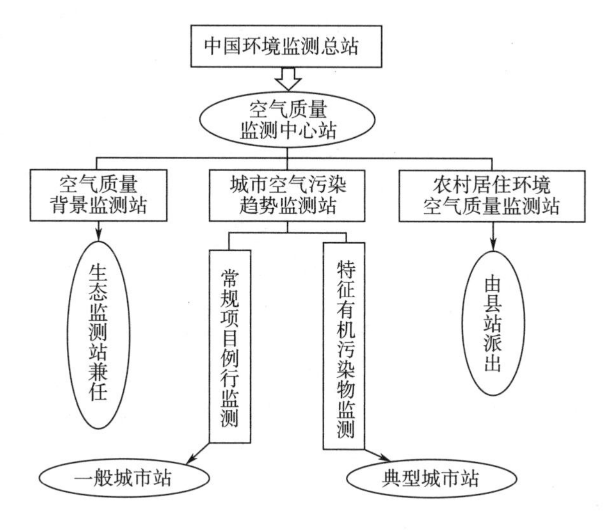

图 3-10　国家空气质量监测网的组成

空气质量背景监测站设在无工业区、远离污染源的地方，其监测结果用于评价所在区域空气质量，与城市空气质量相比较。城市空气污染趋势监测站分为一般趋势（监测）站和特殊趋势（监测）站两类。前者进行常规项目（SO_2、NO_2、CO、O_3、$PM_{2.5}$、PM_{10}及气象参数）例行监测，发布空气达标情况；后者选择国家确定的空气污染重点城市开展特征有机污染物（如 VOCs、多环芳烃等）监测。农村居住环境空气质量监测站建在无工业生产活动的村庄，开展空气污染常规项目的定期监测，用来评价空气质量状况。

科技助力执法监管遥感监测保卫蓝天

2021 年 8 月，攀枝花市的第一套机动车固定式遥感监测系统在花城新区启用，该系统在无人值守、不影响车辆正常行驶的情况下，对机动车尾气中的污染物各类组分（主要包括一氧化碳、一氧化氮、碳氢化合物和烟度）进行实时测量，0.7s 内即可监测一台车，有着检测效率高、能反映车辆的实际排放状况、实时监控、对道路交通影响小、可实现精准监控超标车辆五大优势。

攀枝花市已建成 1 套机动车道路固定尾气遥感监测设备、1 套机动车黑烟抓拍设备，以及 1 套尾气遥感监测车辆和 2 套便携式设备，逐步形成了“天、地、人”三方位全过程机动车道路尾气排污监管体系，为打赢蓝天保卫战奠定了良好基础。

第4章

固体废物监测

【重点内容】

① 固体废物采样点的布设；

② 固体废物样品的采集方法；

③ 固体废物样品制备的方法；

④ 固体废物 pH、水分的测定方法。

【知识目标】

① 掌握固体废物和危险废物的相关概念；

② 掌握固体废物采样点的布设原则；

③ 掌握固体废物水分的测定原理；

④ 掌握固体废物 pH 的测定原理；

⑤ 掌握固体废物污染的来源、分类及危害。

【能力目标】

① 能正确采集固体废物的样品；

② 能正确填写固体废物样品标签；

③ 能够正确进行生活垃圾样品预处理；

④ 能正确运用国家标准中的方法测定固体废物 pH、水分。

【素质目标】

① 通过学习固体废物、危险废物以及生活垃圾等内容，明白可持续发展的重要性；

② 通过学习固体废物采集和与预处理过程，培养精益求精的职业态度；

③ 通过学习固体废物指标的测定原理和练习测定过程，培养勤于思考、理论联系实际的良好习惯；

④ 通过学习城市生活垃圾分类管理，结合专业知识向大众积极宣传推广垃圾分类。

固体废物伴随人类社会生产过程与消费过程产生，同时也是环境工程处理过程的最终污染物，它具有固态或半固态的物理特征，有的具有毒性或污染特性，与大气污染和水体污染相比，固体废物污染是难处理的一类污染，固体废物的监测对于固体废物污染的鉴别与治理具有重要的现实意义。

与大气环境与水体环境的监测分析相比，固体废物的监测分析存在着前期采样与样品制备周期长、过程复杂、对监测结果影响大的特点。采样与预处理是解决样品的代表性与均匀性的关键步骤。由于目前分析技术水平有限，大多数情况下，固体废物样品在进行精密定量分析时均需要将待测物转化成液态形式进行测定。

4.1 固体废物及危险废物

4.1.1 固体废物

固体废物是指在生产、建设、日常生活和其他活动中产生的污染环境的固态、半固态废弃物质。它主要来源于人类的生产和消费活动。按化学性质可分为有机废物和无机废物，按危害状况可分为危险废物（亦称有害废物）和一般废物，按来源可分为工业固体废物、矿业固体废物、生活垃圾（包括下水道污泥）、电子固体废物、农业固体废物和放射性固体废物等。

工业固体废物是指在工业生产活动中产生的固体废物。生活垃圾是指城镇居民在日常生活中抛弃的固体垃圾，主要包括：日常生活垃圾、医院垃圾、市场垃圾、建筑垃圾和街道扫集物等，其中医院垃圾（特别是带有病原体的垃圾）和建筑垃圾应予单独处理，其他的垃圾通常由环卫部门集中处理，一般统称为生活垃圾。

在固体废物中，对环境影响最大的是工业固体废物和生活垃圾。

4.1.2 危险废物

危险废物是指在《国家危险废物名录》中，或根据国务院生态环境主管部门规定的危险废物鉴别标准认定的具有危险性的废物。工业固体废物中危险废物量占总量的5%～10%，并以3%的年增长率发展。因此，对危险废物的管理已经成为重要的环境管理问题之一。

我国于2020年公布了《国家危险废物名录（2021年版）》，其中包括46个类别和467种危险废物。凡《国家危险废物名录（2021年版）》中规定的废物直接属于危险废物，其他废物可按下列鉴别标准予以鉴别。

一种废物是否会对人类和环境造成危害可用下列四点来鉴别：①是否引起或严重导致人类和动、植物死亡率增加；②是否引起各种疾病的增加；③是否降低对疾病的抵抗力；④在储存、运输、处理、处置或其他管理不当时，是否会对人体健康或环境造成现实或潜在的危害。

由于上述定义没有量值规定，因此在实际使用时往往根据废物具有潜在危害的各种特性及其物理、化学和生物的标准试验方法对其进行定义和分类。危险特性包括易燃性、腐蚀性、反应性、放射性、浸出毒性、急性毒性（包括口服毒性、吸入毒性和皮肤吸收毒性），以及其他毒性（包括生物积累性、刺激性或过敏性、遗传变异性、水生生物毒性和传染性等）。

【思考与练习4.1】

1. 固体废物是指在＿＿＿＿＿＿＿＿＿产生的污染环境的＿＿＿＿＿废弃物质。

2. 固体废物按化学性质可分＿＿＿＿和＿＿＿＿，按形状可分为＿＿＿＿和＿＿＿＿，按危害状况可分为＿＿＿＿＿和＿＿＿＿＿。

3. 生活垃圾是指______________________________。
4. 在固体废物中，对环境影响最大的是____________和____________。
5. 如何鉴别一种废物是否会对人类和环境造成危害？

4.2 固体废物样品的采集、制备和保存

4.2.1 固体废物样品的采集

4.2.1.1 采样工具

固体废物的采样工具包括：尖头钢锹、钢尖镐（腰斧）、采样铲（采样器）、采样桶（具盖）或内衬塑料的采样袋。

4.2.1.2 采样方案

采样方案的内容包括：采样目的、背景调查和现场踏勘、采样程序、安全措施、质量控制、采样记录和报告等。

（1）采样目的　采样的具体目的根据固体废物监测的目的来确定，固体废物的监测目的主要有：鉴别固体废物的特性并对其进行分类，进行固体废物环境污染监测，为综合利用或处置固体废物提供依据；进行污染环境事故调查分析和应急监测；科学研究环境影响评价等。

（2）背景调查和现场踏勘　进行现场踏勘时，应着重了解工业固体废物的以下几个方面：

① 生产单位或处置单位。

② 种类、形态、数量和特性（物理特性和化学特性）。

③ 实验及分析的误差和要求。

④ 环境污染、监测分析的历史资料。

⑤ 产生、堆存、综合利用及现场和周围情况，了解现场和周围环境。

（3）采样程序

① 根据批量确定份样数。批量是构成一批固体废物的质量。份样是指用采样器一次操作从一批固体废物中的一个点或部位按规定质量取出的样品。应根据固体废物批量确定应采的份样数，批量与最少份样数的关系如表 4-1 所列。

表 4-1　批量与最少份样数的关系

批量大小	最少份样数/个	批量大小	最少份样数/个
＜1	5	≥100	30
≥1	10	≥500	40
≥5	15	≥1000	50
≥30	20	≥5000	60
≥50	25	≥10000	80

注：批量大小固体单位为 t，液体单位为 m^3。

② 根据固体废物的最大粒度（95%以上能通过的最小筛孔尺寸）确定份样量。

③ 根据采样方法，随机采集份样，组成总样，并认真填写采样记录表。采样程序如图 4-1 所示。

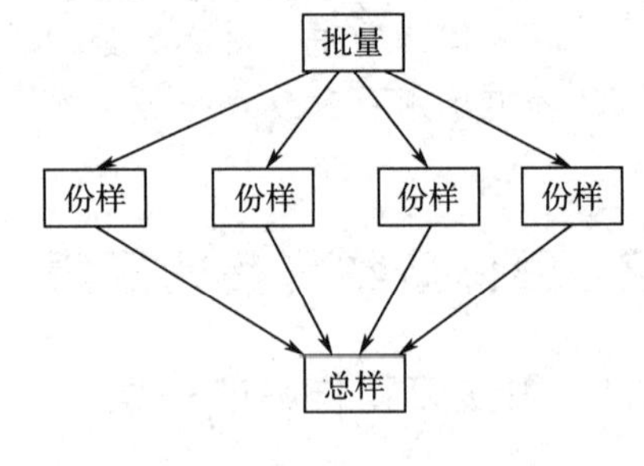

图 4-1　采样程序示意图

4.2.1.3　份样数

当已知份样间的标准偏差和采样允许误差时，可按式（4-1）计算份样数：

$$n \geqslant \left(\frac{ts}{\delta}\right)^2 \tag{4-1}$$

式中　n——份样数；

s——份样间的标准偏差；

δ——采样允许误差；

t——选定置信度下的 t 值。

由于公式中的 n 和 t 是相关的，计算时，先取 n 为$+\infty$，在指定的置信度下从 t 值表中查出相应的 t 值，代入公式计算出 n 的初值。再用 n 的初值在指定置信度下查出相应的 t 值，将 t 值再代入公式计算下一个 n 值，如此不断迭代，直至算得的 n 值不变为止，此 n 值即为必要的份样数。

4.2.1.4　份样量

份样量是指构成一个份样的固体废物的质量。一般情况下，样品多一些才有代表性，因此，份样量不能少于某一限度。份样量达到一定限度之后，再增加质量也不能显著提高采样的准确度。份样量取决于固体废物的粒度，固体废物的粒度越大，均匀性就越差，份样量就应越多。最小份样量大致与固体废物最大粒径的 α 次方成正比，与固体废物的不均匀程度成正比。可按切乔特公式（4-2）计算最小份样量：

$$m \geqslant K d_{max}^{\alpha} \tag{4-2}$$

式中　m——最小份样量，kg；

d_{max}——固体废物的最大粒径，mm；

K——缩分系数；

α——经验常数。

K 和 α 根据固体废物的均匀程度和易碎程度而定，固体废物越不均匀，K 值越大，一般情况下，推荐 $K=0.06$，$\alpha=1$。

液态固体废物的份样量以不小于 100mL 的采样瓶（或采样器）容量为准。也可以按表 4-2确定最小份样量，每个份样量应大致相等，其相对误差不大于 20%。表中要求的采样铲容量为保证一次在一个地点或部位能取到足够的份样量。

表 4-2　最小份样量和采样铲容量

最大粒度/mm	最小份样量/kg	采样铲容量/mL
＞150	30	—
100～150	15	16000

续表

最大粒度/mm	最小份样量/kg	采样铲容量/mL
50～100	5	7000
40～50	3	1700
20～40	2	800
10～20	1	300
<10	0.5	125

4.2.1.5　采样点

应按以下原则确定采样点：

① 对于堆存、运输中的固态工业固体废物和大池（坑、塘）中的液态工业固体废物，可按对角线、梅花形、棋盘式、蛇形等布点法确定采样点。

② 对于粉末状、小颗粒状的工业固体废物，可按垂直方向、一定深度的部位等布点法确定采样点。

③ 对于运输车及容器内的固体废物，按表 4-3 选取所需最少采样车数（容器数），可按上部（表面下相当于总体积的 1/6 深处）、中部（表面下相当于总体积的 1/2 深处）、下部（表面下相当于总体积的 5/6 深处）确定采样点。

表 4-3　所需最少采样车数（容器数）的确定

运输车数（容器数）	所需最少采样车数（容器数）	运输车数（容器数）	所需最少采样车数（容器数）
<10	5	50～100	30
10～25	10	>100	50
25～50	20		

④ 在运输一批固体废物时，当运输车数不多于该批废物的规定份样数时，每车应采份样数按式（4-3）计算：

$$每车应采份样数=\frac{规定份样数}{运输车数}（小数应进为整数） \tag{4-3}$$

当运输车数多于规定份样数时，按表 4-3 确定所需最少采样车数，从所选车中随机采集一个份样。

在运输车厢中布设采样点时，采样点应均匀分布在车厢的对角线上，如图 4-2 所示，端点距车厢角应大于 0.5m，表层去掉 30cm。

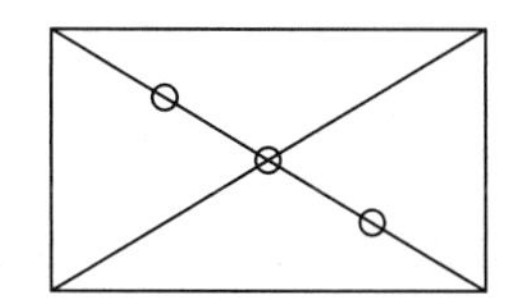
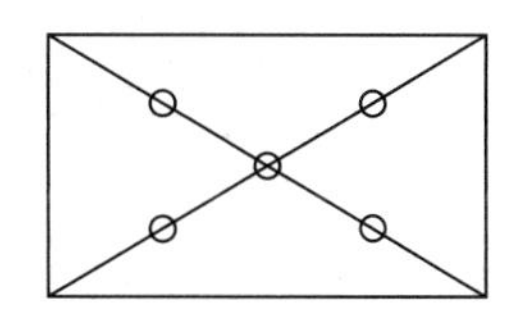
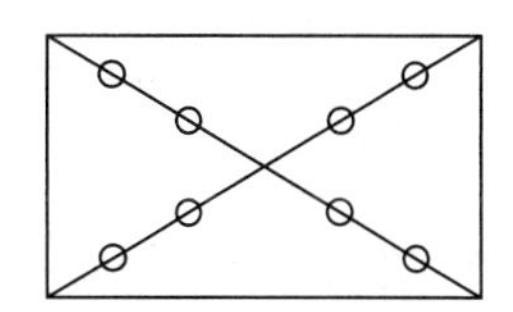

图 4-2　运输车厢中的采样点布设

⑤ 在废物堆布设采样点时，首先在废物堆两侧距堆底边缘 0.5m 处画第一条横线，然后每隔 0.5m 画一条横线，每隔 2m 画一条横线的垂线，其交点作为采样点，如图 4-3 所示。按表 4-1 确定的份样数确定采样点数，在每点上 0.5～1.0m 深度处各随机采样一份。

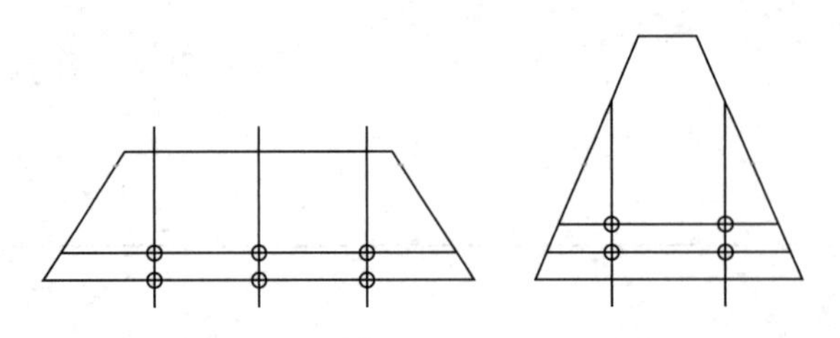

图 4-3 废物堆中采样点的布设

4.2.1.6 采样方法

（1）简单随机采样法 对一批固体废物了解很少，且采集的份样较分散也不影响分析结果时，可对其不作任何处理，也不进行分类和排队，而是按照其原来的状况从中随机采集份样。

① 抽签法：先对所有采集份样的部位进行编号，同时将代表采集份样部位的号码写在纸片上，掺和均匀后，从中随机抽取纸片，抽中号码代表的部位就是采集份样的部位。此法只适宜在采样点不多时使用。

② 随机数字表示法：先对所采份样的部位进行编号，有多少部位就编多少号，最大编号是几位数字就使用随机数表的几栏（或几行），并把这几栏（或行）合在一起使用，从随机数表的任意一栏或任意一行数字开始数，碰到小于或等于最大编号的数字就记下来，碰到已抽过的数字就舍弃，直至抽够份样数为止，抽到的号码就是采集份样的部位。

（2）系统采样法 在生产现场按一定顺序排列或以运送带、管道等形式连续排出的固体废物，应先确定废物的批量，然后按一定的质量或时间间隔采集一个份样，份样间的间隔可根据表 4-1 规定的份样数或按式（4-1）计算出的份样数及实际批量按式（4-4）计算：

$$T \leqslant \frac{Q}{n} \text{ 或 } T' \leqslant \frac{60Q}{Gn} \tag{4-4}$$

式中 T——采样质量间隔，t；

Q——批量，t；

n——份样数，按式（4-1）计算或根据表 4-1 确定；

T'——采样时间间隔，min；

G——废物排出量，t/h。

采集第一个份样时，不可在第一个间隔的起点开始，而是在第一个间隔内随机确定。在生产现场采样，可按式（4-5）计算采样间隔：

$$\text{采样间隔} \leqslant \frac{\text{批量(t)}}{\text{规定份样数}} \tag{4-5}$$

在运送带上或落口处采样，需截取废物流的全截面，所采份样的粒度比例应符合采样间隔或采样部位的粒度比例，所得大样的粒度比例应与整批废物流的粒度分布大致相符。

（3）分层采样法 根据对一批废物已有的认识，将其按照有关的标志分为若干层，然后在每层中随机采集份样。一批废物分次排出或某生产工艺过程的废物间歇排出时，可分 n 层采样，根据每层的质量，按比例采集份样。同时应注意粒度比例，使每层所采份样的粒度比例与该层废物粒度分布大致相符。第 i 层所采份样数 n_i，按式（4-6）计算：

$$n_i = \frac{nm_i}{Q} \tag{4-6}$$

式中　n_i——第 i 层所采份样数；

n——按式（4-1）计算出的份样数或表 4-1 中规定的份样数；

m_i——第 i 层废物的质量，t；

Q——批量，t。

（4）两阶段采样法　简单随机采样、系统采样、分层采样都是一次就直接从一批废物中采集份样，称为单阶段采样。当一批废物由许多桶、箱、袋等盛装时，由于各容器所处位置比较分散，所以要分阶段采样。首先从一批废物总容器件数 N_0 中随机抽取 N_1 件容器，然后再从此 N_1 件的每件容器中采 n 个份样。

推荐当 $N_0 \leqslant 6$ 时，取 $N_1 = N_0$；当 $N_0 > 6$ 时，N_1 按式（4-7）计算（小数进为整数）：

$$N_1 \geqslant 3 \times \sqrt[3]{N_0} \tag{4-7}$$

推荐第二阶段的份样数 $n \geqslant 3$，即 N_1 件容器中的每件容器均随机采上、中、下最少 3 个份样。

4.2.2　固体废物样品的制备

制样工具包括粉碎机（破碎机）、药碾、钢锤、标准套筛、十字分样板、机械缩分器。在制样全过程中，应防止样品产生任何化学变化和污染。若制样过程可能对样品的性质产生显著影响，则应尽量保持样品原来的状态进行分析。湿样品应在室温下自然干燥，使其达到适于破碎、筛分、缩分的程度。制备的样品应过筛后（筛孔为 5mm），装瓶备用。

制样程序包括粉碎和缩分。

（1）粉碎　用机械或人工方法把全部样品逐级破碎，再通过 5mm 孔径筛。粉碎过程中，不可随意丢弃难以破碎的粗粒。

（2）缩分　将样品于清洁、平整、不吸水的板面上用小铲堆成圆锥形，每铲物料自圆锥顶端落下，使其均匀地沿锥尖散落，不可使圆锥中心错位。反复转堆，至少三周，使其充分混合。然后将圆锥顶端轻轻压平，摊开物料后，用十字分样板自上压下，分成四等份，取两个对角的等份，重复操作数次，直至取到约 1kg 样品为止。在进行各项危险特性鉴别试验前，可根据要求的样品量再进一步进行缩分。

4.2.3　固体废物样品的保存

制备好的样品密封于容器中保存（容器应对样品不产生吸附、不使样品变质），贴上标签备用。标签上应注明：编号、废物名称、采样地点、批量、采样人、制样人、时间。对于特殊样品，可采取冷冻或充入惰性气体等方法保存。制备好的样品，一般有效保存期为一个月，易变质的样品应该酌情及时测定。最后，填好采样记录表，见表 4-4，一式三份，分别存于有关部门。

表 4-4 采样记录表

样品登记号		样品名称	
采样地点		采样数量	
采样时间		废物所属单位	
采样现场简述			
废物产生过程简述			
样品可能含有的有害成分			
样品保存方式及注意事项			
样品采集人			
备注负责人			

【思考与练习 4.2】

1. 对于堆存、运输中的固态工业固体废物和大池（坑、塘）中的液态工业固体废物，可按__________布点法确定采样点。

2. 对于运输车及容器内的固体废物，按要求选取所需最少采样车数（容器数），可按__________、__________、__________确定采样点。

3. 固体废物样品制备的制样工具包括____________________。

4. 固体废物标签上应注明____________________。

4.3 生活垃圾样品的采集、制备和保存

4.3.1 生活垃圾样品采集

4.3.1.1 采样点选择原则

所选采样点的生活垃圾应具有代表性和稳定性，同时应收集采样点背景资料，具体包括：区域类型、服务范围、产生量、处理量、收运处理方式等。采样点背景资料应建档并及时更新。生活垃圾采样点应按垃圾流节点和产生源的功能区进行分类，见表 4-5。

表 4-5 生活垃圾采样点分类

分类依据	分　类	
产生源及其功能区（混合垃圾、分类垃圾）	居住区	燃煤、半燃煤、无燃煤
	事业区	机关团体、教育科研
	商业区	商场超市、餐饮、文体设施、集贸市场、交通场（站）
	清扫区	园林、道路、广场
	特殊区	医疗生活区、涉外生活区

续表

分类依据	分　　类	
生活垃圾流节点	收集站	地面收集站、垃圾桶收集站、垃圾房收集站、分类垃圾收集站等
	收运车	集装箱式、压缩式、分类垃圾收集车、餐厨垃圾收集车等
	转运站	压缩式、筛分、分选等
	处理场（厂）	填埋场、堆肥场、焚烧厂、餐厨垃圾处理厂、特种垃圾处理厂等

注：1. 产生源节点是按生活垃圾成分的区域功能特性进行分类。其他节点是按设施的用途进行分类。

2. 产生源功能区分类适用于原始生活垃圾成分和性状，区域分布的采样分析。

3. 生活垃圾流节点分类适于生活垃圾动态过程中成分和性状变化的采样分析（包括生活垃圾填埋、堆肥发酵产物和焚烧灰渣的采样分析）。

生活垃圾产生源采样点数的设置，应根据所调查区域的人口数量确定，见表 4-6。并根据该区域内功能区的分布、生活垃圾特性等因素确定采样点分布。

表 4-6　人口数量与最少采样点数

人口数量/万人	<50	50～100	100～200	≥200
最少采样点数/个	8	16	20	30

生活垃圾产生源以外的生活垃圾流节点采样点数的设置，应由该类生活垃圾流节点容器或设施的数量确定，见表 4-7。

表 4-7　生活垃圾流节点容器或设施数量与最少采样点数

生活垃圾流节点容器或设施的数量/个	最少采样点数/个
1～3	所有
4～64	4～5
65～125	5～6
125～343	6～7
>344	每增加 300 个容器或设施，增加 1 个采样点

4.3.1.2　采样周期和频率

在调查周期内，垃圾流节点的位置、数量以及采样点数量变化不宜大于 30%。产生源生活垃圾采样与分析宜以年为周期，采样频率宜每月 1 次，同一采样点的采样间隔时间应大于 10 天。因环境引起生活垃圾变化时，可调整部分月份的采样频率。调查周期小于一年时，可增加采样频率，同一采样点的采样间隔时间不宜小于 7 天。垃圾流节点生活垃圾采样与分析应根据该类节点特性、设施的工艺要求、测定项目的类别确定采样周期和频率。

4.3.1.3　最小采样量

根据生活垃圾最大粒径及分类情况选取最小采样量，见表 4-8。

表 4-8 生活垃圾最小采样量及主要适用范围

生活垃圾最大粒径[①] /mm	最小采样量/kg		主要适用范围
	分类生活垃圾	混合生活垃圾	
120	50	200	产生源生活垃圾
30	10	30	生活垃圾筛下物、餐厨垃圾等
10	1	1.5	堆肥产品、焚烧灰渣、特种垃圾等
3	0.15	0.15	

①最大粒径指筛余量为10%时的筛孔尺寸。

采样应结合现场环境条件选择适当的采样方法，同时应避免在大风、雨、雪等异常天气条件下进行；在同一区域有多个采样点时，应尽可能同时进行并且对采样的过程详细记录；在机械设备作业现场采样时应注意安全与人员防护。

4.3.1.4 采样设备和工具

主要采样的设备和工具，见表 4-9。

表 4-9 主要采样设备和工具及说明

主要采样设备和工具	说　明
采样车	人与生活垃圾样品隔离
机械搅拌及取样设备	推土机、挖掘机、抓斗或其他能够搅拌生活垃圾的设备
人工搅拌及取样工具	尖头铁锹、耙子等工具
密闭容器	带盖采样桶或内衬塑料的采样袋
其他工具	锯、锤子、剪刀、夹子等
辅助设备	照明设备、供电设备；标杆、警戒绳、标签、胶带、计算器、皮尺等

对以堆体形式放置的生活垃圾应根据其体积选择四分法、剖面法、周边法或网格法采样；对非堆体的生活垃圾（桶、箱或车内生活垃圾），应先将生活垃圾转化成堆体后再选择上述方法采样；对坑（槽）内生活垃圾（焚烧厂贮料坑和堆肥厂发酵槽等）可参照网格采样。

(1) 四分法　将生活垃圾堆搅拌均匀后堆成圆形或方形，如图 4-4 所示，将其十字四等分，然后，随机舍弃其中对角的两份，余下部分重复进行前述铺平并分为四等份，舍弃一半，直至达到表 4-8 所规定的采样量。

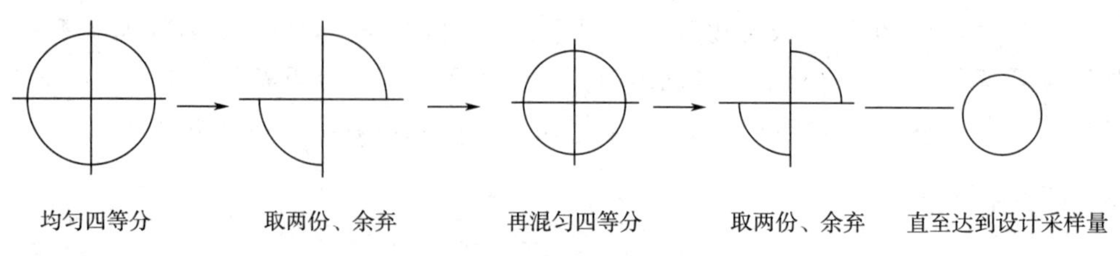

图 4-4 四分法采样示意图

(2) 剖面法 沿生活垃圾堆对角线做一采样立剖面，按图4-5所示确定点位，水平点距不大于2m，垂直点距不大于1m。各点位等量采样，直至达到表4-8所规定的采样量。

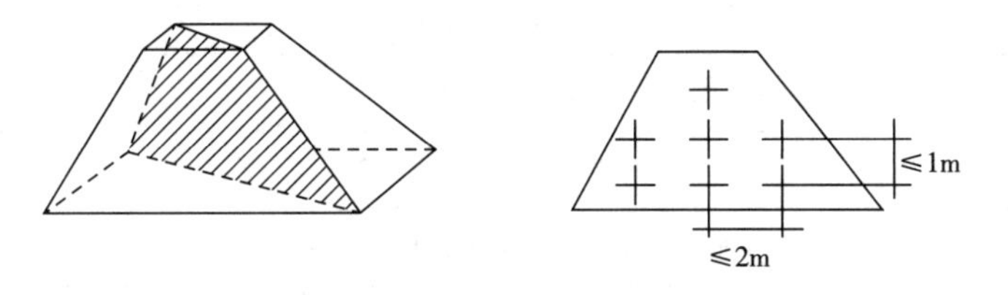

图4-5 剖面法采样位置示意图

(3) 周边法 在生活垃圾堆四周各边的上、中、下三个位置采集样品，按图4-6所示方式确定点位（总点位数不少于12个），各点位等量采样，直至达到表4-8所规定的采样量。

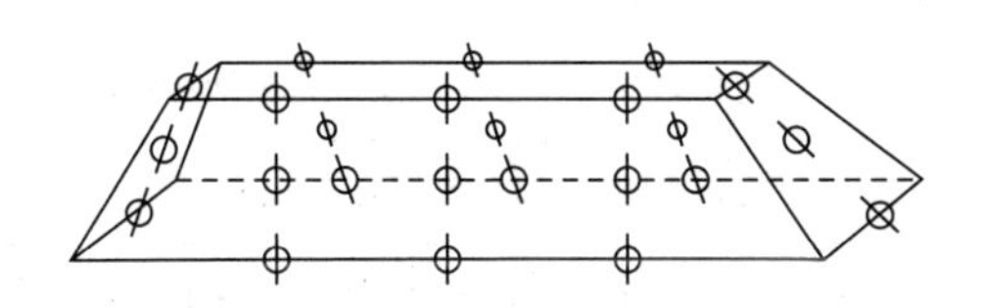

图4-6 周边法采样位置示意图

(4) 网格法 将生活垃圾堆成一厚度为40～60cm的正方形，把每边三等分，将生活垃圾平均分成九个子区域，将每个子区域中心点前后左右周边50cm内，以及从表面算起垂直向下40～60cm深度的所有生活垃圾取出，把从九个子区域内取得的生活垃圾倒在一清洁的地面上，搅拌均匀后，用四分法缩分至表4-8所规定的采样量。

4.3.2 生活垃圾样品制备和保存

4.3.2.1 制样设备与存放容器

样品制备设备包括：可将生活垃圾中各种成分的粒径粉碎至100mm以下的粗粉碎机；可将生活垃圾中各种成分的粒径粉碎至5mm以下细粉碎机；可将生活垃圾中各种成分的粒径粉碎至0.5mm以下研磨仪；感量为0.0001g的分析天平。另外还需要药碾、小铲、锤、十字分样板、强力剪刀和250～500mL带磨口的广口玻璃瓶。

采样后应立即进行物理组成分析，否则必须将样品摊铺在室内避风阴凉干净的铺有防渗塑胶的水泥地面，厚度不超过50mm，并防止样品损失和其他物质的混入，保存期不超过24h。

4.3.2.2 物理组成测定

使用设备为：孔径10mm的分样筛、最大称重100kg（精度0.1kg）磅秤、最大称重20kg（精度0.01kg）台秤。

首先称量生活垃圾样品总重，然后按照表4-10的生活垃圾物理组成分类分拣生活垃圾样品中各成分。将粗分拣后剩余的样品充分过筛（孔径10mm），筛上物细分拣各成分，筛下物按其主要成分分类，确实分类困难的归为混合类。

表 4-10 生活垃圾物理组成分类一览表

序号	类 别	说 明
1	厨余类	各种动、植物类食品（包括各种水果）的残余物
2	纸类	各种废弃的纸张及纸制品
3	橡塑类	各种废弃的塑料、橡胶、皮革制品
4	纺织类	各种废弃的布类（包括化纤布）、棉花等纺织品
5	木竹类	各种废弃的木竹制品及花木
6	灰土类	炉灰、灰砂、尘土等
7	砖瓦陶瓷类	各种废弃的砖、瓦、瓷、石块、水泥块等块状制品
8	玻璃类	各种废弃的玻璃、玻璃制品
9	金属类	各种废弃的金属、金属制品（不包括各种纽扣电池）
10	有毒有害类	各种废弃的电池、灯管、药品等
11	混合类	粒径小于 10mm 的、按上述类别分类比较困难的混合物

对于生活垃圾中由多种材料制成的物品，易判定成分种类且可拆解者，应将其分割拆解后，依其材质归入表 4-10 中相应类别；对于不易判定成分种类及分割拆解困难的复合物品可直接将其归入与其主要材质相符的类别中。或按照表 4-10 的分类认定，根据物品质量，并目测其各类组成比例，分别计入各自的类别中。也可根据测定目的决定是否将上述组分进行细分并分别称量各成分质量。

生活垃圾物理组成应按式（4-8）计算：

$$w_i=\frac{m_i}{m}\times 100\% \tag{4-8}$$

$$w'_i=C_i\times\frac{100-w_{i(水)}}{100-w_{(水)}} \tag{4-9}$$

式中 w_i——某成分湿基含量，%；

m_i——某成分湿基质量，kg；

m——样品总质量，kg；

w'_i——某成分干基含量，%；

$w_{i(水)}$——某成分含水率，%；

$w_{(水)}$——样品含水率，%。

计算结果保留两位小数。

4.3.2.3 一次样品制备

将已测定生活垃圾容重后的样品中大粒径物品破碎至 100～200mm，摊铺在水泥地面上充分混合搅拌，再用四分法缩分 2（或 3）次，直至得到 25～50kg 样品，置于密闭容器运到分析场地。确实难以全部破碎的可预先剔除，在其余部分破碎缩分后，按缩分比例将剔除的生活垃圾部分破碎加入样品中。

4.3.2.4　二次样品制备

在生活垃圾含水率测定完毕后，应进行二次样品制备。根据测定项目对样品的要求，将烘干后的生活垃圾样品中各种成分的粒径分级破碎至 5mm 以下，选择下面混合样或合成样形式制备二次样品。

（1）混合样　严格按照生活垃圾样品物理组成的干基比例，将粒径为 5mm 以下的各种成分混合均匀，放在清洁、平整、不吸水的板面上，堆成圆锥体，用小铲自样品圆锥顶端落下，使其均匀地沿锥尖散落，不可使圆锥中心错位。反复转堆，至少转三周，使其充分混匀，用十字分样板自上压下，将锥体分成四等份，弃去对角物料，反复操作，直至样品量缩分至 500g。使用研磨仪将其粒径研磨至 0.5mm 以下，即成为混合样。

（2）合成样　用研磨仪将烘干后粒径为 5mm 以下的各种成分的粒径分别研磨至 0.5mm 以下，然后按照制备混合样时同样的四分法将各成分各自单独缩分至 100g 后装瓶备用。

按照生活垃圾样品物理组成的干基比例，配制测定用合成样，合成样的质量（$m_{样}$）可根据测定项目所用仪器要求确定，各种成分的质量（m_i）按式（4-10）计算，称量结果精确至 0.0005g。

$$m_{i(干)}=\frac{m_{样}\ w_{i(干)}}{100} \tag{4-10}$$

式中　$m_{i(干)}$——某成分干基质量，g；

$m_{样}$——样品质量，g；

$w_{i(干)}$——某成分干基含量，%；

i——各成分序数。

瓶上应贴有标签，注明样品名称（或编号）、成分名称、采样地点、采样人、制样人、制样时间等信息。应注意防止样品产生任何化学变化或受到污染。在粉碎样品时，确实难全部破碎的生活垃圾可预先剔除，在其余部分破碎缩分后，按缩分比例将剔除的生活垃圾部分破碎加入样品中，不可随意丢弃难以破碎的成分。

二次样品应在阴凉干燥处保存，保存期为 3 个月，保存期内若吸水受潮，则应在 105℃±5℃的条件下烘干至恒重后，才能用于测定。

【思考与练习 4.3】

1. 按照物理组成分类生活垃圾可以分为____________________________________。
2. 生活垃圾采样的方法有哪些？
3. 如何制备生活垃圾样品？

4.4　固体废物的测定

4.4.1　固体废物含水率的测定

固体废物含水率是后续其他指标计算的基础，含水率因对象不同而存在差异。一般工业固体废物含水率计算以绝对干重作为分母，而生活垃圾和来自生活污水处理厂市政污泥的含水率计算则是以湿基重作为分母，两者在计算上存在明显差异。

样品水分的测定：

① 测定样品中的无机物：称取样品约 20g 于 105℃下干燥，恒重至±0.1g，测定水分含量。

② 测定样品中的有机物：样品于 60℃下干燥 24h，测定水分含量。

③ 测定固体废物：结果以干样品计算，当污染物质量分数小于 0.1%时，以 mg/kg 为单位表示；质量分数大于 0.1%时，则以百分数表示，并说明是水溶性或总量。

4.4.2 固体废物 pH 的测定

固体废物样品的酸碱特性对后续的处理与处置有极大的影响，往往是依据浸提液的特性直接测定。

由于固体废物的不均匀性，测定时应将各点样品分别测定，测定结果以实际测定的 pH 范围表示，而不是以通过计算获得的混合样品的平均 pH 表示。由于样品中的二氧化碳含量会影响 pH，并且二氧化碳达到平衡的过程极为迅速，所以采样后必须立即测定。

仪器采用 pH 计或酸度计，最小分度值在 0.1 以下。需使用与待测样品 pH 相近的标准溶液校正 pH 计，并加以温度补偿。对含水量高、呈流体状的稀泥或浆状物料，可将电极直接插入进行 pH 的测量；对黏稠状物料可离心或过滤后，测其液体的 pH；对粉、粒、块状物料，称取制备好的样品 50g（干基），置于 1L 塑料瓶中，加入新鲜蒸馏水 250mL，使固液质量比为 1∶5，加盖密封后，放在振荡器上［振荡频率（110±10）次/min，振幅 40mm］，于室温下连续振荡 30min，静置 30min 后，测上清液的 pH，每种废物取两个平行样品测定其 pH，差值不得大于 0.15，否则应再取 1～2 个样品重复试验，取中位数报告结果。对于高 pH（10 以上）或低 pH（2 以下）的样品，两个平行样品的 pH 测定结果允许误差值不超过 0.2。还应报告环境温度、样品来源、粒度级配、试验过程中出现的异常现象、特殊情况下试验条件。

4.4.3 固体废物热值的测定

焚烧是有机工业固体废物、生活垃圾、部分医院垃圾处置的重要方法，从卫生角度要求医院的病理性垃圾、传染性垃圾必须焚烧。一些发达国家由于生活垃圾分类较好，部分垃圾焚烧可以发电。

热值表明垃圾的可燃性质，是垃圾焚烧处理的重要指标。对于生活垃圾类固体废物，单位量（1g 或 1kg）完全燃烧氧化时的反应热称为热值。热值分为高热值（H_n）和低热值（H_0），垃圾中可燃物质的热值为高热值。但实际上垃圾中总含有一定量不可燃的惰性物质和水，当可燃物质升温时，这些惰性物质和水要消耗热量，同时燃烧过程中产生的水以蒸汽形式挥发也要消耗热量，所以实际的热值要低得多，这一热值称为低热值。显然，低热值更接近实际情况，在实际工作中意义更大。两者换算公式为：

$$H_n = H_0\left[\frac{100-(w_1+W)}{100-W_L}\right]\times 5.85W \tag{4-11}$$

式中 H_n——高热值，kJ/kg；

H_0——低热值，kJ/kg；

w_1——惰性物质含量（质量分数），%；

W——垃圾的表面湿度，%；

W_L——垃圾焚烧后剩余的和吸湿后的湿度，%。

通常 W_L 对结果的准确性影响不大，因而可以忽略不计。

【思考与练习 4.4】

1. 如何测定固体废物的含水率？
2. 固体废物的热值测定有什么意义？

【阅读材料】

第十三届全国人民代表大会常务委员会第十七次会议于 2020 年 4 月 29 日修订通过《中华人民共和国固体废物污染环境防治法》（简称新固废法），自 2020 年 9 月 1 日正式实施。我国固废法于 1996 年 4 月 1 日正式实施，2004 年进行了第一次修订，引入生产者责任制，2013 年、2015 年、2016 年先后进行了三次修正，2020 年是固废法时隔 15 年的第二次修订。本次修订版内容由原先的六章九十一条增加至九章一百二十六条，2020 年修订版在 2016 年版的基础上，细化工业固体废物、生活垃圾、危险废物的相关规定，新增建筑垃圾、农业固体废物及保障措施的相关内容。新固废法对固体废物产生、收集、贮存、运输、利用、处置全过程提出更高的防治要求，将进一步带动固体废物行业的稳健可持续发展。

从具体内容上来看，相较于 2016 年修订版，新固废法新增垃圾分类、污泥、建筑垃圾、医疗废物、塑料制品等相关内容。

垃圾分类方面：推行生活垃圾分类制度，建立差别化生活垃圾处理收费制度。将垃圾分类写入新固废法中，明确责任主体和收费制度，解决政策端和费用端两大限制问题，为垃圾分类的顺利开展提供保障。

污泥处理方面：关注污泥处理，促进污水污泥处理系统协同发展。污水处理过程中常有“重水轻泥”等问题，污泥处理技术较弱。新固废法将污泥处理管理列入监管范围，明确污泥处理标准，从而促进污泥稳定化、减量化和无害化处理。

建筑垃圾方面：建立建筑垃圾分类处理和全过程管理制度。新固废法将建筑垃圾单独提出，有利于其实现独立管理，促进我国建筑垃圾分类处理、回收利用、全过程管理的制度和体系的建立。

医疗废物方面：新增医疗废物管理机制，加强医疗废物集中处置能力。疫情引发公众对于医疗废物处理处置的关注，也暴露出医疗废物处理处置能力上的缺口。新固废法新增医疗废物管理的相关规定，从法律层面补足短板，促进未来管理的规范化和处置能力的进一步提升。

危险废物方面：实施危险废物分级分类管理，鼓励区域合作集中处置。新固废法首次提出危险废物实施分级分类管理，对于部分危险废物的部分环节实行豁免管理，为危险废物分级提供法律依据，在规范化管理的前提下进一步提升危险险物废物处理处置效率，此外，区域合作处置措施的推进也将进一步解决危险废物处置产能错配等结构性问题。

塑料制品方面：拒绝过度包装，禁止和限制生产、销售和使用一次性塑料制品。针对近年来较为严重的过度包装和一次性塑料制品使用问题，新固废法明确禁止使用不可降解一次性塑料制品，鼓励推广可降解替代产品，叠加近期各省市出台的限塑令，可进一步加强塑料污染治理，限制不可降解塑料的使用量。

新固废法严惩重罚、大幅提高违法成本，除细化完善固体废物的相关管理制度外，还严格落实法律责任、增加罚款种类、加大处罚力度、提高处罚额度。对于相关违法行为，新固废法加重处罚措施、提高罚款额度，最高可罚款500万元，且多项违法行为的罚款额度是原固废法的十倍。新固废法增加按日连续处罚规定，对于违法受罚单位和其他生产经营者，被发现其继续实施该违法行为的，实行按日连续处罚。新固废法实行“双罚制”，对于特定的违法行为，除对企业本身进行行政处罚外，同时对企业的相关负责人进行处罚。

第5章

土壤质量监测

【重点内容】

① 土壤采样点的布设；

② 土壤样品的采集方法；

③ 土壤样品预处理的方法；

④ 土壤 pH 和水分的测定方法；

⑤ 土壤中主要金属化合物的测定方法。

【知识目标】

① 掌握土壤组成、土壤污染、土壤背景值和土壤环境质量标准等土壤质量监测的概念；

② 掌握土壤采样点的布设原则；

③ 掌握土壤含水量的测定原理；

④ 掌握土壤 pH 的测定原理；

⑤ 掌握土壤金属化合物的测定原理。

【能力目标】

① 能正确采集土壤样品；

② 能够根据测定项目正确进行样品预处理；

③ 能正确运用国家标准中的方法测定土壤 pH、含水量；

④ 能正确运用国家标准中的方法测定土壤中铅、铬、镉、铜、锌含量；

⑤ 能正确处理测定数据并得到土壤监测结果。

【素质目标】

① 通过学习土壤指标及其对农业生产和人类生活的影响，树立社会主义生态文明观，同时明确所从事工作的重要性；

② 通过学习土样采集和预处理过程，培养精益求精的学习态度；

③ 通过学习水质指标的测定原理和练习测定过程，培养勤于思考，学会用理论联系实际；

④ 测定过程中进行劳动学习，热爱劳动，要珍惜劳动成果。

土壤是指陆地地表具有肥力并能生长植物的疏松表层，介于大气圈、岩石圈、水圈和生物圈之间，厚度一般在 2m 左右。土壤是人类环境的重要组成部分，其质量直接影响人类的生产、生活和社会发展。因此对土壤环境进行监测是开展土壤环境保护工作的前提和基础。

5.1 土壤组成与土壤污染

5.1.1 土壤组成

土壤是地球表层的岩石经过生物圈、大气圈和水圈长期的综合影响演变而成的，是由固、液、气三相物质构成的复杂体系。土壤固相包括矿物质、有机质和生物，固相物质之间为形状和大小不同的孔隙，孔隙中存在水分和空气。

5.1.1.1 土壤矿物质

土壤矿物质是岩石经物理风化和化学风化作用形成的，占土壤固相部分总质量的90%以上，是土壤的骨骼和植物营养元素的重要供给源，按其成因可分为原生矿物质和次生矿物质两类。

（1）原生矿物质　是岩石经过物理风化作用破碎形成的碎屑，其原来的化学组成没有改变。这类矿物质主要有硅酸盐类矿物、氧化物类矿物、硫化物类矿物和磷酸盐类矿物。

（2）次生矿物质　是原生矿物质经过化学风化后形成的新的矿物质，其化学组成和晶体结构均有所改变。这类矿物质包括简单盐类（如碳酸盐、硫酸盐、氯化物等）、三氧化物类和次生铝硅酸盐类。次生铝硅酸盐类是构成土壤黏粒的主要成分，故又称为黏土矿物。土壤矿物质所含主体元素是氧、硅、铝、铁、钙、钠、钾、镁等，其质量分数约占96%，其他元素含量多在0.1%（质量分数）以下，含量很少，属微量、痕量元素。

土壤矿物质颗粒（土粒）的形状和大小多种多样，其粒径差别很大。不同粒径的土粒成分和物理化学性质有很大差异，如对污染物的吸附、解吸和迁移、转化能力，以及有效含水量和保水、保温能力等。为了研究方便，常按粒径大小将土粒分为若干类，称为粒级，同级土粒的成分和性质基本一致，表5-1为我国土粒分级标准。

表5-1　我国土粒分级标准

土粒名称		粒径/mm	土粒名称		粒径/mm
石块		>10	粉粒	粗粉粒	0.01～0.05
石砾	粗砾	3～10		细粉粒	0.005～0.01
	细砾	1～3	黏粒	粗黏粒	0.001～0.005
砂砾	粗砂砾	0.25～1		细黏粒	<0.001
	细砂砾	0.05～0.25			

5.1.1.2 土壤有机质

土壤有机质是土壤中有机化合物的总称，是由进入土壤的植物、动物、微生物残体及施入土壤的有机肥料经分解转化逐渐形成的，通常可分为非腐殖质和腐殖质两类。

非腐殖质包括糖类化合物（如淀粉、纤维素等）、含氮有机化合物及有机磷、有机硫化合物，一般占土壤有机质总质量的10%～15%。

腐殖质是植物残体中稳定性较强的木质素及其类似物，在微生物作用下，部分被氧化形成的一类特殊的高分子聚合物，具有苯环结构，苯环周围连有多种官能团，如羧基、羟基、甲氧基及氨基等，使之具有表面吸附、离子交换、络合、缓冲、氧化还原作用及生理活性等性能。土壤有机质一般占土壤固相物质总质量的5%左右，对于土壤的物理、化学和生物学性状有较大的影响。

5.1.1.3　土壤生物

土壤中生活着微生物（细菌、真菌、放线菌、藻类等）及动物（原生动物、蚯蚓、线虫类等），它们不仅是土壤有机质的重要来源，而且对进入土壤的有机污染物的降解及无机污染物（如重金属）的形态转化起着主导作用，是土壤净化功能的主要贡献者。

5.1.1.4　土壤溶液

土壤溶液是土壤水分及其所含溶质的总称，存在于土壤孔隙中，它们既是植物和土壤生物的营养来源，又是土壤中各种物理、化学反应和微生物作用的介质，是影响土壤性质及污染物迁移、转化的重要因素。

土壤溶液中的水来源于大气降水、地表径流和农田灌溉，若地下水位接近地面，则地下水也是土壤溶液中水的来源之一。土壤溶液中的溶质包括可溶性无机盐、可溶性有机物、无机胶体及可溶性气体等。

5.1.1.5　土壤空气

土壤空气存在于未被水分占据的土壤孔隙中，来源于大气、生物化学反应和化学反应产生的气体（如甲烷、硫化氢、氢气、氮氧化物、二氧化碳等）。土壤空气组成与土壤本身特性相关，也与季节、土壤水分、土壤深度等条件相关。

5.1.2　土壤背景值

土壤背景值又称土壤本底值，它是指在未受人类社会行为干扰（污染）和破坏时，土壤的组成成分和各组分（元素）的含量。由于人类活动的长期影响和工农业的高速发展，土壤环境的化学成分和含量水平发生了明显的变化，几乎没有未受污染的土壤环境，因此，土壤背景值实际上是一个相对的概念。

土壤背景值是环境保护和环境科学的基础数据，是研究污染物在土壤中迁移转化和进行土壤质量评价与预测的重要依据。

5.1.3　土壤污染

由于自然原因和人为原因，各类污染物质通过多种渠道进入土壤环境，土壤环境依靠自身的组成和性能，对进入土壤的污染物有一定的缓冲、净化能力，但当进入土壤的污染物质量和速率超过了土壤能承受的容量和土壤的净化速率时，就破坏了土壤环境的自然动态平衡，使污染物的积累逐渐占据优势，引起土壤的组成、结构、性状改变，功能失调，质量下降，导致土壤污染。土壤污染不仅使其肥力下降，还可能成为二次污染源，污染水体、大气、生物，进而通过食物链危害人体健康。

土壤污染的自然来源为矿物风化后的自然扩散、火山爆发后降落的火山灰等。人为源是土壤污染的主要污染源，包括不合理地使用农药和化肥、废（污）水灌溉、使用不符合标准的污泥、生活垃圾和工业固体废物等的随意堆放或填埋，以及大气沉降物等。

土壤中污染物种类多，其中化学污染物最为普遍和严重，也存在生物类污染物和放射性污染物。2016 年 5 月 28 日，国务院印发了《土壤污染防治行动计划》，简称“土十条”，为我国的土壤污染防治工作制定了工作目标。

5.1.4 土壤环境质量标准

土壤环境质量标准规定了土壤中污染物的最高允许浓度或范围，是判断土壤环境质量的依据。我国的土壤环境标准主要有：《土壤环境质量　农用地土壤污染风险管控标准（试行）》（GB 15618—2018）和《土壤环境质量　建设用地土壤污染风险管控标准（试行）》（GB 36600—2018）等。

【思考与练习 5.1】

1. 土壤是由________、________、________三相物质构成的复杂体系。
2. 土壤固相包括________、________、________。
3. ________是土壤的骨骼和植物营养元素的重要供给源，按其成因可分________两类。
4. 土壤有机质是____________________，由进入土壤的植物、动物、微生物残体及施入土壤的有机肥料经分解转化逐渐形成，通常可分为__________和__________两类。
5. 土壤本底值是指____。
6. 土壤污染按照来源分为__________和__________两类。
7. 土壤污染物分为__________、__________和__________三类。

5.2 土壤样品采集和保存

5.2.1 土壤质量监测目的

监测土壤质量的目的是判断土壤是否被污染及污染状况，并预测发展变化趋势。土壤监测的四种主要类型为区域环境背景土壤监测、农田土壤监测、建设项目土壤环境评价监测和土壤污染事故监测。

区域环境背景土壤监测的目的是考察区域内未受或未明显受现代工业污染与破坏的土壤其原来固有的化学组成和元素含量水平。但目前已经很难找到未受人类活动和污染影响的土壤，只能去找影响尽可能小的土壤。确定这些元素的背景值水平和变化，了解元素的丰缺和供应状况，可以为保护土壤生态环境、合理施用微量元素及防治地方病提供依据。

农田土壤监测的目的是考察用于种植各种粮食作物、蔬菜、水果、纤维和糖料作物、油料作物及农区森林、花卉、药材、草料等作物的农用地土壤质量，评价农用地土壤污染是否存在影响食用农产品质量安全、农作物生长的风险。

建设项目土壤环境评价监测的目的是考察城乡住宅和公共设施用地、工矿用地、交通水利设施用地、旅游用地和军事设施用地等土壤质量，评价建设用地土壤污染是否存在影响居住、工作人群健康的风险，加强建设用地土壤环境监管，保障人居环境安全。

关于土壤污染事故监测，当废气、废水、废物、污泥对土壤造成了污染，或者使土壤结构与性质发生了明显的变化，或者对作物造成了伤害，此时需要进行土壤污染事故监测，调查分析主要污染物，确定污染的来源、范围和程度，为行政主管部门采取对策提供科学依据。

5.2.2　资料调研

为了优化采样点的布设和后续监测工作，在土壤样品采集之前应广泛地收集自然环境和社会环境方面的资料，具体包括：监测区域交通图、土壤图、地质图、大比例尺地形图；监测区域土类、成土母质；工程建设或生产过程对土壤造成影响的环境研究资料；造成土壤污染事故的主要污染物的毒性、稳定性和消除方法；土壤历史资料和相应的法律（法规）；监测区域工农业生产及排污、污灌、化肥农药施用情况资料；监测区域气候资料（温度、降水量和蒸发量）、水文资料；监测区域遥感与土壤利用及其演变过程方面的资料。

5.2.3　土壤监测频率

土壤监测项目根据监测目的确定，分为常规项目、特定项目和选测项目，监测频率与其对应。常规项目是指《土壤环境质量　农用地土壤污染风险管控标准（试行）》（GB 15618—2018）中所要求控制的污染物，特定项目是根据当地环境污染状况，确认在土壤中积累较多、对环境危害较大、影响范围广、毒性较强的污染物，或者污染事故对土壤环境造成严重不良影响的物质，具体项目由各地自行确定；选测项目包括新纳入的在土壤中积累较少的污染物，由于环境污染导致土壤性状发生改变的土壤性状指标及生态环境指标等，由各地自行选择测定。具体监测项目与监测频率见表5-2。常规项目可按当地实际情况适当降低监测频率，但不可低于每5年1次，选测项目可按当地实际情况适当提高监测频率。

表5-2　土壤监测项目与监测频率

<table>
<tr><th colspan="2">项目类别</th><th>监测项目</th><th>监测频次</th></tr>
<tr><td rowspan="2">常规项目</td><td>基本项目</td><td>pH、阳离子交换量</td><td rowspan="2">每3年1次，农田在夏收或秋收后采样</td></tr>
<tr><td>重点项目</td><td>镉、铬、汞、砷、铅、铜、锌、镍、六六六、滴滴涕</td></tr>
<tr><td colspan="2">特定项目（污染事故）</td><td>特征项目</td><td>及时采样，根据污染物变化趋势决定监测频率</td></tr>
<tr><td rowspan="4">选测项目</td><td>影响产量项目</td><td>含盐量、硼、氟、氮、磷、钾等</td><td rowspan="4">每3年1次，农田在夏收或秋收后采样</td></tr>
<tr><td>污水灌溉项目</td><td>氰化物、六价铬、挥发酚、烷基汞、苯并[a]芘、有机质、硫化物、石油类等</td></tr>
<tr><td>持久性有机污染物（POPs）与高毒类农药</td><td>苯、挥发性卤代烃、有机磷农药、多氯联苯（PCBs）、多环芳烃（PAHs）等</td></tr>
<tr><td>其他项目</td><td>结合态铝（酸雨区）、硒、钒、氧化稀土总量、钼、铁、锰、镁、钙、钠、铝、放射性比活度等</td></tr>
</table>

为了解土壤污染状况，可随时采集样品进行测定。如需同时掌握在土壤上生长的作物受污染的状况，可在季节变化或作物收获期采集。《农田土壤环境质量监测技术规范》(NY/T 395—2012) 规定，一般土壤在农作物收获期采样测定，必测项目一年测定一次，其他项目3-5年测定一次。

5.2.4 土壤采样点布设

5.2.4.1 布设原则

土壤环境是一个开放的缓冲动力学体系，与外环境之间不断地进行物质和能量交换，但又具有物质和能量相对稳定和分布均匀性差的特点。为使布设的采样点具有代表性和典型性，应遵循下列原则：

① 在进行土壤监测时，往往监测面积较大，需要划分若干个采样单元，同时在不受污染源影响的地方选择对照采样单元。各采样单元的差别应尽可能缩小。土壤质量监测或土壤污染监测，可按照土壤接纳污染物的途径（如大气污染、农灌污染、综合污染等），同时参考土壤类型、农作物种类、耕作制度等因素，划分采样单元。背景值调查一般按照土壤类型和成土母质划分采样单元，因为不同类型的土壤和成土母质的元素组成和含量相差较大。

② 对于土壤污染监测，坚持“哪里有污染就在哪里布点”，并根据技术水平和财力条件，优先布设在那些污染严重、影响农业生产活动的地方。

③ 采样点不能设在田边、沟边、路边、堆肥周边及水土流失严重或表层土被破坏处。

5.2.4.2 采样点数量

土壤监测布设采样点的数量要根据监测目的、区域范围及其环境状况等因素确定。监测区域大、区域环境状况复杂，布设采样点数就要多；监测区域小，其环境状况差异小，布设采样点数就少。一般要求每个采样单元最少设3个采样点。

在“中国土壤环境背景值研究”工作中，采用统计学方法确定采样点数，即在选定的置信水平下，采样点数取决于所测项目的变异程度和要求达到的精度。每个采样单元布设的最少采样点数可按式（5-1）估算：

$$n=\left(\frac{CVt}{d}\right)^2 \tag{5-1}$$

式中　n——每个采样单元布设的最少采样点数；

CV——样本的相对标准偏差，即变异系数；

t——置信因子，当置信水平为95%时，t 取1.96；

d——允许偏差，当规定抽样精度不低于80%时，d 取0.2。

多个采样单元的总采样点数为每个采样单元分别计算出的采样点数之和。

5.2.4.3 采样点布设方法

(1) 对角线布点法　该方法适用于面积较小、地势平坦的废（污）水灌溉或污染河水灌溉的地块。从地块进水口引一对角线，在对角线上至少分5等份，以等分点为采样点，如图5-1 (a) 所示。若土壤差异性大，可增加采样点。

(2) 梅花形布点法　该方法适用于面积较小、地势平坦、土壤物质和污染程度较均匀的地块。中心分点设在地块两对角线交点处，一般设 5～10 个采样点，如图 5-1（b）所示。

（3）棋盘式布点法　这种布点方法适用于中等面积、地势平坦、地形完整开阔，但土壤较不均匀的地块，一般设 10 个或 10 个以上采样点，如图 5-1（c）所示。此法也适用于受固体废物污染的土壤，因为固体废物分布不均匀，此时应设 20 个以上采样点。

（4）蛇形布点法　这种布点方法适用于面积较大、地势略不平坦、土壤不够均匀的地块。布设采样点数目较多，如图 5-1（d）所示。

（5）放射状布点法　该方法适用于大气污染型土壤。以大气污染源为中心，向周围画射线，在射线上布设采样点。在主导风向的下风向适当增加采样点之间的距离和采样点数量，如图 5-1（e）所示。

（6）网格布点法　该方法适用于地形平缓的地块。将地块划分成若干均匀网状方格，采样点设在两条直线的交点处或方格的中心，如图 5-1（f）所示。农用化学物质污染型土壤、土壤背景值调查常用这种方法。

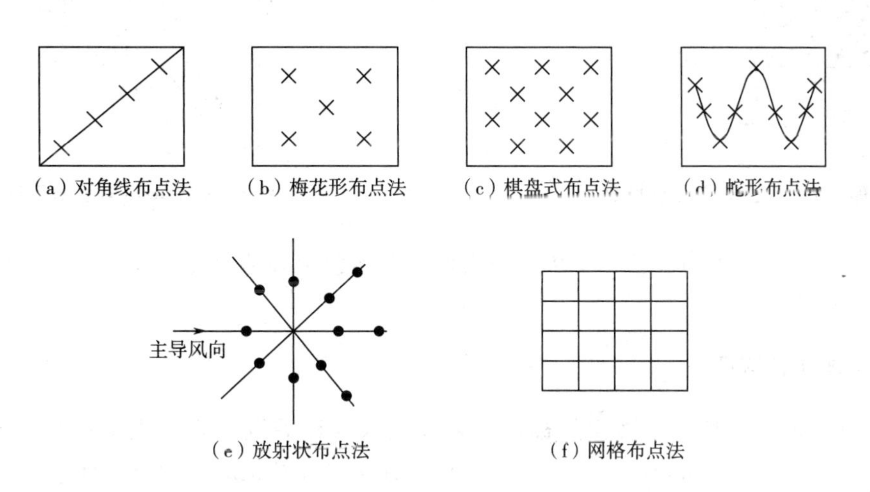

图 5-1　土壤采样点布设方法

5.2.5　土壤样品的类型、采样深度及采样量

5.2.5.1　混合样品

如果只是一般地了解土壤污染状况，对于种植一般农作物的耕地，只需采集 0～20cm 耕作层土壤；对于种植果林类农作物的耕地，采集 0～60cm 耕作层土壤。将在一个采样单元内各采样点采集的土样混合均匀制成混合样，组成混合样的采样点数通常为 5～20 个。混合样量往往较大，需要用四分法弃取，最后留下 1～2kg，装入样品袋。

5.2.5.2　剖面样品

如果要了解土壤污染深度，则应按土壤剖面层次分层采样。土壤剖面指地面向下的垂直土体的切面。在垂直切面上可观察到与地面大致平行的若干层具有不同颜色、性状的土层。

典型的自然土壤剖面分为 A 层（表层、腐殖质淋溶层）、B 层（亚层、淀积层）、C 层（风化母岩层、母质层）和底岩层，见图 5-2。采集土壤剖面样品时，需在特定采样点挖掘一个 1m×1.5m 左右的长方形土坑，深度在 2m 以内，一般要求达到母质层或地下水潜水层即可，见图 5-3。盐碱地地下水位较高，应取样至地下水位层；山地土层薄，可取样至风化母岩层。根据土壤剖面颜色、结构、质地、疏松度、温度、植物根系分布等划分土层，并进行仔细观察，将剖面形态、特征自上而下逐一记录。随后在各层最典型的中部自下而上逐层用小土铲切取一片土样，每个采样点的取样深度和取样量应一致。将同层土样混合均匀，各取 1kg 土样，分别装入样品袋。土壤剖面采样点不得选在土类和母质交错分布的边缘地带或土壤剖面受破坏的地方，剖面的观察面要向阳。

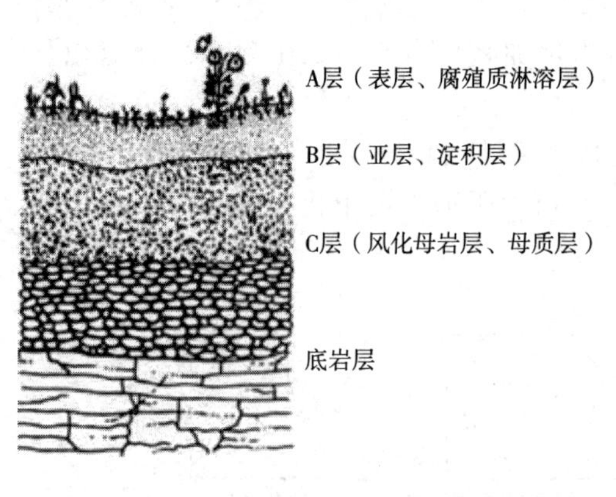

图 5-2　典型的自然土壤剖面

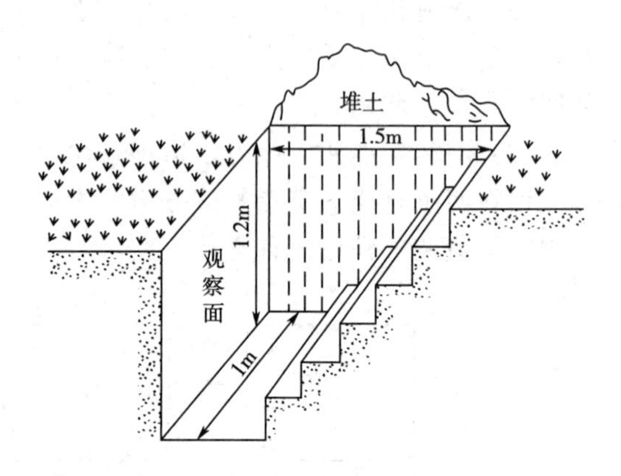

图 5-3　土壤剖面挖掘示意图

土壤背景值调查也需要挖掘土坑，在剖面各层典型中心部位自下而上采样，但不可混淆层次、混合采样。

5.2.5.3　采样注意事项

① 采样同时，要填写土壤样品标签、采样记录、样品登记表。土壤样品标签（图 5-4 一式两份，一份放入样品袋内，一份扎在袋口，并于采样结束时在现场逐项检查。

土壤样品标签

样品标号________________ 业务代号__________

样品名称________________________________

土壤类型________________________________

监测项目________________________________

采样地点________________________________

采样深度________________________________

采样人采样时间____________________________

图 5-4　土壤样品标签

② 测定重金属的土壤样品，尽量用竹铲、竹片直接采集样品，或用铁铲、土钻挖掘后，用竹片刮去与金属采样器接触的土壤部分，再用竹铲或竹片采集土样。

5.2.6　土壤样品的处理和贮存

5.2.6.1　新鲜土壤样品的处理和贮存

土壤中的一些成分如亚铁、易还原态锰、还原性硫、铵态氮、硝态氮等，在风干过程中会发生显著变化，因此必须用新鲜样品进行分析。为了能真实地反映土壤在田间自然状态下的某些理化性状，新鲜样品要及时送回实验室进行处理和分析，将样品弄碎混匀后迅速称样测定。

新鲜样品一般不宜贮存，如需要暂时贮存，可将新鲜样品装入塑料袋，扎紧袋口，放在冰箱冷藏室或进行速冻固定。新鲜土样保存条件和时间见表 5-3。

表 5-3　新鲜土样保存条件和时间

测试项目	容器材质	温度/℃	可保存时间/d	备　注
金属（汞和六价铬除外）	聚乙烯、玻璃	<4	180	
汞	玻璃	<4	28	
砷	聚乙烯、玻璃	<4	180	
六价铬	聚乙烯、玻璃	<4	1	
氰化物	聚乙烯、玻璃	<4	2	
挥发性有机物	玻璃（棕色）	<4	7	采样瓶装满装实并密封
半挥发性有机物	玻璃（棕色）	<4	10	采样瓶装满装实并密封
难挥发性有机物	玻璃（棕色）	<4	14	

5.2.6.2　风干土壤样品的处理和贮存

从野外采回的土壤样品要及时放在样品盘上，摊成薄薄的一层，置于干净整洁的室内通风处自然风干，严禁曝晒，并注意防止酸、碱等气体及灰尘的污染。风干样品过程中要经常翻动土样并将大土块捏碎以加速干燥，同时剔除土壤以外的侵入体。

风干后的土样按照不同的分析要求研磨过筛，充分混匀后，放入样品瓶中备用。瓶内外各具标签一张，写明编号、采样地点、土壤名称、采样深度、样品粒径、采样日期、采样人、制样时间、制样人等项目。制备好的样品要妥善贮存，避免日晒、高温、潮湿以及酸碱气体的污染。全部分析工作结束，分析数据核实无误后，试样一般还要保存三个月至半年，以备查询。需要长期保存的样品，须保存于广口瓶中，用蜡封好瓶口。

5.2.6.3　一般化学分析土壤样品的处理与贮存

将风干后的土壤样品平铺在制样板上，用木棍或塑料棍碾压，并将植物残体、石块等侵入体和新生体剔除干净，细小已断的植物须根，可用静电吸附清除。压碎的土样要全部通过 2mm 筛，未过筛的土粒必须重新碾压过筛，直至全部样品通过 2mm 筛为止。过 2mm 筛的土样可供 pH、盐分、交换性能以及有效养分等项目的测定。

将通过 2mm 筛的土样用四分法取出一部分继续碾磨，使之全部通过 0.25mm 筛，供有机质和腐殖质组成、全氮、碳酸钙等项目的测定使用。

将通过 0.25mm 筛的土样用四分法取出一部分继续用玛瑙研钵磨细，使之全部通过 0.149mm 筛，供矿质全量分析等项目的测定。

5.2.6.4 微量元素分析土壤样品的处理与贮存

用于微量元素分析土样的处理方法同一般化学分析样品，但在采样、风干、研磨、过筛、运输、贮存等诸环节都要特别注意，不要接触可能导致污染的金属器具。例如采样、制样时使用木、竹或塑料工具，过筛使用尼龙网筛等。

通过 2mm 尼龙筛的样品可用于测定土壤中有效态微量元素，处理好的样品应放在塑料瓶中保存备用。

5.2.6.5 颗粒分析土壤样品的处理与贮存

将风干土样反复碾碎，使之全部通过 2mm 筛。留在筛上的碎石称量后保存，同时将过筛的土样称量，以计算石砾质量百分数，然后将土样混匀后盛于广口瓶内，供颗粒分析及其他物理性质测定使用。若在土壤中有铁锰结核、石灰结核、铁或半风化体，则不能用木棍碾碎，应细心拣出称量保存。

【思考与练习 5.2】

1. 土壤监测的四种主要类型包括：____________、____________、____________、____________。

2. 土壤的“骨架”是（　）。

A. 有机质　　B. 矿物质　　C. 水分　　D. 气体

3. 对于面积小、地势平坦的污水或受污染水灌溉的地块，应选择（　）布点法。

A. 对角线布点法　　B. 梅花布点法　　C. 棋盘布点法　　D. 蛇形布点法

4. 面积较小、地势平坦、土壤物质和污染程度较均匀的地块，应选择（　）布点法。

A. 对角线布点法　　B. 梅花布点法　　C. 棋盘布点法　　D. 蛇形布点法

5. 简述从野外采集的新鲜土样如何制成风干土样？

5.3 土壤样品的预处理

土壤样品组分复杂，污染组分含量低，并且处于固体状态，在测定之前，需要处理成液体状态或将欲测组分转变为适合测定方法要求的形态、浓度，并消除共存组分的干扰。土壤样品的预处理主要有分解法和提取法，前者一般适用于元素的测定，后者适用于有机污染物和不稳定组分的测定。

5.3.1 土壤样品的分解方法

分解法的作用是破坏土壤的矿物质晶格和有机质，使待测元素进入样品溶液中。

5.3.1.1 普通酸分解法

准确称取 0.5g（精确到 0.1mg，以下都与此相同）风干土样于聚四氟乙烯坩埚中，用几滴水润湿后，加入10mL HCl（ρ=1.19g/mL），于电热板上低温加热，蒸发至约剩5mL时加入15mL HNO_3（ρ=1.42g/mL），继续加热蒸至近黏稠状，加入10mL HF（ρ=1.15g/mL）并继续加热，为了达到良好的除硅效果应经常摇动坩埚。最后加入5mL $HClO_4$（ρ=1.67g/mL），并加热至白烟冒尽，对于含有机质较多的土样应在加入$HClO_4$之后加盖消解。土壤分解物应呈白色或淡黄色（含铁较高的土壤），倾斜坩埚时呈不流动的黏稠状。用稀酸溶液冲洗坩埚内壁及坩埚盖，温热溶解残渣，冷却后，定容至100mL或50mL，最终体积依待测成分含量而定。

酸消解体系能彻底破坏土壤矿物质晶格，但在消解过程中，一定要控制好温度和时间。如果温度过高、消解样品时间短或者将样品溶液蒸干，都会导致测定结果偏低。

5.3.1.2 高压密闭分解法

称取0.5g风干土样于能严格密封的聚四氟乙烯坩埚中，加入少许水润湿试样，再加入HNO_3（ρ=1.42g/mL）、$HClO_4$（ρ=1.67g/mL）各5mL，摇匀后将坩埚放入耐压的不锈钢套筒中，拧紧，放在180℃的烘箱中分解2h。取出套筒，冷却至室温后，取出坩埚，用水冲洗坩埚盖的内壁，加入3mL HF（ρ=1.15g/mL），置于电热板上，在100～120℃加热除硅。待坩埚内剩下2～3mL溶液时，调高温度至150℃，蒸至冒浓白烟后再缓缓蒸至近干，用稀酸溶液冲洗内壁及坩埚盖，温热溶解残渣，冷却后，定容至100mL或50mL，最终体积依待测成分含量而定。

高压密闭分解法的优点是：用酸量少、易挥发元素损失少、可同时进行批量样品分解。其缺点是：观察不到分解反应过程，只能在冷却开封后才能判断样品分解是否完全；测定含量极低的元素时称样量受限制，分解土样量一般不能超过1.0g；分解含有机质较多的土样时，特别是在使用高氯酸的场合下，有发生爆炸的危险，需先在80～90℃将有机物充分分解。

5.3.1.3 微波炉加热分解法

微波炉加热分解法是以被分解的土样及酸的混合液作为发热体，从内部进行加热使试样被分解的方法。目前使用的微波加热分解试样的方法，有常压敞口分解法和仅用厚壁聚四氟乙烯容器的密闭式分解法，也有密闭加压分解法，这种方法以聚四氟乙烯密闭容器作内筒，以能透过微波的材料如高强度聚合物树脂或聚丙烯树脂作外筒，在该密封系统内分解试样能达到良好的分解效果。微波加热分解也可分为开放系统和密闭系统两种。开放系统可分解量较大的试样，且可直接和流动系统相组合实现自动化，但由于要排出酸蒸气，所以分解时使用酸量较大、易受外环境污染、挥发性元素易造成损失、费时间且难以分解多数试样。密闭系统的优点较多，酸蒸气不会逸出、仅用少量酸即可、在分解少量试样时十分有效、不受外部环境的污染、可同时分解大批量试样。密闭系统在分解试样时不用观察及特殊操作，由于压力高，所以分解试样很快，不会受外筒金属的污染（因为用树脂作外筒）。其缺点是需要专门的分解器具、不能分解量大的试样、如果疏忽会有发生爆炸的危险。在进行土样的微波分解时，无论使用开放系统或密闭系统，一般使用HNO_3-HCl-HF-$HClO_4$、HNO_3-HF-$HClO_4$、HNO_3-HCl-HF-H_2O_2、HNO_3-HF-H_2O_2等酸体系。若使用HF或$HClO_4$对待测微量元素有干扰时，可将试样分解液蒸至近干，酸化后稀释定容。

5.3.1.4 碱熔法

（1）碳酸钠熔融法（适合测定氟、钼、钨） 称取 0.5000 ～1.0000g 风干土样放入预先用少量碳酸钠或氢氧化钠垫底的高铝坩埚中（以充满坩埚底部为宜，防止熔融物粘底），分次加入 1.5 ～3.0g 碳酸钠，并用圆头玻璃棒小心搅拌，使之与土样充分混匀，再放入 0.5 ～1g 碳酸钠，使其平铺在混合物表面，盖好坩埚盖。后移入马弗炉中，于 900～920℃熔融 0.5h。待自然冷却至 500℃左右时，可稍打开炉门（不可开缝过大，否则高铝坩埚骤然冷却会开裂）以加速冷却，冷却至 60～80℃用水冲洗坩埚底部，然后放入 250mL 烧杯中，加入 100mL 水，在电热板上加热浸提熔融物。用水及 HCl（1＋1）将坩埚及坩埚盖洗净取出，并小心用 HCl（1＋1）中和、酸化（注意盖好表面皿，以免大量 CO_2 冒泡引起试样的溅失），待大量盐类溶解后，用中速滤纸过滤，并用水及 5% HCl 洗净滤纸及其中的不溶物，定容待测。

（2）碳酸锂-硼酸、石墨粉坩埚熔样法（适合铝、硅、钛、钙、镁、钾、钠等元素分析）

土壤矿物质全量分析中土壤样品分解常用酸溶剂，酸溶试剂一般用氢氟酸加氧化性酸，其优点是酸度小、适用于仪器分析测定，但对某些难溶矿物质分解不完全，特别对铝、钛的测定结果会偏低，且不能测定硅（已被除去）。

碳酸锂-硼酸在石墨粉坩埚内熔样，再用超声波提取熔块，分析土壤中的常量元素，速度快、准确度高。

在 30mL 瓷坩埚内充满石墨粉，置于 900℃高温电炉中灼烧半小时，取出冷却，用研钵棒在石墨粉上压一孔。准确称取经 105℃烘干的土样 0.2000g 于定量滤纸上，与 1.5g Li_2CO_3-H_3BO_3（Li_2CO_3 ∶ H_3BO_3＝1 ∶ 2）混合试剂搅拌均匀，捏成小团，放入瓷坩埚内石墨粉孔中，然后将坩埚放入已升温到 950℃的马弗炉中，20min 后取出，趁热将熔块投入盛有 100mL 4%硝酸溶液的 250mL 烧杯中，立即于功率 250W 的清洗槽内超声（或用磁力搅拌），直到熔块完全溶解；将溶液转移到 200mL 容量瓶中，并用 4%硝酸定容。吸取 20mL 上述样品液移入 25mL 容量瓶中，并根据仪器的测量要求决定是否需要添加基体元素及添加浓度，最后用 4%硝酸定容，用光谱仪进行多元素同时测定。

5.3.2 形态分析土壤样品的处理方法

土壤样品中有效态的溶浸法主要有以下几种。

5.3.2.1 二乙基三胺五乙酸浸提

二乙基三胺五乙酸（DTPA）浸提剂可测定有效态 Cu、Zn、Fe 等。浸提剂的配制：其成分为 0.005mol/L DTPA＋0.01mol/L $CaCl_2$ ＋0.1mol/L TEA（三乙醇胺）。称取 1.967g DTPA 溶于 14.92g TEA 和少量水中；再将 1.47g $CaCl_2 \cdot 2H_2O$ 溶于水，一并转入 1000mL 容量瓶中，加水至约 950mL，用 6mol/L HCl 调节 pH 至 7.30（每升浸提剂约需加 6mol/L HCl 8.5mL），最后用水定容。贮存于塑料瓶中，几个月内不会变质。浸提过程：称取 25.00g 风干且过 20 目筛的土样放入 150mL 硬质玻璃锥形瓶中，加入 50.0mL DTPA 浸提剂，在 25℃用水平振荡机振荡提取 2h，后用干滤纸过滤，滤液用于分析。DTPA 浸提剂适用于石灰性土壤和中性土壤。

5.3.2.2 0.1mol/L HCl 浸提

称取10.00g风干且过20目筛的土样放入150mL硬质玻璃锥形瓶中，加入50.0mL 1mol/L HCl浸提剂，用水平振荡器振荡提取1.5h，后用干滤纸过滤，滤液用于分析。酸性土壤适合用0.1mol/L HCl浸提。

5.3.2.3 水浸提

土壤中有效硼常用沸水浸提，操作步骤：准确称取10.00g风干且过20目筛的土样于250mL或300mL石英锥形瓶中，加入20.0mL无硼水，连接回流冷却器后煮沸5min，立即停止加热并用冷却水冷却。冷却后加入4滴0.5mol/L $CaCl_2$溶液，移入离心管中，离心分离出清液备测。

关于有效态金属元素的浸提方法较多，例如，有效态Mn用1mol/L乙酸铵-对苯二酚溶液浸提，有效态硅用pH＝4.0的乙酸-乙酸钠缓冲溶液、0.02mol/L H_2SO_4溶液、0.025%或1%的柠檬酸溶液浸提，酸性土壤中有效态硫用H_3PO_4-HAc溶液浸提，中性或石灰性土壤中有效态硫用0.5mol/L $NaHCO_3$溶液（pH＝8.5）浸提，土壤中有效态钙、镁、钾、钠用1mol/L NH_4Ac溶液浸提，以及土壤中有效态磷用0.03mol/L NH_4F＋0.025mol/L HCl溶液或用0.5mol/L $NaHCO_3$溶液浸提等等。

5.3.3 有机污染物的提取方法

5.3.3.1 常用有机溶剂

（1）有机溶剂的选择原则　根据相似相溶的原理，尽量选择与待测物极性相近的有机溶剂作为提取剂。提取剂必须与样品能很好地分离，且不影响待测物的纯化与测定；不能与样品发生作用，毒性低、价格便宜；此外，还要求提取剂沸点范围在45～80℃之间为好。

还要考虑溶剂对样品的渗透力，以便将土样中待测物充分提取出来。当单一溶剂不能成为理想的提取剂时，常用两种或两种以上不同极性的溶剂以不同的比例配成混合提取剂。

（2）常用有机溶剂的极性　常用有机溶剂的极性由强到弱的顺序为：乙腈＞甲醇＞乙酸＞乙醇＞异丙醇＞丙酮＞二氧六环＞正丁醇＞正戊醇＞乙酸乙酯＞乙醚＞硝基甲烷＞二氯甲烷＞苯＞甲苯＞二甲苯＞四氯化碳＞二硫化碳＞环己烷＞正己烷≈石油醚＞正庚烷。

5.3.3.2 溶剂的纯化

纯化溶剂多用重蒸馏法。纯化后的溶剂是否符合要求，最常用的检查方法是将纯化后的溶剂浓缩100倍，再用与待测物检测相同的方法进行检测，无干扰即可。

5.3.3.3 提取方法

（1）振荡提取　准确称取一定量的土样（新鲜土样加1～2倍量的无水Na_2SO_4或$MgSO_4$·H_2O搅匀，放置15～30min，固化后研成细末），转入标准口锥形瓶中，加入约2倍体积的提取剂振荡30min，静置分层或抽滤、离心分出提取液，土壤样品再分别用1倍体积提取剂提取2次，分出提取液，合并，待净化。

（2）超声波提取　准确称取一定量的土样（或取30.0g新鲜土样加30～60g无水Na_2SO_4

混匀）置于 400mL 烧杯中，加入 60～100mL 提取剂，超声振荡 3～5min，真空过滤或离心分出提取液，固体物再用提取剂提取 2 次，分出提取液合并，待净化。

（3）索氏提取　本法适用于从土壤中提取非挥发及半挥发有机污染物。

准确称取一定量土样或取新鲜土样 20.0g 加入等量无水 Na_2SO_4 研磨均匀，转入滤纸筒中，再将滤纸筒置于索氏提取器中。在有 1～2 粒干净沸石的 150mL 圆底烧瓶中加 100mL 提取剂，连接索氏提取器，加热回流 16～24h 即可。

（4）浸泡回流法　用于一些与土壤作用不大且不易挥发的有机污染物的提取。

（5）其他方法　近年来，吹扫蒸馏法（用于提取易挥发性有机污染物）、超临界提取法（SFE）都发展很快。尤其是 SFE 法，由于其快速、高效、安全（不需任何有机溶剂），因而具有很好发展前景。

5.3.4 提取液的净化

使待测组分与干扰物分离的过程为净化。当用有机溶剂提取样品时，一些干扰杂质可能与待测物一起被提取出，这些杂质若不除掉将会影响检测结果，甚至使定性定量分析无法进行，严重时还可使气相色谱的柱效降低、检测器沾污，因而提取液必须经过净化处理。净化的原则是尽量完全除去干扰物，而使待测物尽量少损失。常用的净化方法有以下几种。

5.3.4.1 液-液分配法

液-液分配的基本原理是在一组互不相溶的溶剂对中溶解某一溶质成分，该溶质以一定的比例分配（溶解）在溶剂的两相中。通常把溶质在两相溶剂中的分配比称为分配系数。在同一组溶剂对中，不同的物质有不同的分配系数；在不同的溶剂对中，同一物质也有着不同的分配系数。利用物质和溶剂对之间存在的分配关系，选用适当的溶剂通过反复多次分配，便可使不同的物质分离，从而达到净化的目的，这就是液-液分配净化法。采用此法进行净化时一般可得较好的回收率，但分配的次数须是多次方可完成。

液-液分配过程中若出现乳化现象，可采用如下方法进行破乳：①加入饱和硫酸钠水溶液，以其盐析作用而破乳；②加入硫酸（1＋1），加入量从 10mL 逐步增加，直到消除乳化层，此法只适于对酸稳定的化合物；③离心机离心分离。

液-液分配中常用的溶剂对有：乙腈-正己烷、*N*,*N*-二甲基甲酰胺（DMF）-正己烷、二甲基亚砜-正己烷等。通常情况下正己烷可用廉价的石油醚（沸点 60～90℃）代替。

5.3.4.2 化学处理法

用化学处理法净化能有效地去除脂肪、色素等杂质。常用的化学处理法有酸处理法和碱处理法。

（1）酸处理法　用浓硫酸或硫酸（1＋1）：发烟硫酸直接与提取液（酸与提取液体积比 1∶10）在分液漏斗中振荡进行磺化，以除掉脂肪、色素等杂质。其净化原理是脂肪、色素中含有碳-碳双键，如脂肪中不饱和脂肪酸和叶绿素中含一双键的叶绿醇等，这些双键与浓硫酸作用时发生加成反应，所得的磺化产物溶于硫酸，这样便使杂质与待测物分离。

这种方法常用于强酸条件下稳定的有机污染物，如有机氯农药的净化，而对于易分解的有机磷、氨基甲酸酯农药则不可使用。

（2）碱处理法　一些耐碱的有机污染物如农药艾氏剂、狄氏剂、异狄氏剂可采用氢氧化钾-助滤剂柱代替皂化法。提取液经浓缩后通过柱净化，用石油醚洗脱，有很好的回收率。

此外，还可用吸附柱层析法净化，主要有氧化铝柱、弗罗里硅土柱、活性炭柱等。

【思考与练习 5.3】

1. 土壤预处理的目的是什么？
2. 土壤预处理的方式主要有些？

5.4　土壤主要指标的测定

5.4.1　土壤含水量

5.4.1.1　基础知识

土壤水分是土壤生物生长必需的物质，土壤含水量一般是指土壤绝对含水量，即 100g 烘干土中含有若干克水分，也称土壤含水率。测定土壤含水量可掌握作物对水的需要情况，对农业生产有很重要的指导意义，其主要方法有称重法、张力计法、电阻法、中子法、γ-射线法、驻波比法、时域反射法、高频振荡法（FDR）及光学法等。

5.4.1.2　土壤含水量的测定

（1）方法原理　土壤样品在（105±2)℃烘至恒重时的失重，即为土壤样品所含水分的质量。

（2）仪器和设备

① 铝盒：小型的直径约 40mm，高约 20mm；大型的直径约 55mm，高约 28mm。

② 分析天平：感量为 0.001g 和 0.01g。

③ 小型电热恒温烘箱。

④ 干燥器：内盛变色硅胶或无水氯化钙。

（3）测定步骤

① 风干土样含水量的测定。取小型铝盒在 105℃恒温箱中烘烤约 2h，移入干燥器内冷却至室温，称重，精确至 0.001g。将风干土样拌匀，取约 5g，均匀地平铺在铝盒中，盖好，称重，精确至 0.001g。将铝盒盖揭开，放在盒底，置于已预热至（105±2)℃的烘箱中烘烤 6h。取出，盖好，移入干燥器内冷却至室温（约需 20min)，立即称重。风干土样含水量的测定应做两份平行测定。

② 新鲜土样含水量的测定。将盛有新鲜土样的大型铝盒在分析天平上称重，精确至 0.01g。揭开盒盖，放在盒底，置于已预热至（105+2)℃的烘箱中烘烤 12h。取出，盖好，在干燥器中冷却至室温（约需 30min)，立即称重。新鲜土样含水量的测定应做三份平行测定。

（4）结果计算　计算公式：

$$水分含量(新鲜土样)=[(m_1-m_2)/(m_1-m_0)]\times 100\%$$

$$水分含量(干基)=[(m_1-m_2)/(m_2-m_0)]\times 100\%$$

式中　m_0——烘干前空铝盒质量，g；

m_1——烘干前铝盒及土样质量，g；

m_2——烘干后铝盒及土样质量，g。

5.4.2 土壤 pH

5.4.2.1 基础知识

土壤 pH 是上壤重要的理化参数，是土壤酸度和碱度的总称，通常用以衡量土壤酸碱反应的强弱。pH 在 6.5～7.5 之间的为中性土壤，6.5 以下为酸性土壤，7.5 以上为碱性土壤。pH 对土壤微量元素的有效性和肥力有重要影响，pH 为 6.5～7.5 的土壤，磷酸盐的有效性最大。土壤酸性增强，所含许多金属化合物溶解度增大，其有效性和毒性也增大。土壤 pH 过高或过低都会影响植物的生长。

5.4.2.2 土壤 pH 的测定

（1）方法原理　用水或盐溶液（1mol/L KCl 或 0.01mol/L $CaCl_2$）可提取土壤中的活性和交换性的酸。当以 pH 玻璃电极为指示电极、甘汞电极为参比电极，插入土壤浸出液或土壤悬浊液中时，构成电池反应，两极之间产生一个电位差。参比电极的电位是固定的，因而电位差的大小取决于试液中的氢离子活度。因此，可用电位计测定其电动势，换算成 pH，或用酸度计直接读得 pH。

（2）仪器和设备　电子天平、酸度计、磁力搅拌器、50mL 烧杯、吸水滤纸。

（3）试剂

① pH＝4.01 标准缓冲溶液：称取经 105℃烘烤 2h 的邻苯二甲酸氢钾 10.21g，用无 CO_2 的蒸馏水溶解，稀释至 1000mL，此溶液在 20℃时的 pH 为 4.01。

② pH＝6.86 标准缓冲溶液：称取磷酸二氢钾 3.39g 和无水磷酸氢二钠 3.53g 溶于无 CO_2 的蒸馏水中，加水稀释至 1000mL，此溶液在 25℃的 pH 为 6.86。

③ pH＝9.18 标准缓冲溶液：称取 3.80g 四硼酸钠（$Na_2B_4O_7 \cdot 10H_2O$）溶于无 CO_2 的蒸馏水中，加水稀释至 1000mL，此溶液在 25℃的 pH 为 9.18。

【注意】无二氧化碳蒸馏水：将蒸馏水置于烧杯中，加热煮沸数分钟，冷却后放在磨口玻璃瓶中备用。

④ 1.0mol/L KCl 溶液：称取 74.6g KCl（化学纯）溶于 400mL 水中，该溶液 pH 需用 10% KOH 和 HCl 调节至 5.5～6.5，然后稀释至 1L。

⑤ 0.01mol/L $CaCl_2$ 溶液：称取 147.02g $CaCl_2 \cdot 2H_2O$（分析纯）溶于 200mL 水中，定容至 1L，即为 1mol/L $CaCl_2$ 溶液。取此液 10mL 于 500mL 烧杯中，加 400mL 水，用少量 $Ca(OH)_2$ 或 HCl 调节 pH 到约为 6，转入容量瓶定容至 1L，即为 0.01mol/L $CaCl_2$ 溶液。

（4）步骤

① 试液的制备：称取过 20 目筛的土样 10.0g，置于 50mL 烧杯中，加 25mL 无二氧化碳蒸馏水或盐溶液（1mol/L KCl 或 0.01mol/L $CaCl_2$ 溶液），轻轻摇动，使水与土样充分混合均匀。投入一枚磁搅拌子，放在磁力搅拌器上搅拌 1min。放置 30min，待测。此时应避免空气中有氨或挥发性酸。

② pH 计的校准：开机预热 10min，将浸泡 24h 以上的玻璃电极和甘汞电极或者复合电

极浸入 pH＝6.86 标准缓冲溶液中，将 pH 计定位在 6.86 处，反复几次至不变为止。取出电极，用蒸馏水冲洗干净，用滤纸吸去水分，再插入 pH＝4.01（或 9.18）标准缓冲溶液中复核其 pH 是否正确（误差在±0.2 即可使用，否则要重新选择合适的玻璃电极）。

③ 样品测量：用蒸馏水冲洗电极，并用滤纸吸去水分，将玻璃电极和甘汞电极或者复合电极插入土壤试液或悬浊液中，待电极电位达到平衡，读取 pH。每测一个样液后都要用水冲洗电极，并用滤纸轻轻将电极上附着的水吸干，再进行第二个样液的测定。测定 5～6 个样品后，应用 pH 标准缓冲液校正仪器一次。

（5）注意事项

① 土样加入水或 1mol/L 的 KCl 或 0.01mol/L 的 $CaCl_2$ 溶液后的平衡时间对测得的土壤 pH 是有影响的，且因土壤类型而异。一般来说，平衡时间为半小时。

② 玻璃电极插入土壤悬液后应轻微摇动，以除去玻璃电极表面的水膜，加速平衡，这对于缓冲性弱和 pH 较高的土壤尤为重要。

③ 水土比对土壤 pH 有影响，对碱性土壤，水土比增加，测得 pH 增高，因此测定土壤 pH 时水土比应固定不变，一般以 1∶1 或 2.5∶1 为宜。

④ 风干土壤和潮湿土壤测得 pH 有差异，尤其是石灰性土壤，由于风干作用使土壤中大量 CO_2 逸失，其 pH 增高，因此风干土的 pH 为相对值。

5.4.3　土壤中镉、铬、铅、铜、锌

5.4.3.1　基础知识

铅、铬和镉是动物、植物非必需的有毒有害元素，可在土壤中累积，并通过食物链进入人体。土壤中铬的背景值一般为 20～200mg/kg，铬在土壤中主要以三价和六价两种形态存在，其存在形态和含量取决于土壤 pH 和污染程度等。六价铬化合物迁移能力强，其毒性和危害大于三价铬。三价铬和六价铬可以相互转化。

铜和锌是植物、动物和人体必需的微量元素，可在土壤中积累，当其含量超过最高允许浓度时，将会危害动植物。

5.4.3.2　土壤中镉、铬、铅、铜、锌的测定

（1）方法原理　采用硝酸-氢氟酸-高氯酸全分解的方法，破坏土壤的矿物晶格，使试样中的待测元素全部进入试液，然后用电感耦合等离子体质谱仪（ICP-MS）上机分析。

（2）仪器和设备

消解管（PP）：50mL；

移液枪：符合《移液器检定规程》（JJG 646—2006）计量性能要求；

电感耦合等离子体质谱仪；

智能石墨消解仪；

分析天平：0.0001g；

聚四氟乙烯烧杯：100mL；

一般实验室常用仪器和设备。

（3）试剂　除非另有说明，分析时均用符合国家标准的优级纯试剂，实验用水为当天新制备的去离子水或同等纯度的水。文中所说水均指一级水；

硝酸：$\rho(HNO_3)$ =1.42g/mL；

氢氟酸：$\rho(HF)$ =1.49g/mL；

高氯酸：$\rho(HClO_4)$ =1.68g/mL；

校准溶液：用B-232多元素混标液（100mg/L）配制浓度分别为0.0、0.5μg/L、1.0μg/L、5.0μg/L、10.0μg/L、20.0μg/L、100μg/L、500μg/L的校准溶液，用1%的硝酸定容至100mL PP容量瓶中。

（4）步骤

① 样品测定：称取经风干、研磨并过0.149mm（100目）孔径筛的土壤样品0.1000～0.105 0g（精确至0.0001g），加少于1mL的一级水湿润样品，加入8mL硝酸、4mL氢氟酸、1mL高氯酸，加盖后于通风橱内的智能石墨消解仪上低温加热（105℃低温加热30min），使样品初步分解。然后把温度调节到120℃，中温加热45～60min，再把温度调节到140℃左右，开盖除硅，应经常摇动烧杯。然后继续加热进行赶酸，当加热至冒浓厚高氯酸白烟时，加盖，使黑色有机碳化物分解。待烧杯壁上的黑色有机物消失后（约5min），开盖，驱赶白烟继续蒸至呈黏稠状并只剩下最后一滴。取下冷却，用水冲洗内壁及烧杯盖，并加入约0.5mL浓硝酸，温热溶解残渣。然后全量转移至50mL消解管中，定容至刻度。

② 空白试验：采用和样品测定相同的试剂和步骤，制备全程序空白溶液与待测样品一同上机测试。每批样品制备2个以上空白溶液。

③ 上机测定：开启仪器，预热半小时以上，将仪器调节到最佳工作条件，用外标法KED模式测试。

（5）数据处理　土壤样品中镉、铅、锌、铜和铬含量（w）以质量浓度计，数值以毫克每千克（mg/kg）为单位表示，按式（5-2）计算：

$$w=\frac{(\rho-\rho_0)\times V}{m(1-f)\times 1000} \tag{5-2}$$

式中　ρ——试液测定浓度，μg/L。

ρ_0——试剂空白溶液测定浓度，μg/L。

V——样品消解后定容体积，mL。

m——试样质量，g。

f——土壤含水率。

（6）注意事项

① 测定所用的器皿、容器等需先用自来水洗净（不可使用洗涤剂），再用20%（体积分数）硝酸溶液（用优级纯硝酸配制）浸泡12h以上，使用前再依次用自来水和一级水洗净。

② 如要同时测定铬，温度不能过高（最好不要超过140℃），加入高氯酸时冒白烟时间不能太长。

③ 由于土壤种类较多，所含有机质差异较大，在消解时，应注意观察各种酸的用量，可视消解情况，酌情增减；智能消解仪温度不宜太高，否则会使聚四氟乙烯烧杯变形；样品消解时，在蒸至近干过程中需特别小心，防止蒸干，否则待测元素会有损失。

④ 加水定容后，静置至溶液澄清才可上机，否则悬浮物会影响测定结果。

⑤ 高浓度样品，或者有机物含量过高的样品，会严重影响仪器的测定，并且大量残留在仪器中，测定前尽量先将样品稀释高倍数后，再根据具体情况进行稀释。如果测定过程中出现高浓度样品，则必须清洗仪器管路（通常使用5%硝酸），重新稀释后再测定样品。

5.4.4　土壤中六六六和滴滴涕

六六六和滴滴涕属于高毒性、高生物活性的有机氯农药，在土壤中残留时间长，土壤被六六六和滴滴涕污染后，对土壤生物会产生直接毒害，并通过生物积累和食物链进入人体，危害人体健康。

用丙酮-石油醚提取土壤样品中的六六六和滴滴涕，经硫酸净化处理后，用带电子捕获检测器的气相色谱仪测定。根据色谱峰保留时间进行两种物质异构体的定性分析，根据峰高（或峰面积）进行各组分的定量分析。具体测定步骤参考国家标准《土壤中六六六和滴滴涕测定　气相色谱法》（GB/T 14550—2003）。

【思考与练习 5.4】

1. 测定土壤含水量时烘箱的温度是__________。

2. pH 在________之间的为中性土壤；________以下为酸性土壤；________以上为碱性土壤。

3. 测定土壤中金属元素含量，采用__________全分解的方法，破坏土壤的矿物晶格，使试样中的待测元素全部进入试液，然后用 ICP-MS 上机分析。

【阅读材料】

多部委联合印发《“十四五”土壤、地下水和农村生态环境保护规划》

2022 年 1 月，生态环境部、发展改革委、财政部、自然资源部、住房和城乡建设部、水利部、农业农村部等 7 部门联合印发《“十四五”土壤、地下水和农村生态环境保护规划》，提出到 2025 年，全国土壤和地下水环境质量总体保持稳定，受污染耕地和重点建设用地安全利用得到巩固提升；农业面源污染得到初步管控，农村环境基础设施建设稳步推进，农村生态环境持续改善。

规划分别从土壤、地下水、农业农村 3 个方面设置了 8 项生态环境保护具体指标：到 2025 年，受污染耕地安全利用率达到 93%左右，重点建设用地安全利用得到有效保障，地下水国控点位Ⅴ类水比例保持在 25%左右，“双源”点位水质总体保持稳定，主要农作物化肥、农药使用量减少，农村环境整治村庄数量新增 8 万个，农村生活污水治理率达到 40%等。

规划提出 4 个方面任务，包括土壤污染防治、地下水污染防治、农业农村环境治理、提升生态环境监管能力等。同时，为支撑主要任务落实，规划提出了 4 个方面的重大工程，包括土壤和地下水污染源头预防工程、土壤和地下水污染风险管控与修复工程、农业面源污染防治工程、农村环境整治工程。

其中涉及土壤污染防治的主要任务包括：加强耕地污染源头控制，开展耕地土壤重金属污染成因排查，深入实施耕地分类管理，全面落实安全利用和严格管控措施，动态调整耕地土壤环境质量类别，开展土壤污染防治试点示范，加强种植业污染防治，提升秸秆、农膜回收利用水平。涉及提升生态环境监管能力的主要任务包括：健全监测网络，完善土壤环境监测网，优化调整土壤环境监测点位，强化农产品产地土壤和农产品协同监测。对土壤污染重点监管单位周边土壤至少完成一轮监测。开展典型行业企业用地及周边土壤污染状况调查，开展土壤生态调查试点。强化科技支撑，通过国家科技计划（专项、基金等），支持土壤污染治理相关技术研发。开展有关土壤污染物生态毒理、污染物在土壤中迁移转化规律、土壤污染风险评估涉及的模型和关键暴露参数等基础研究。开展土壤中铅、砷等污染物生物可利用性测试和验证方法研究。推动开展镉等重金属大气污染物排放自动监测设备、土壤气采样设备的研发。开展耕地土壤污染累积变化趋势方法研究。推进土壤污染风险管控和修复共性关键技术、设备研发及应用。

第6章

【重点内容】

① 水环境生物监测的样品采集；
② 生物群落监测方法；
③ 水污染的细菌学检验法；
④ 水环境生物监测的监测指标；
⑤ 空气污染生物监测；
⑥ 土壤污染生物监测。

【知识目标】

① 掌握生物监测的概念及意义；
② 掌握水环境生物监测的监测指标；
③ 掌握水环境生物监测的主要方法原理；
④ 掌握污染物在动、植物体内的分布规律及污染途径；
⑤ 了解生态监测的概念。

【能力目标】

① 能正确采集水环境生物监测的样品；
② 能正确运用国家标准中的方法测定水中细菌总数；
③ 能正确运用国家标准中的方法测定水中的大肠杆菌；
④ 能正确运用国家标准中的方法测定植物中的镉。

【素质目标】

① 通过生物监测与传统化学监测的对比，培养辩证思维；
② 通过学习生物监测的应用及发展，培养运用所学知识解决实际问题的能力以及创新思维；
③ 通过学习生物监测的测定原理及过程，具备良好的职业素养和工匠精神。

生物监测是以生物的个体、种群和群落等各层次对环境污染所产生的反应来阐明环境的污染状况，从生物学角度为环境质量的监测和评价提供依据的一种方法。生物监测是环境监测的重要组成部分，是物理监测和化学监测的重要补充。生物监测具有综合性、连续性、灵敏性、积累性和经济性等特点，是物理监测和化学监测不可取代的。

根据生物所处的环境介质，生物监测可分为水环境污染生物监测、空气污染生物监测和土壤污染生物监测。

6.1 水环境污染生物监测

河流、湖泊、水库等水域是由水生生物和水域环境共同组成的复杂水生生态系统。在一定条件下，水生生物群落和水环境之间相互联系、相互制约，保持着自然的、暂时的相对平衡关系。污染物进入水体后，会引起生物种类组成和数量的变化，打破原有平衡，建立新的平衡关系。水环境污染生物监测的主要目的是了解污染对水生生物的危害状况，判别和测定水体污染的类型和程度，为制定污染控制措施、保持水环境生态系统平衡提供依据。

6.1.1 水环境污染生物监测的样品采集

6-1 水环境污染生物监测

水环境污染生物监测的监测断面和采样点的布设应在对监测区域的自然环境和社会环境进行调查研究的基础上，遵循断面要有代表性，尽可能与理化监测断面相一致，并考虑水环境的整体性、监测工作的连续性和经济性等原则。对于河流，应根据其长度，至少设上游（对照）、中游（污染）、下游（观察）三个断面；采样点数视水面宽、水深、生物分布特点等确定。对于湖泊、水库，一般应在入湖（库）区、中心区、出口区、最深水区、清洁区等处设监测断面。对于海洋，监测站点应覆盖或代表监测海域，以最少数量监测站点，满足监测目的需要和统计学要求；监测站点应考虑监测海域的功能区划和水动力状况，尽可能避开污染源；除特殊需要（因地形、水深和监测目标所限制）外，可结合水质或沉积物，采用网格式或断面等方式布设监测站点；开阔海域，监测站点可适当减少，半封闭或封闭海域，监测站点可适当增加；监测站点一经确定，不应轻易更改，不同监测航次的监测站点应保持不变。

6.1.2 水环境污染生物监测的监测指标和项目

以河流为对象，监测指标为底栖动物（种类、数量）、大肠菌群（数量）、着生生物*（种类、数量）和浮游生物*（种类、数量）。以湖泊、水库为对象，监测指标为叶绿素 a（含量）、浮游植物（种类和密度）、大肠菌群（数量）、底栖动物*（种类、数量）。以城市水体为对象，监测指标在鱼类急性毒性试验*、溞类急性毒性试验*、藻类急性毒性试验*、发光细菌急性毒性试验*、微型生物群落级毒性试验* 5 种方法中任选一种，监测项目为 96h 死亡率、48h LC_{50}、96h EC_{50}、抑光率。以近岸海域为对象，监测指标为浮游植物（种类、数量）、大型浮游动物（种类、数量）、大肠菌群（数量）、细菌总数（数量）、底栖动物（底内生物）（种类、数量）、叶绿素 a（含量）、初级生产力*、赤潮生物*（种类、数量）、中小型浮游动物*（种类、数量）、底栖动物*（底上生物）（种类、数量）、大型藻类*（数量）、鱼类*（数量）。其中“*”标记为选测指标，其余为必测指标。

6.1.3 水环境污染生物监测方法

6.1.3.1 污水生物系统法

污水生物系统是德国学者于 20 世纪初提出的，其原理是基于将受有机物污染的河流按照污染程度和自净过程，自上游向下游划分为四个连续的河段。后来经过一些学者的研究和补充，编制出如表 6-1 所示的污水生物系统生物学和化学特征。根据所监测水体中生物种类的存在与否，划分污水生物系统，确定水体的污染程度。

表 6-1　污水生物系统生物学和化学特征

项目	多污带	α-中污带	β-中污带	寡污带
化学过程	还原和分解作用明显发生	水中和底质中出现氧化作用	氧化作用更强烈	因氧化作用无机化达到矿化阶段
溶解氧	没有或极微量	少量	较多	很多
BOD	很高	高	较低	低
硫化氢	具有强烈的硫化氢臭味	轻微的硫化氢臭味	无	无
水中有机物	蛋白质、多肽等高分子化合物大量存在	高分子化合物分解产生氨基酸、氨等	大部分有机物已完成无机化过程	有机物完全分解
底质	常有黑色硫化铁存在，呈黑色	硫化铁被氧化成氢氧化铁，不呈黑色	有 Fe_2O_3 存在	大部分氧化
水中细菌	大量存在，每毫升可达 100 万个以上	数量较多，每毫升在 10 万个以上	数量减少，每毫升在 1 万个以下	数量少，每毫升在 100 个以下
栖息生物的生态学特征	动物都是摄食细菌者，且是耐受 pH 强烈变化、耐低溶解氧的厌氧生物，对硫化氢、氨等毒物有强烈抗性	摄食细菌的动物占优势，肉食性动物增加，对溶解氧和 pH 变化表现出高度适应性，对氨有一定耐受性，对硫化氢耐受性较弱	对溶解氧和 pH 变化耐受性较差，并且不能长时间耐腐败性毒物	对 pH 和溶解氧变化耐受性很弱，特别是对腐败性毒物如硫化氢等耐受性很差
植物	无硅藻、绿藻、接合藻及高等植物	出现蓝藻、绿藻、接合藻、硅藻等	出现多种类的硅藻、绿藻、接合藻，是鼓藻的主要分布区	水中藻类少，但着生藻类较多
动物	以微型动物为主，原生动物占优势	仍以微型动物为主	多种多样	多种多样
原生动物	有变形虫、纤毛虫，但无太阳虫、双鞭毛虫、吸管虫等	仍然没有双鞭毛虫，但逐渐出现太阳虫、吸管虫等	太阳虫、吸管虫中耐污性差的种类出现，双鞭毛虫也出现	双鞭毛虫、纤毛虫有少量出现
后生动物	仅有少数轮虫、蠕形动物、昆虫幼虫；水螅、淡水海绵、苔藓动物、小型甲壳类、鱼类不能生存	没有淡水海绵、苔藓动物，有贝类、甲壳类、昆虫，鱼类中的鲤鱼、鲫鱼、鲶鱼等可在此带栖息	淡水海绵、苔藓动物、水螅、贝类、小型甲壳类、两栖类动物、鱼类出现	昆虫幼虫种类很多，其他各种动物逐渐出现

6.1.3.2 生物群落监测方法

（1）水污染指示生物法　水污染指示生物是指能对水体中污染物产生各种定性、定量反应的生物，如浮游生物、着生生物底栖动物、鱼类和微生物等，它们对水环境的变化特别是化学污染反应敏感或有较高的耐受性。水污染指示生物法就是通过观察水体中的指示生物的种类和数量变化来判断水体污染程度的。

（2）生物指数监测法　生物指数是指运用数学公式计算出的反映生物种群或群落结构变化，用以评价环境质量的数值。常用的生物指数有：贝克生物指数、贝克-津田生物指数、生物种类多样性指数、硅藻生物指数。

（3）PFU 微型生物群落监测法　微型生物是指水生生态系统中在显微镜下才能看到的微小生物，包括细菌、真菌、藻类、原生动物和小型后生动物等。它们彼此间有复杂的相互作用，在一定的环境中构成特定的群落，其群落结构特征与高等生物群落相似。当水环境受到污染后，群落的平衡被破坏、种类数减少、多样性指数下降，随之结构、功能参数发生变化。

6.1.3.3 生物测试法

利用生物受到污染物质危害或毒害后所产生的反应或生理机能的变化，来评价水体污染状况，确定毒物安全浓度的方法称为生物测试法。

（1）水生生物急性毒性试验　进行水生生物毒性试验可用鱼类、溞类、藻类等，其中鱼类毒性试验应用较广泛。鱼类毒性试验的主要目的是寻找某种毒物或工业废水对鱼类的半数致死浓度与安全浓度，为制定水质标准和废水排放标准提供科学依据；也可用于测试水体的污染程度和检查废水处理效果等；有时鱼类毒性试验也用于一些特殊目的，如比较不同化学物质毒性的高低，测试不同种类鱼对毒物的相对敏感性。

（2）发光细菌急性毒性测试　发光细菌是一类非致病的革兰阴性微生物，它们在适当条件下能发射出肉眼可见的蓝绿色光（450～490nm）。当样品毒性组分与发光细菌接触时，可影响或干扰细菌的新陈代谢，使细菌的发光强度下降或不发光。在一定毒物浓度范围内，毒物浓度与发光强度呈负相关线性关系，因而可使用生物发光光度计测定水样的相对发光强度以此来监测毒物浓度。

（3）遗传毒性检测　常见的遗传毒性检测方法有埃姆斯（Ames）试验、微核测定、染色体畸变试验等。Ames 试验是利用鼠伤寒沙门氏菌的组氨酸营养缺陷型菌株发生回复突变的性能来检测被检物是否具有致突变性。微核测定原理基于生物细胞中的染色体在复制过程中常会发生一些断裂，在正常情况下，这些断裂绝大多数能自己愈合，但如果受到外界诱变剂的作用，就会产生一些游离染色体断片，形成包膜，变成大小不等的小球体（微核），其数量与外界诱变剂强度成正比。可用于评价环境污染水平和对生物危害程度。该方法所用生物材料可以是植物或动物组织和细胞，植物广泛应用紫露草和蚕豆根尖。染色体畸变试验是依据生物细胞在诱变因素的作用下，其染色体数目和结构发生变化，如染色单体断裂、染色单体互换等以此来检测诱变剂及其强度。

（4）紫露草微核监测

① 原理：生物细胞中的染色体在复制过程中常会发生一些断裂，在正常情况下，这些断裂绝大多数能自己愈合。如果生物细胞在早期减数分裂过程中辐射或环境中其他诱变因子

的作用而引起染色体断片，由于缺少了着丝点，染色体断片不能受纺锤丝牵引移到细胞两极，而游离在细胞质中，当新细胞形成时，这些断片就会形成大小不等的微核，分布在主核的周围。

紫露草是一种多年生草本植物，属鸭跖草科、紫露草属，易无性繁殖、分生多，减数分裂期具有高度同步性。在减数分裂时，其花粉母细胞染色体比有丝分裂中的染色体对污染物更为敏感，且染色体在各时期的敏感性不同，在处理大量同步分裂的敏感花粉母细胞时，在四分体中能观察到染色体损伤断裂而形成的微核。其自然本底微核率较低、微核形成过程短，适宜用于监测。

紫露草微核实验是利用花粉母细胞减数分裂中的染色体作为受击目标，以四分体内所形成的微核频率为监测指标。在花粉母细胞减数分裂早期，受到污染环境中的各种诱变理化因子的作用，染色体发生断裂，断裂的染色体片段由于丧失着丝点，不能移向细胞两极，在四分体时期形成0.5～3.0μm的微核，游离在四分体胞质中。该微核出现的频率可反映出环境污染物对真核生物的生殖细胞染色体损害的程度。

② 仪器和设备：显微镜及其照相设备、计数器。

③ 试剂

卡诺氏液：无水乙醇∶冰醋酸＝3∶1（现用现配）。

70％乙醇。

1mol/L盐酸。

1mol/L氢氧化钠溶液。

1％乙酸洋红：将100mL 45％冰醋酸水溶液倾入250mL锥形瓶中，文火煮沸，缓缓投入1.00g洋红粉末，煮沸1～2h，在该溶液中悬吊一小铁钉，煮沸1.5min取出，或当溶液冷却后加入1～2滴乙酸铁溶液，使溶液中含有适量铁离子，以便增加染色效果。溶液经过滤后分装于棕色试剂瓶中保存于暗处、备用。

生物：紫露草，无性繁殖株，地栽或盆栽，最适宜温度21～26℃，夜间16℃左右，湿度60％～80％，光照强度在1800～2000lx，每日光照14h，施加粪肥或饼肥，忌用化肥，以保证紫露草持续开花，自然突变本底低。

④ 步骤

a. 花序采集。每个处理组至少采15个花序，随机采集生长健壮的紫露草花枝，其花序顶端开的第一朵花一般有10～13个花蕾，花序下带有2片叶子，花枝长5～8cm，置于无污染自来水中，备用。

b. 调节代测物pH。用1mol/L盐酸或1mol/L氢氧化钠溶液调节待测物的pH至5.5～8.5。

c. 待测物浓度的选择。采用等间距对数浓度或体积分数，经预试后确定5～6个浓度组，并设　阴性对照组。

d. 花序处理。将配制好的各浓度待测物溶液分别盛入500mL烧杯中并进行编号。烧杯上蒙以带孔的塑料膜或塑料板，每个处理组和对照组各插入15个花枝，进行培养处理，处理时间视待测物的毒性和pH而定，1～6h。在人工或自然光源下培养处理一般需6h。每个处理组与对照组需设2～3个平行样。

e. 恢复培养。更换处理花序杯内的自来水，在常温和人工光照下连续恢复培养24h。

f. 固定及保存。将恢复培养后的花序剪下，去掉叶和花梗，浸在新配制的卡诺氏液中固定 24h，再将花序移入 70%乙醇中，于 4℃冰箱保存，备用。若需长期保存，每月需要换 1 次 70%的乙醇。

g. 压片与染色。取一固定好的花序，选择从顶端向下数第 7～8 个花蕾，用解剖刀把花蕾从中央劈开，用解剖针和镊子打开花蕾，剥出花药，置于载玻片上，滴 1 滴乙酸洋红，稍加挤压，置于 100 倍显微镜下观察。若大部分为四分体，则充分捣碎花药，去除花粉囊等杂物，小心盖上盖玻片，在酒精灯火焰上过 5～6 个来回，盖上多层吸水纸，用拇指轻轻挤压盖玻片，置于显微镜下观察计数。如染色过深，则在一端滴 1 滴 45%乙酸溶液，在另一端用吸水纸吸掉，使之稍加褪色。如染色过浅，可在盖玻片的一端滴 1 滴乙酸洋红，在另一端用吸水纸吸去过多的染色液。

h. 观察与计数。检片时采用双盲片法，即封死原制片的样本号后，打乱原制片的顺序，重新编码。

在低倍镜下观察选择四分体细胞分布均匀、染色好的区域，再在 400 倍显微镜下观察，以一个四分体为一个检视单位，进行计数。为避免重复，以“Z”形路线移动观片。每张制片至少检视 300 个四分体作为一个样品群体。记录含有 1 个、2 个、3 个、4 个、5 个微核的四分体数。

形态观察。早期四分体胞质中的微核，其直径为 0.5～3μm，呈圆形或椭圆形分布在主核周围，着色与主核一致，找到后进行显微照相。

揭开加封码，记录真实编号，待结果分析。

⑤ 数据处理

a. 微核形态观察计数。

b. 按公式计算微核率。

$$\text{微核率}=\text{微核总数}/\text{四分体总数}\times 100\% \tag{6-1}$$

c. 处理与评价。根据记录的所有样品群体的结果，计算其平均值、标准偏差和标准误差，以平均值差的标准误差公式，来鉴别处理组和对照组间差别的显著性。

$$S_d=\sqrt{(SE_t)^2+(SE_c)^2} \tag{6-2}$$

式中 S_d——平均值差的标准误差值；

SE_t——处理组的标准误差值；

SE_c——对照组的标准误差值。

当平均值差等于或大于平均值差的标准误差值 2 倍时，表示处理组的平均值与对照组平均值差异显著（5%以下的概率），从而评价水体是否受到诱变剂污染及污染水平。

⑥ 注意事项

a. 必须选用早期四分体时期的花蕾进行压片，这是监测成功的关键。

b. 乙酸洋红制备过程中要用文火煮沸，加铁离子切忌过量，控制悬吊铁钉的煮沸时间。

c. 严格控制染毒、恢复、固定的时间。

d. 平均微核率为 3 个样品群体的平均值。

e. 材料的本底微核率不得超过 10%，如同一处理组的重复监测微核率相差 2%以上，应重做。

6.1.3.4 叶绿素 a 的测定

叶绿素是植物光合作用的重要光合色素，常见的有叶绿素 a、b、c、d 四种类型，其中叶绿素a是能将光合作用的光能传递给化学反应系统的唯一色素。通过测定叶绿素a，可掌握水体的初级生产力，了解河流、湖泊和海洋中植物性浮游生物的现存量。叶绿素a含量可作为评价水体富营养化并预测其发展趋势的指标之一。

6.1.3.5　微囊藻毒素的测定

藻类毒素是水污染监测的一个重要指标。微囊藻毒素（microcystin，简称MC）是蓝藻产生的一类天然毒素，是富营养化淡水水体中最常见的藻类毒素，也是毒性较大、危害最严重的一种。目前常用的微囊藻毒素检测方法有生物（生物化学）检测法和物理化学检测法两类。

6.1.3.6　细菌学检验法

细菌能在各种不同的自然环境中生长。地表水、地下水，甚至雨水和雪水都含有多种细菌。水的细菌学检验，特别是肠道细菌的检验，在卫生学上具有重要的意义。直接检验水中的各种病原菌，方法较复杂，有的难度大，且结果也不能保证绝对准确。所以，在实际工作中，经常以检验细菌总数，特别是检验作为粪便污染的指示菌，如总大肠菌群、粪大肠菌群、粪链球菌等，来间接判断水的卫生学质量。

（1）水中细菌总数的测定

① 原理。水中细菌种类繁多，它们对营养和其他生长条件的要求各不相同，无法找到一种在某种条件下使水中所有细菌均能生长繁殖的培养基。因此，通常选择一种大部分细菌能生长的培养基，通过生长出来的菌落大致计算水中细菌总数。

细菌总数实际上是指1mL水样在营养琼脂培养基中，于37℃培养24h后，所生长细菌菌落的总数。细菌总数可以反映水体被有机污染的程度。一般未被污染的水体细菌数量很少，如果细菌数增多，表示水体可能受到有机污染，细菌总数越多说明污染越重。因此，细菌总数是检验饮用水、水源水、地表水等污染程度的指标。

② 培养基。牛肉膏蛋白胨琼脂培养基：蛋白胨10g、牛肉膏3g、氯化钠5g、琼脂15～20g、蒸馏水1000mL，将以上成分混合后，加热溶解，调整pH 7.4～7.6，过滤，分装于玻璃容器中，经121℃高压蒸汽灭菌20min，置于冷暗处备用。

③ 步骤

a. 水样的稀释。根据水被污染程度的不同，可用无菌吸管做10倍系列稀释。

将水样用力振摇20～25次，使可能存在的细菌凝团分散开。以无菌操作方法吸取10mL充分混匀的水样，注入盛有90mL灭菌水的三角烧瓶中（可放有适量的玻璃珠）混匀成1∶10稀释液。吸取1∶10的稀释液1mL注入盛9mL灭菌水的试管中，混匀成1∶100稀释液。按同法依次稀释成1∶1000、1∶10000稀释液（稀释倍数按水样污浊程度而定）。

【注意】吸取不同浓度的稀释液时，必须更换吸管。

b. 接种。以无菌操作方法用灭菌吸管吸取1mL充分混匀的水样，注入灭菌培养皿中，再倾注约15mL已熔化并冷却到45℃左右的培养基，并立即转动培养皿，使水样与培养基充分混匀。每个水样应倾注3个培养皿，每次检验时另用3个培养皿只倾注营养琼脂培养基作为空白对照。

c. 培养。待冷却凝固后，翻转培养皿，使皿底向上，置于37℃恒温箱内培养24h，进行菌落计数。

④ 菌落计数。做培养皿菌落计数时，可用肉眼观察，必要时用放大镜检查，以防遗漏。在记下各培养皿的菌落数后，应求出同稀释度的平均菌落数，供下一步计算时应用。在求同稀释度的平均数时，若其中一个培养皿有较大片状菌落生长时，则不宜采用，而应以无片状菌落生长的培养皿作为该稀释度的平均菌落数；若片状菌落不到培养皿的一半，而其余一半中菌落数分布又很均匀，则可将此半皿计数后乘 2 以代表全皿菌落数，然后再求该稀释度的平均菌落数。

⑤ 数据处理

a. 按各种不同情况进行计算。首先选择平均菌落数在 30～300 者进行计算，当有一个稀释度的平均菌落数符合此范围时，则以该平均菌落数乘其稀释倍数报告。

若有两个稀释度，其平均菌落数均为 30～300，则应按两者菌落总数之比值来决定。若其比值小于 2，应报告两者的平均数；若大于 2，则报告其中较小的菌落总数。

若所有稀释度的平均菌落数均大于 300，则应按稀释度最高的平均菌落数乘以稀释倍数报告。

若所有稀释度的平均菌落数均小于 30，则应按稀释度最低的平均菌落数乘以稀释倍数报告。

若所有稀释度的平均菌落数均不在 30～300，则以最接近 300 或 30 的平均菌落数乘以稀释倍数报告。

b. 菌落计数的报告。菌落数在 100 以内时按实有数报告。大于 100 时，采用 2 位有效数字，在 2 位有效数字后面的数值，以四舍五入方法计算，为了缩短数字后面的零数，也可用 10 的指数来表示。报告菌落数为“无法计数”时，应注明水样的稀释倍数。

⑥ 注意事项。严格无菌操作，防止污染。根据水样污染程度选择稀释倍数，必要时做预实验。

（2）多管发酵法测定水中总大肠菌群

① 原理。多管发酵是根据大肠菌群细菌能发酵乳糖、产酸产气以及具备革兰染色阴性、无芽孢、呈杆状等有关特性，通过 3 个步骤进行检验，以求得水样中的总大肠菌群数。

多管发酵法是以最可能数（most probable number，MPN）来表示试验结果的。实际上它是根据统计学理论，估计水体中的大肠菌群密度和卫生质量的一种方法。如果从理论上考虑，并且进行大量的重复检定，可以发现这种估计有大于实际数字的倾向。不过只要每一稀释度试管重复数目增加，这种差异便会减少。对于细菌含量的估计值，大部分取决于那些既显示阳性又显示阴性的稀释度。因此在试验设计上，水样检验所要求重复的数目，要根据所要求数据的准确度而定。

② 培养基

a. 乳糖蛋白胨培养基。蛋白胨 10g、氯化钠 5g、牛肉膏 3g、1.6%溴甲酚紫乙醇溶液 1mL、乳糖 5g、蒸馏水 1000mL。将蛋白胨、牛肉膏、乳糖、氯化钠加热溶解于 1000mL 蒸馏水中，调节 pH 为 7.2～7.4，再加入 1.6%溴甲酚紫乙醇溶液 1mL，充分混匀，分装于含有倒置小玻璃管的试管中，于高压蒸汽灭菌器中，115℃灭菌 20min，贮存于暗处备用。

b. 三倍乳糖蛋白胨培养基。根据实际需要，也可按上述配方比例（除蒸馏水外）配成二倍、三倍或五倍浓缩的乳糖蛋白胨培养液，制法同上。

c. 品红亚硫酸钠培养基。蛋白胨 10g，蒸馏水 1000mL，乳糖 10g、无水亚硫酸钠 5g 左右、磷酸氢二钾 3.5g、5%碱性品红乙醇溶液 20mL，琼脂 20～30g。

贮备培养基的配制。先将琼脂加至900mL蒸馏水中，加热溶解，然后加入磷酸氢二钾及蛋白胨，混匀使其溶解，再以蒸馏水补足至1000mL，调整pH为7.2～7.4。趁热用脱脂棉或多层纱布过滤，再加入乳糖，混匀后定量分装于烧瓶内，置于高压蒸汽灭菌器中，在115℃灭菌20min，贮存于冷暗处备用。

平板培养基的配制。将上述贮备培养基加热熔化，以无菌操作，根据瓶内培养基的容量，用灭菌吸管按1∶50的比例吸取一定量的5%碱性品红乙醇溶液置于灭菌空试管中，再按1∶200的比例称取所需的无水亚硫酸钠置于另一灭菌空试管内，加灭菌水少许使其溶解，再置于沸水浴中煮沸10min灭菌。用灭菌吸管吸取已灭菌的亚硫酸钠溶液，滴加于碱性品红乙醇溶液内至深红色褪成淡红色为止（不宜多加）。将此混合液全部加入已熔化的贮备培养基内，并充分混匀（防止产生气泡）。立即将此培养基适量（约15mL）倾入已灭菌的空培养皿内，待其冷却凝固后，倒置贮存于冰箱内备用。此种已制成的培养基于冰箱内保存不宜超过两周，如培养基已由淡红色变成深红色，则不能再用。

d. 伊红美蓝培养基。蛋白胨10g、蒸馏水1000mL、乳糖10g、2%伊红水溶液20mL、磷酸氢二钾2.0g、0.5%美蓝水溶液13mL、琼脂20g。

贮备培养基的配制。先将琼脂加至900mL蒸馏水中，加热溶解，然后加入磷酸氢二钾及蛋白胨，混匀使之溶解，再以蒸馏水补足至1000mL，调整pH为7.2～7.4。趁热用脱脂棉或多层纱布过滤，再加入乳糖，混匀后定量分装于烧瓶内，置于高压蒸汽灭菌器中，在115℃灭菌20min，贮存于冷暗处备用。

平板培养基的配制。将贮备培养基加热熔化，以无菌操作，根据瓶内培养基的容量，用灭菌吸管按比例吸取一定量已灭菌的2%伊红水溶液及0.5%美蓝水溶液，加入已熔化的贮备培养基内，并充分混匀（防止产生气泡）。当混合好的培养基冷至45℃，立即适量倾入已灭菌的空培养皿内，待其冷却凝固后，倒置于冰箱备用。

③ 步骤

生活饮用水测定：

a. 初发酵。在两个装有已灭菌的50mL三倍浓缩乳糖蛋白胨培养液的大试管或烧瓶中（内有倒管），以无菌操作各加入已充分混匀的水样100mL；在10支装有已灭菌的5mL三倍浓缩乳糖蛋白胨培养液的试管中（内有倒管），以无菌操作加入充分混匀的水样10mL，混匀后均置于37℃恒温箱培养24h。

b. 平板分离。经初发酵培养24h后，发酵试管颜色变黄为产酸，小玻璃倒管有气泡为产气。将产酸产气及只产酸发酵管，分别用接种环划线接种于品红亚硫酸钠培养基或伊红美蓝培养基上，置于37℃恒温箱内培养18～24h，挑选符合下列特征的菌落，取菌落的一小部分进行涂片、革兰染色、镜检。

品红亚硫酸钠培养基上的菌落：紫红色、具有金属光泽的菌落，深红色、不带或略带金属光泽的菌落，淡红色、中心色较深的菌落。

伊红美蓝培养基上的菌落：深紫黑色、具有金属光泽的菌落，紫黑色、不带或略带金属光泽的菌落，淡紫红色、中心色较深的菌落。

c. 复发酵。上述涂片镜检的菌落如为革兰阴性无芽孢的杆菌，则挑选该菌落的另一部分接种于普通浓度乳糖蛋白胨培养液中（内有倒管），每管可接种分离自同一初发酵管（瓶）的最典型菌落1～3个，然后置于37℃恒温箱中培养24h，有产酸产气者，即证实有大肠菌群菌存在。根据证实有大肠菌群菌存在的阳性管（瓶）数查表6-2，报告每升水样中的大肠菌群数。

表 6-2 大肠菌群检数表

10mL水量的阳性管数	100mL水量的阳性管（瓶）数		
	0	1	2
	1L水样中大肠菌群数	1L水样中大肠菌群数	1L水样中大肠菌群数
0	<3	4	11
1	3	8	18
2	7	13	27
3	11	18	38
4	14	24	52
5	18	30	70
6	22	36	92
7	27	43	120
8	31	51	161
9	36	60	230
10	40	69	>230

饮用水水源测定：

a. 将水样作1∶10稀释。

b. 于各装有5mL三倍浓缩乳糖蛋白胨培养液的5个试管中（内有倒管），各加10mL水样；于各装有10mL乳糖蛋白胨培养液的5个试管中（内有倒管），各加1mL水样；于各装有10mL乳糖蛋白胨培养液的5个试管中（内有倒管），各加入1mL 1∶10稀释的水样。共计15管，3个稀释度，将各管充分混匀，置于37℃恒温箱培养24h。

c. 平板分离和复发酵的检验步骤同“生活饮用水”检验方法。

d. 根据证实的总大肠菌群存在的阳性管数查表6-3，即求得每100mL水样中存在的总大肠菌群数。

表 6-3 最可能数（MPN）表

出现阳性管数			每100mL水样中总大肠菌群数的最可能数	95%可信限值	
10mL管	1mL管	0.1mL管		上限	下限
0	0	0	<2		
0	0	1	2	<0.5	7
0	1	0	2	<0.5	7
0	2	0	4	<0.5	11
1	0	0	2	<0.5	7
1	0	1	4	<0.5	11

续表

出现阳性管数			每 100mL 水样中总大肠菌群数的最可能数	95%可信限值	
10mL 管	1mL 管	0.1mL 管		上限	下限
1	1	0	4	<0.5	11
1	1	1	6	<0.5	15
1	2	0	6	<0.5	15
2	0	0	5	<0.5	13
2	0	1	7	1	17
2	1	0	7	1	17
2	1	1	9	2	21
2	2	0	9	2	21
2	3	0	12	3	28
3	0	0	8	1	19
3	0	1	11	2	25
3	1	0	11	2	25
3	1	1	14	4	34
3	2	0	14	4	34
3	2	1	17	5	46
3	3	0	17	5	46
4	0	0	13	3	31
4	0	1	17	5	46
4	1	0	17	5	46
4	1	1	21	7	63
4	1	2	26	9	78
4	2	0	22	7	67
4	2	1	26	9	78
4	3	0	27	9	80
4	3	1	33	11	93
4	4	0	34	12	93
5	0	0	23	7	70
5	0	1	34	11	89
5	0	2	43	15	110
5	1	0	33	11	93
5	1	1	46	16	120

续表

出现阳性管数			每100mL水样中总大肠菌群数的最可能数	95%可信限值	
10mL管	1mL管	0.1mL管		上限	下限
5	1	2	63	21	150
5	2	0	49	17	130
5	2	1	70	23	170
5	2	2	94	28	220
5	3	0	79	25	190
5	3	1	110	31	250
5	3	2	140	37	310
5	3	3	180	44	500
5	4	0	130	35	300
5	4	1	170	43	190
5	4	2	220	57	700
5	4	3	280	90	850
5	4	4	350	120	1000
5	5	0	240	68	750
5	5	1	350	120	1000
5	5	2	540	180	1400
5	5	3	920	300	3200
5	5	4	1600	640	5800
5	5	5	≥2400		

地表水和废水测定：地表水中较清洁水的初发酵实验步骤同“饮用水水源”检验方法。有严重污染的地表水和废水初发酵实验的接种水样应作1∶10、1∶100、1∶1000或更高的稀释，检验步骤同“饮用水水源”检验方法。

④ 数据处理。根据阳性管数组合（数量指标），查表、计算、报告每升水样的总大肠菌群数。

⑤ 注意事项。严格无菌操作，防止污染。注意正确投放发酵倒管，接种前小倒管中不可有气泡。

6.1.3.7 贾第鞭毛虫和隐孢子虫测定

贾第鞭毛虫（*Giardia*）和隐孢子虫（*Cryptosporidium*）是肠道原生寄生虫，它们能感染人类与动物的胃肠道，从而导致贾第鞭毛虫病和隐孢子虫病。当含有两虫的粪便流入水体时，饮用水源就会受到污染。如水处理不充分，饮用水中的两虫就可能达到足以致病的数量。用于检测水中两虫的方法，分为三个阶段：样品收集和浓缩、卵囊（孢囊）分离、卵囊

（孢囊）检测及其活性确定。

【思考与练习 6.1】

1. 说明水环境污染生物监测的重要性。
2. 以河流为对象，水环境生物监测的指标有哪些？
3. 简述水环境生物监测的几大类方法。
4. 叙述水中细菌总数的测定过程。
5. 紫露草微核技术的理论依据是什么？

6.2　空气污染生物监测

空气中的污染物多种多样，有些可以利用指示植物或指示动物监测。由于动物的管理比较困难，目前尚未形成一套完整的监测方法。而植物分布范围广、容易管理，有不少植物品种分别对不同空气污染物反应很敏感，在污染物达到人和动物受害浓度之前就能显示受害症状。空气污染物还会对植物种群、群落的组成和分布产生影响，并能被植物吸收后富集在体内。利用上述种种反应和变化监测空气污染，已较广泛地用于实践中。

6.2.1　利用植物监测空气污染

6-2 空气污染生物监测、土壤污染生物监测及生态监测

6.2.1.1　指示植物及其受害症状

指示植物是指受到污染物的作用后能较敏感和快速地产生明显反应的植物，可以选择草本植物、木本植物及地衣、苔藓等。空气污染物一般通过叶面上的气孔或孔隙进入植物体内，侵袭细胞组织，并发生一系列生化反应，从而使植物组织遭受破坏，呈现受害症状。这些症状虽然因污染物的种类、浓度以及受害植物的品种、暴露时间不同而有差异，但具有某些共同特点，如叶绿素被破坏、细胞组织脱水，进而发生叶面失去光泽、出现不同颜色（黄色、褐色或灰白色）的斑点、叶片脱落、甚至全株枯死等异常现象。

6.2.1.2　监测方法

（1）栽培指示植物监测法　如果监测区域生长着被测污染物的指示植物，可通过观察记录其受害症状特征来评价空气污染状况，但这种方法局限性较大，而盆栽或地栽指示植物方法比较灵活，利于保证其敏感性。该方法是先将指示植物在没有污染的环境中盆栽或地栽培植，待生长到适宜大小时，移栽至监测点，观察它们的受害症状和程度。

（2）植物群落监测法　该方法是利用监测区域植物群落受到污染后各种植物的反应来评价空气污染状况。进行该工作前，需要通过调查和试验，确定群落中不同种植物对污染物的抗性等级，将其分为敏感、抗性中等和抗性强三类。如果敏感植物叶部出现受害症状，表明空气已受到轻度污染；如果抗性中等的植物出现部分受害症状，表明空气已受到中度污染；当抗性中等植物出现明显受害症状，有些抗性强的植物也出现部分受害症状时，则表明空气已受到严重污染。同时，根据植物呈现受害症状的特征、程度和受害面积比例等判断主要污染物和污染程度。

地衣和苔藓是低等植物，分布广泛，其中某些种群对污染物如 SO_2、HF 等反应敏感。通过调查树干上的地衣和苔藓的种类、数量和生长发育状况，就可以估计空气污染程度。在工业城市中，通常距污染中心越近，地衣的种类越少，重污染区内一般仅有少数壳状地衣分布；随着污染程度的减轻，便出现枝状地衣；在轻污染区，叶状地衣数量最多。

（3）其他监测法　剖析树木的年轮，可以了解所在地区空气污染的历史。在气候正常、未曾遭受污染的年份树木的年轮宽，而空气污染严重或气候条件恶劣的年份树木的年轮窄。还可以用 X 射线法对年轮材质进行测定，判断其污染情况。污染严重的年份年轮木质比例小，正常年份的年轮木质比例大，它们对 X 射线的吸收程度不同。

空气污染可以导致指示植物一些生理生化指标的变化，如光合作用、叶绿素、体内酶活性、细胞染色体等指标的变化，故通过测定这些指标可评价空气污染状况。

通过测定植物体内吸收积累的一些污染物含量，也可以评价空气污染物的种类和污染水平。

6.2.1.3　植物对空气污染物的吸收及其在体内的分布

空气中的气态和颗粒态污染物主要通过黏附、叶片气孔或茎部皮孔侵入方式进入植物体内。气态污染物，如氟化物，主要通过植物叶面上的气孔进入叶肉组织，首先溶解在细胞壁的水分中，一部分被叶肉细胞吸收，大部分则沿维管组织运输，在叶尖和叶缘中积累，使叶尖和叶缘组织坏死。污染物进入植物体后，在各部位的分布和蓄积情况与污染物进入植物体的途径、植物品种、污染物的性质及其作用时间等因素有关。

6.2.1.4　藓袋法监测空气中的重金属

苔藓植物对环境污染的监测有被动和主动 2 种方式。被动监测是指利用就地生长的苔藓植物进行监测，也叫活藓法（live-moss method）监测；藓袋法（moss-bag method）是指将未受污染或很少受污染的苔藓植物制成藓袋用于污染地区的环境监测，属于主动监测。与被动监测相比，藓袋法具有方便灵活、准确高效、时效动态等优点，目前主要用于工业区的空气污染监测。不同苔藓植物对重金属元素的富集能力是不同的，同种苔藓植物对不同重金属元素的富集能力也是不同的，其中，体表面积较大、有多毛分枝结构的苔藓植物其捕获颗粒态污染物的能力较强。用于监测大气重金属污染的苔藓材料主要有白齿泥炭藓、塔藓、赤茎藓等，一般监测的元素有 Cd、Cr、Pb、Zn、Ni、Cu、Mn、Fe、Hg 和 As 等。

（1）方法原理　苔藓植物角质层不发达、植物体较小，具有独特的生理结构特点：体表既无蜡质的角质层又无输导组织，且相对体表面积较大，存在大量的阳离子交换点，能直接吸收溶解于其体表水中的矿质元素，因此对环境中重金属的反应敏感强度大约是种子植物的 10 倍。此外，苔藓植物分化程度较低，但植物细胞生长势能却相对较旺盛，茎枝先端生长点休眠或死亡后，便能刺激其茎叶下部的分生组织发育，促进新枝条迅速分裂生长，保持植物体终年常绿，因此可以提供重金属监测的全年性指示与预报。而多年生苔藓植物，则可作为大气重金属监测的长期累积种，进行某地区或某污染源的长期生物监测，增加监测结果的可靠性与持续性。自 1968 年第一届关于大气污染对动植物影响的国际会议上苔藓植物被推荐用作环境污染的生物指标物以来，很多发达国家已在这方面做了大量研究，特别是在大气重金属沉降污染、水体污染等方面，并建立了许多具体的监测技术和方法，如生态调查法、移植比照法、藓袋法等。

（2）方法的适用范围　本方法适用于城市地区地面空气及道路灰尘中 As、Cd、Cr、Cu、Mn、Pb、V、Zn 等 8 种主要重金属污染物的监测。

（3）仪器和设备

① 尼龙筛网，网眼 2.0mm×2.0mm。

② 烘箱。

③ Optima 4300DV 型电感耦合等离子体发射光谱（ICP-AES）仪。

（4）试剂

① 混合酸，$HClO_4$ ∶ HNO_3＝1∶4。

② 稀硝酸，HNO_3 ∶ H_2O＝1∶1。

（5）操作步骤

① 藓袋制作与悬挂

a. 以白齿泥炭藓（*Sphagnum girgensohnii*）作为监测材料。苔藓采回后，选留鲜活部分，去除杂质并清洗干净。

b. 用 1%HNO_3浸泡 24h 以去除其吸附的阳离子，再用去离子水清洗 2 次，自然晾干后装入用尼龙筛网（网眼 2.0mm×2.0mm）做成的矩形袋子（15cm×15cm），每个 2.0～3.0g，封紧袋口。藓袋制作过程中戴乳胶手套，以避免污染。

c. 依据所监测地区的交通、商业、建筑分布等状况，选择若干个监测点，藓袋悬挂于行道树距离地面 4～5m 的高度，保证完全暴露于空气中，没有物体遮盖，每个监测点挂 3 个样袋。悬挂时间为 60d，满足达到最大吸附量的时间要求。

② 道路灰尘样品采集

a. 用塑料毛刷和塑料小铲分别对各监测点附近的道路灰尘进行样品采集，满足至少连续 3d 不降雨的采样要求，以确保样品的代表性。

b. 为获得较真实的分析测试所需样品，采样时避开公交站、垃圾箱、下水道口、建筑用地等容易造成干扰的地方。每个样点在 10m^2范围内，随机采集 5 个位点的灰尘（总量不低于 300g），装入洁净 PE 自封袋，充分混合后备用。

③ 样品硝化处理

a. 白齿泥炭藓样品取回后用自来水简略漂洗后晾干，加液氮研磨后烘干，装入洁净自封袋中备用。

b. 道路灰尘去除杂质后过 200 目尼龙筛，烘干至恒重后备用。

c. 分别称量各样品（0.50±0.0005）g 置于 50mL 三角烧瓶中，加入 10mL 混合酸（$HClO_4$ ∶ HNO_3＝1∶4）浸泡 48h 进行“湿法灰化”。

d. 在通风橱中消煮至溶液澄清后加入 2mL 稀硝酸（HNO_3 ∶ H_2O＝1∶1），继续消煮至白烟冒尽，冷却后用蒸馏水润洗至 25mL 容量瓶定容。

e. 每个样品均做平行双样处理，以试剂空白为对照，同时加测未经悬挂处理的白齿泥炭藓样品用于消除相关影响。分析所用试剂均为优级纯，实验所用玻璃仪器均用 2%的HNO_3浸泡 24h 以上，再用超纯水冲洗干净。

④ 重金属测定。用电感耦合等离子体发射光谱（ICP-AES）仪测定 As、Cd、Cr、Cu、Mn、Pb、V、Zn 等 8 种重金属的含量。标准样为 GBW10020（GSB-11 柑橘叶），样品回收率≥99.236%。

6.2.2 利用动物监测空气污染

6.2.2.1 监测方法

在一个区域内，利用动物种群数量的变化，特别是对污染物敏感的动物种群数量的变化，也可以监测该区域空气污染状况。人们很早就用金丝雀、金翅雀、老鼠、鸡等动物的异常反应（不安、死亡）来探测矿井内的瓦斯毒气。日本学者利用鸟类与昆虫的分布来反映空气质量的变化。保加利亚一些矿区用蜜蜂监测空气中金属污染物的浓度等。

6.2.2.2 动物对污染物的吸收及其在体内的分布

环境中的污染物一般通过呼吸道、消化道、皮肤等途径进入动物体内。空气中的气态污染物、粉尘从鼻、咽喉、口腔进入气管，有的可到达肺部。其中，水溶性较大的气态污染物，在呼吸道黏膜上被溶解，极少进入肺泡；水溶性较小的气态物质，绝大部分可到达肺泡。直径小于 5μm 的粉尘颗粒可到达肺泡，而直径大于 10μm 的尘粒大部分被黏附在呼吸道和气管的黏膜上。

皮肤是保护机体的有效屏障，但具有脂溶性的物质，如四乙基铅、有机汞化合物、有机锡化合物等，可以通过皮肤吸收后进入动物机体。

动物吸收污染物后，主要通过血液和淋巴系统传输到全身各组织发生危害。

有机污染物进入动物体后，除很少一部分水溶性强、分子量小的污染物可以原形排出外，绝大部分都要经过某种酶的代谢（或转化），增强其水溶性而易于排泄。通过生物转化，多数污染物转化为惰性物质或被解除毒性，但也有可能转化为毒性更强的代谢产物。

无机污染物质，包括金属和非金属污染物，进入动物体后，一部分参与新陈代谢过程，转化为化学形态和结构不同的化合物，如金属的甲基化和脱甲基化反应、络合反应等；也有一部分直接蓄积于细胞各部分。

各种污染物经转化后。有的排出体外，也有少量随汗液、乳汁、唾液等分泌液排出，还有的在皮肤的新陈代谢过程中到达毛发而离开机体。

6.2.3 利用微生物监测空气污染

微生物主要通过土壤尘埃，水滴，人和动物的体表干燥脱落物、呼吸道分泌物、排泄物等方式进入空气中。空气中微生物区系组成及数量变化与空气污染有密切关系，因此可用于监测空气质量。空气中微生物的数量随着人群和车辆流动的增加而增多。

室内空气中的致病微生物是危害人体健康的主要因素之一，特别是在温度高、灰尘多、通风不良、日光不足的情况下，微生物生存时间较长，致病的可能性也较大，因此在室内空气卫生标准中都规定微生物最高限值指标。

【思考与练习 6.2】

1. 藓袋法监测空气中重金属的理论依据是什么？
2. 利用苔藓植物监测环境污染有哪些具体的监测技术？
3. 空气污染的生物监测方式主要有哪三种？

6.3　土壤污染生物监测

土壤中常见的污染物有重金属（镉、铜、锌、铅）、石油类、农药和病原体等。土壤受到污染后，生活在其中的生物的活力、代谢特点、行为方式、种类组成、数量分布、体内污染物及其代谢产物的含量等均会受到影响。因此，根据土壤中生物的这些特征变化可以监测土壤的污染程度。土壤污染生物监测方法主要包括：土壤动物监测、土壤微生物监测、土壤植物监测。

6.3.1　利用植物监测土壤污染

6.3.1.1　土壤污染的指示植物及其污染表现

土壤受到污染后，植物对污染物产生的反应主要表现为：叶片上出现伤斑；生理代谢异常，如蒸腾速率降低、呼吸作用加强、生长发育受阻；化学成分改变等。植物的根、茎、叶均可出现受害症状，如铜、镍、钴会抑制新根生长；无机农药常使作物叶柄或叶片出现烧伤的斑点或条纹，使幼嫩组织出现褐色焦斑或发生破坏；有机农药严重污染时，叶片相继变黄或脱落，出现开花少、延迟结果、果实变小或籽粒不饱满等。因此，通过对指示植物的观测可确定土壤污染类型及程度。

土壤污染的指示植物有：小蕨、大蕨等可指示铜污染，细小糠穗、狐茅、紫狐茅、长叶车前以及多种紫云英、紫堇、遏蓝菜等可指示锌污染，地衣等可指示砷污染，芒萁骨、映山红、铺地蜈蚣等可指示酸性土壤，柏木等可指示石灰性土壤，碱蓬、剪刀股等可指示碱性土壤。

6.3.1.2　植物对土壤污染物的吸收及其在体内的分布

土壤中的污染物主要通过植物的根系吸收进入植物体内，其吸收量与污染物的含量、土壤类型及植物品种等因素有关。污染物含量高，植物吸收得多；在沙质土壤中的吸收率比在其他土质中的要高；块根类作物比茎叶类作物吸收率高；水生作物的吸收率比陆生作物高。

从土壤和水体中吸收污染物的植物，污染物在植物体内的一般分布规律和残留量的顺序是：根＞茎＞叶＞穗＞壳＞种子。植物体内污染物的残留情况也与污染区的性质及残留部位有关。一般情况下，渗透力强的农药富集于果肉，而渗透力弱的农药多停留在果皮。

植物中镉含量的测定，参考《食品安全国家标准　食品中镉的测定》(GB 5009.15—2014)。

（1）方法原理　试样经灰化或酸消解后，注入一定量样品消化液于原子吸收分光光度计石墨炉中，电热原子化后吸收 228.8nm 共振线，在一定浓度范围内，其吸光度值与镉含量成正比，采用标准曲线法定量。

（2）仪器和设备　原子吸收分光光度计，附石墨炉；镉空心阴极灯；电子天平，感量为 0.1mg 和 1mg；可调温式电热板、可调温式电炉；马弗炉；恒温干燥箱；压力消解器、压力消解罐；微波消解系统，配聚四氟乙烯或其他合适的压力罐。

（3）试剂

① 硝酸溶液（1%）：优级纯，取 10.0mL 硝酸加入 100mL 水中，稀释至 1000mL。

② 盐酸溶液（1+1）：优级纯，取 50mL 盐酸慢慢加入 50mL 水中。

③ 硝酸-高氯酸混合溶液（9+1）：取 9 份硝酸与 1 份高氯酸混合。

④ 磷酸二氢铵溶液（10g/L）：称取 10.0g 磷酸二氢铵，用 100mL 硝酸溶液（1%）溶解后定量移入 1000mL 容量瓶，用硝酸溶液（1%）定容至刻度。

⑤ 镉标准贮备液（1000mg/L）：准确称取 1g 金属镉标准品（精确至 0.0001g）于小烧杯中，分次加 20mL 盐酸溶液（1+1）溶解，加 2 滴硝酸，移入 1000mL 容量瓶中，用水定容至刻度，混匀；或购买经国家认证并授予标准物质证书的标准物质。

⑥ 镉标准使用液（100ng/mL）：吸取镉标准贮备液 10.0mL 于 100mL 容量瓶中，用硝酸溶液（1%）定容至刻度，如此经多次稀释成每毫升含 100.0ng 镉的标准使用液。

⑦ 镉标准曲线工作液：准确吸取镉标准使用液 0、0.50mL、1.0mL、1.5mL、2.0mL、3.0mL 于 100mL 容量瓶中，用硝酸溶液（1%）定容至刻度，即得到含镉量分别为 0、0.50ng/mL、1.0ng/mL、1.5ng/mL、2.0ng/mL、3.0ng/mL 的标准系列溶液。

（4）仪器参考条件

仪器参考条件：波长 228.8nm、狭缝 0.2～1.0nm、灯电流 2～10mA、干燥温度 105℃、干燥时间 20s、灰化温度 400～700℃、灰化时间 20～40s、原子化温度 1300～2300℃、原子化时间 3～5s，背景校正为氘灯或塞曼效应。

（5）步骤

① 试样制备

干试样：粮食、豆类去除杂质，坚果类去杂质、去壳，再磨碎成均匀的样品，颗粒粒度不大于 0.425mm。储于洁净的塑料瓶中，并做好标记，于室温下或按样品保存条件下保存备用。

鲜（湿）试样：蔬菜、水果、肉类、鱼类及蛋类等，用食品加工机打成匀浆或碾磨成匀浆，储于洁净的塑料瓶中，并做好标记，于－16～－18℃冰箱中保存备用。

液态试样：按样品保存条件保存备用。含气样品使用前应除气。

② 试样消解：压力消解罐消解法。称取干试样 0.3～0.5g（精确至 0.0001g）、鲜（湿）试样 1～2g（精确到 0.001g）于聚四氟乙烯内罐，加硝酸 5mL 浸泡过夜。再加过氧化氢溶液（30%）2～3mL（总量不能超过罐容积的 1/3）。盖好内盖，旋紧不锈钢外套，放入恒温干燥箱，120～160℃保持 4～6h，在箱内自然冷却至室温，打开后加热赶酸至近干，用消化液洗入 10mL 或 25mL 容量瓶中，并用少量硝酸溶液（1%）洗涤内罐和内盖 3 次，洗液合并于容量瓶中，最后用硝酸溶液（1%）定容至刻度，混匀备用。同时做试剂空白试验。

③ 标准曲线的绘制：将标准曲线工作液按浓度由低到高的顺序各取 20μL 注入石墨炉，测其吸光度值，以标准曲线工作液的浓度为横坐标，相应的吸光度值为纵坐标，绘制标准曲线并求出吸光度值与浓度关系的一元线性回归方程。

标准系列溶液应不少于 5 个点的不同浓度的镉标准溶液，相关系数不应小于 0.995。如果有自动进样装置，也可用程序稀释来配制标准系列。

④ 试样溶液的测定：于测定标准曲线工作液相同的实验条件下，吸取样品消化液 20μL（可根据使用仪器选择最佳进样量），注入石墨炉，测其吸光度值。代入标准系列的一元线性回归方程中求样品消化液中镉的含量，平行测定次数不少于两次。若测定结果超出标准曲线范围，用硝酸溶液（1%）稀释后再行测定。

（6）数据处理及结果分析　试样中镉含量按式（6-3）进行计算：

$$\rho_{Cd}=\frac{(\rho_1-\rho_0)V}{m\times 1000} \tag{6-3}$$

式中 ρ_{Cd}——试样中镉含量，mg/kg 或 mg/L；

ρ_1——试样消化液中镉含量，ng/mL；

ρ_0——空白液中镉含量，ng/mL；

V——试样消化液定容总体积，mL；

m——试样质量或体积，g 或 mL；

1000——换算系数。

（7）注意事项

① 测定结果以重复性条件下获得的两次独立测定结果的算术平均值表示，保留两位有效数字。

② 该方法检出限为 0.001mg/kg，定量限为 0.003mg/kg。

6.3.2 利用动物监测土壤污染

土壤中的原生动物、线形动物、软体动物、环节动物、节肢动物等是土壤生态系统的有机组成部分，具有数量大、种类多、移动范围小和对环境污染或变化反应敏感等特点。研究表明，在重金属污染的土壤中动物种类、数量随污染程度的增加而逐渐减少，并且与重金属的浓度具有显著的负相关关系，因而，通过对污染区土壤动物群落结构、生态分布和污染指示种的系统研究，可监测土壤污染的程度，为土壤质量评价提供重要依据。蚯蚓、原生动物、土壤线虫、土壤甲螨等均可作为指示生物监测土壤污染状况。

6.3.3 利用微生物监测土壤污染

自然界中土壤是微生物生活最适宜的环境，它具有微生物所需要的一切营养物质和微生物进行繁殖、维持生命活动必需的各种条件。目前已发现的微生物都可以从土壤中分离出来，因此土壤称为微生物的大本营。

土壤受到污染后，其中的微生物群落结构及其功能就会发生改变。通过测定污染物进入土壤前后的微生物种类、数量、生长状况及生理生化变化等特征就可监测土壤受污染的程度。

【思考与练习 6.3】

1. 简述利用植物监测土壤污染的优点。
2. 土壤污染的生物监测方法有哪些？

6.4 生态监测

生态监测是一种综合技术，是通过地面固定的监测站或流动观察队、航天摄影及太空轨道卫星获取包括环境、生物、经济和社会等多方面数据的技术。因此，生态监测是运用可比的方法，在时间或空间上对特定区域范围内生态系统或生态系统聚合体的类型、结构和功能及其组成要素等进行系统地测定和观察的过程，监测的结果被用于评价和预测人类活动对生态系统的影响，为合理利用资源、改善生态环境和保护自然提供决策依据。与其他监测技术相比，生态监测是一种涉及学科多、综合性强和更复杂的监测技术。

从不同生态系统的角度出发，生态监测可分为城市生态监测、农村生态监测、森林生态监测、草原生态监测及荒漠生态监测等。通过生态监测可以获得关于各生态系统生态价值的现状资料、受干扰程度、承受影响的能力、发展趋势等。从生态监测的对象及其涉及的空间尺度，可分为宏观生态监测和微观生态监测两大类。

6.4.1 宏观生态监测

宏观生态监测是对区域范围内生态系统的组合方式、镶嵌特征、动态变化和空间分布格局及其在人类活动影响下的变化进行观察和测定，例如，热带雨林、沙漠、湿地等生态系统的分布及面积的动态变化。宏观监测的地域等级至少应在区域生态范围之内，最大可扩展到全球一级。其监测手段主要依赖于遥感技术和地理信息系统。监测所得的信息多以图件的方式输出，将其与自然本底图件和专业图件比较，以此来评价生态系统质量的变化。区域生态调查与生态统计也是宏观生态监测的一种手段。

6.4.2 微观生态监测

微观生态监测是用物理、化学和生物方法对某一特定生态系统或生态系统聚合体的结构和功能特征及其在人类活动影响下的变化进行监测。这项工作要以大量的野外生态监测站为基础，每个监测站的地域等级最大可包括由几个生态系统组成的景观生态区，最小也应代表单一的生态系统。按照微观生态监测内容，可分为：

① 干扰性生态监测：指对人类特定生产活动干扰生态系统的情况进行监测，如砍伐森林所造成的森林生态系统结构和功能、水文过程和物质迁移规律的改变，草场过牧引起的草场退化、生产力降低，湿地开发引起的生态型改变，污染物排放对水生生态系统的影响等。

② 污染性生态监测：主要指对农药和重金属等污染物在生态系统食物链中的传递及富集进行监测。

③ 治理性生态监测：指对被破坏的生态系统经人类治理后，生态平衡恢复过程的监测，如对沙漠化土地治理过程的监测。

上述三类生态监测均应以背景生态系统监测资料作为类比，以反映在人类活动的影响下，生态系统内部各个过程所发生的变化及其程度。

【思考与练习6.4】

1. 什么是生态监测？
2. 按照不同生态系统划分，生态监测可以分为哪几类？
3. 什么是宏观生态监测？什么是微观生态监测？

【阅读材料】

生物传感技术监测水环境污染

近年来，国际上出现了一类新型监测技术，即生物传感技术。生物传感技术发展很快，不仅可以在饮用水和水环境污染物监测中起到预警作用，还可用于突发事件的预警、污染物监测等。

生物传感器由生物识别元件和信号转换单元/换能器两部分组成，它的特点是响应快速，能及时应对突发性污染；能够实现在线、连续监测，成本低；可实现高通量监测；具有微型化潜力，可实现原位监测。这为快速监测和预警水体安全提供了技术支持。

生物传感需要识别材料，常用的是抗体（蛋白质）和功能核酸。它们的亲和力高、稳定性好、有特异的结合性。生物识别材料识别信号后通过换能器的转换，信号被转换再经增强处理后输出，由此形成生物传感器。水质监测生物传感器的构成如图 6-1 所示。

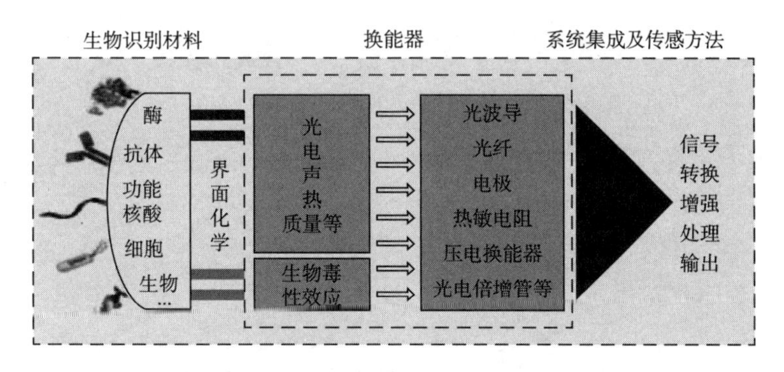

图 6-1　水质监测生物传感器的构成

2020 年 9 月 4 日，清华大学施汉昌教授在“2020（第五届）供水高峰论坛”上介绍了一种基于光学原理的生物传感元件——平面波导阵列传感芯片。它是一种特殊的光学玻璃，左边是激光器，通过光学元件把激光打到玻片里，在玻片内形成折射，然后有很小的能量释放出来，这个能量可以把荧光染料激发，右图有 8 条激发的荧光光带，其能量可激发荧光染料并可以进行污染物的识别。平面波导型荧光免疫生物传感器如图 6-2 所示。

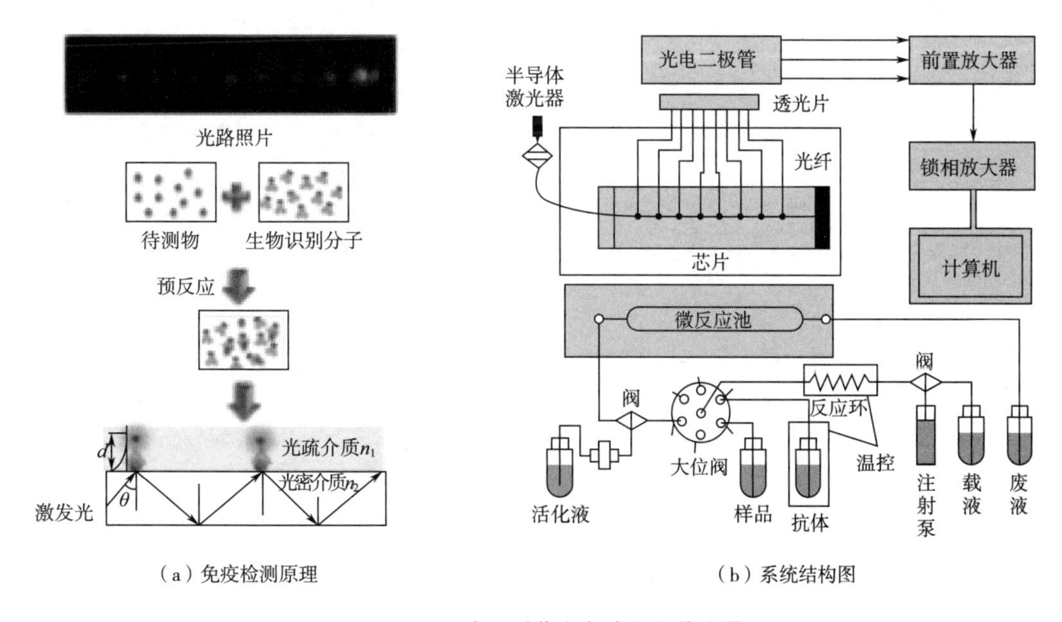

（a）免疫检测原理　　　（b）系统结构图

图 6-2　平面波导型荧光免疫生物传感器

他提到，生物监测技术与化学监测优势互补，联合生物-化学监测可提升、扩展监测功能，这是国际监测技术发展的重要内容，代表着环境监测技术发展的前沿方向。

施汉昌教授介绍，在生物传感器的应用与检测上，生物传感器对微囊藻毒素-LR具有良好的特异性响应，而非特异性响应微弱。该芯片每次测试后可以进行再生，一个芯片可以再生100～200次，大大降低了检测成本，再生后的检测信号也很稳定。

第7章

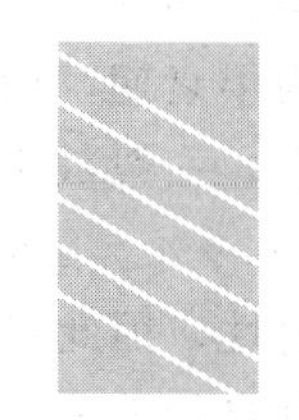

物理性污染监测

【重点内容】

① 放射性污染的定义、来源、危害；

② 环境空气中氡的测定方法；

③ 噪声监测参数；

④ 环境中噪声的监测方法。

【知识目标】

① 掌握放射性污染的定义、来源、危害；

② 熟悉空气、水、土壤中放射性污染的测定方法；

③ 掌握噪声的概念和分类；

④ 熟悉噪声监测的主要参数及其意义；

⑤ 了解声级计的工作原理。

【能力目标】

① 会运用标准方法测定环境空气中的氡；

② 能正确进行环境噪声监测布点；

③ 会运用声级计测定环境噪声。

【素质目标】

① 通过学习放射性污染，培养责任意识；

② 通过学习噪声监测，树立保护环境的责任意识；

③ 通过学习噪声自动监测系统，培养创新思维。

7.1 放射性污染的监测

7.1.1 放射性概述

(1) 放射性　自然界的各种物质都是由元素组成的。有些元素的原子核是不稳定的，它们能自发地改变原子核结构形成另一种核素，这种现象称为核衰变。在核衰变过程中不稳定的原子核总能放出具有一定动能的带电或不带电的粒子（如α射线、β射线和γ射线），这种现象称为放射性。

7-1 放射性、辐射和光污染

放射性分为天然放射性和人工放射性。天然放射性指天然不稳定核素能自发放出射线的性质，而人工放射性指通过核反应由人工制造出来的核素的放射性。

（2）半衰期（$T^{1/2}$） 放射性核素由于衰变使其原有质量（或原有核数）减少一半所需的时间称为半衰期，用 $T^{1/2}$ 表示。

实际上，一般放射性核素经历 5 个、10 个半衰期后，原一定质量的核素分别衰变掉 96.8%或 99.9%。目前，由于采用任何化学、物理或生物的方法都无法有效破坏这些核素，改变其放射性，因此对一些 $T^{1/2}$ 较长的核素（$T^{1/2}=29$ 年的 ^{90}Sr）来说，环境一旦受其污染，要令其自行消失，所需时间是十分长久的。

7.1.2 放射性来源和进入人体的途径

（1）放射性来源 环境中的放射性来源于天然放射性和人为放射性。

① 天然放射性的来源

a. 宇宙射线及由其形成的放射性核素。宇宙射线是从宇宙空间辐射到地球表面的射线，可分为初级宇宙射线和次级宇宙射线两类。初级宇宙射线是指从外层空间射到地球大气层的高能辐射，主要由质子、α 粒子、原子序数为 4～26 的轻核和高能电子所组成，其能量很高(可达 10^{20} eV 以上)、穿透力很强。初级宇宙射线进入大气层后与空气中原子核发生碰撞，引起核反应并产生一系列其他粒子，通常这些粒子自身转变或进一步与周围物质发生作用，就形成次级宇宙射线。次级宇宙射线（可穿透 15cm 铅层）的主要成分（在海平面上观察）为介子、核子和电子，其特点是能量高、强度低。

由宇宙射线与大气层、土壤、水中的核素发生反应，所产生的放射性核素约 20 余种，其中具代表性的有 ^{14}N（n，T）^{12}C 核反应产生的氚等。

b. 天然放射性核素。多数天然放射性核素是在地球起源时就存在于地壳之中的，经过天长日久的地质年代，母子体间达到放射性平衡，且已建立了放射性核素系列。

铀系，母体是 U（$T^{1/2}=4.49\times10^9$ 年），系列中有 19 种核素。

锕系，母体是 U（$T^{1/2}=7.1\times10^9$ 年），系列中有 17 种核素。

钍系，母体是 U（$T^{1/2}=1.39\times10^9$ 年），系列中有 13 种核素。

它们共同的特点是：起始母体均具有极长的 $T^{1/2}$，其值与地球年龄相当；各代母子体间均达成了放射性平衡；每个系列中都有放射性气体 Rn 核素，且末端都是稳定的 Pb 核素。

c. 自然界中单独存在的核素。这类核素约有 20 种，如存在于人体中的 ^{40}K（$T^{1/2}=1.26\times10^9$ 年）、^{209}Bi（$T^{1/2}=2\times10^{18}$ 年）等。它们的特点是半衰期极长，但强度极弱，只有采用灵敏的检测技术才能发现。

② 人为放射性的来源

a. 核试验及航天事故。大气层核试验、地下核爆炸冒顶、外层空间核动力航天器事故等，所产生的核裂变产物包括 200 多种放射性核素（^{90}Sr、^{131}I、C)、中子活化产物（^{3}H、^{14}C）及未起反应的核素。

b. 放射性矿的开采、冶炼及各类核燃料加工。在稀土金属和其他共生产金属矿开采、冶炼过程中，其三废排放物中含有铀、钍、镭、氡等放射性核素及其子体，将会造成局部环境放射性污染。

c. 核工业。核动力潜艇、核电站、核反应堆等，在运行过程中会排放含有各种核裂变产物（^{131}I、^{60}Co、^{137}Cs）的三废排放物。

d. 医学、科研和农业等部门使用放射性核素。放射性核素在这些部门的应用越来越广泛，如在医学上使用的等几十种放射性核素，发光钟表工业应用同位素作长期的光激发源；生产使用磷肥、钾肥中的^{226}Ra、^{32}P、^{40}K等，其排放废物也是主要的人为污染源之一。

（2）放射性进入人体的途径 放射性进入人体主要有三种途径：呼吸道进入、消化道进入、皮肤或黏膜侵入。

当放射性物质进入环境之后，首先通过直接辐射即外辐射对人体产生危害。另外也可通过以上三种途径进入人体，对人体产生内辐射，损害人体的组织器官。为保护人体的健康，应对人类活动中可能产生的放射性物质采取妥善防护措施，严格将其含量控制在规定范围内。

7.1.3 放射性的危害

一切形式的放射性对人体都是有伤害的，所有的放射性都能使被照射物质的原子激发或电离，从而使机体的各种分子变得极不稳定，发生化学键断裂、基因突变、染色体畸变等，从而引起损害症状。

放射性物质对人体的损害是由核辐射引起的。辐射对人体的损害可以分为急性效应、晚发效应、遗传效应。

急性效应是一次或在短期内接受大剂量照射所引起的损害。这种效应仅发生在重大的核事故、核爆炸和违章操作大型辐射源等特殊情况中。

晚发效应是受照射后经过数月或数年，甚至更长时期才出现的损害。急性放射病恢复后若干时间、小剂量长期照射或低于容许水平长期照射，均有可能产生晚发效应。常见的危害为白细胞减少、白血病、白内障及其他恶性肿瘤。对日本广岛、长崎二战原子弹爆炸幸存者的调查发现，在幸存者中白血病发病率明显高于未受辐射的居民。

遗传效应是指出现在受照射者后代身上的损害效应。它主要是由于被照射者体内的生殖细胞受到辐射损伤，发生基因突变或染色体畸变，传给后代而产生某种程度异常的子孙或致死性疾病。

7.1.4 放射性核素的分布

（1）在土壤和岩石中的分布　土壤、岩石中天然放射性核素的含量因地域不同而变动很大，其含量主要决定于岩石层的性质及土壤类型。

（2）在水中的分布　不同水体中天然放射性核素的含量是不同的，其影响因素很复杂。淡水中天然放射性核素的含量与所接触的岩石、水文地质、大气交换及自身理化性质等因素有关。海水中天然放射性核素的含量与所处地理区域、流动状况、淡水和淤泥入海情况等因素有关。

（3）在大气中的分布　大多数放射性核素均可出现在大气中，但主要是氡的同位素，它是镭的衰变产物，能从含镭的岩石、土壤、水体和建筑材料中逸散到大气，其衰变产物的金属元素极易附着于气溶胶颗粒上。一般情况下，陆地和海洋的近地面大气中氡的浓度分别为$1.11\times10^{-5}\sim2.2\times10^{-3}$ Bq/L。

7.1.5 放射性监测对象、内容和目的

（1）放射性监测对象

① 现场监测：即对放射性产生或应用单位内部工作区域所做的监测。

② 个人剂量监测：即对专业人员或公众所处内部环境包括空气、水体、土壤、生物等所做的监测。

（2）放射性监测内容

① 对放射源强度、半衰期、射线种类及能量的监测。

② 对环境和人体中放射性物质的含量、放射性强度、空间放射量或电离辐射量的监测。

（3）放射性监测目的　其目的最终在于保护专业人员和公众健康。为防止放射性污染对人体的辐射损伤，保护环境，各国均制定了放射性防护标准。放射性监测的具体目的有以下几点。

① 确定公众日常所受辐射剂量（实测值或推算值）是否在允许剂量之下；

② 监督和控制生产、应用单位的不合法排放；

③ 把握环境放射性物质积累的倾向。

7.1.6　放射性样品的采集和预处理

7.1.6.1　放射性样品的采集

环境放射性监测的步骤是样品的采集、预处理、总放射性或放射性核素的测定。放射性监测分为定期监测和连续监测。连续监测是在现场安装放射性监测仪，实现采样、预处理、检测自动化。此处重点介绍定期监测中放射性样品的采集和预处理。

（1）放射性沉降物的采集　沉降物包括干沉降物和湿沉降物，主要来源于大气层核爆炸所产生的放射性裂变产物，小部分来源于其他的人工放射性微粒。沉降物采集点应选择固定的清洁地区，并要求附近无高大建筑物、烟囱和树木，周围也不得有放射性实验室或放射性污染源。

① 放射性干沉降物的采集。放射性干沉降物的采集方法有水盘法、黏纸法、擦拭法、黏带法、高罐法。

a. 水盘法：用不锈钢或聚乙烯塑料制成圆形水盘，盘内装有适量的稀酸，沉降物过少的地区应酌情加数毫升的硝酸锶或氯化锶载体。将水盘置于采样点暴露 24h，应始终保持盘中有水，以防止收集到的沉降物因水分的干涸而被风吹走。将采集的样品经浓缩、灰化等处理后，测总 β 放射性。

b. 黏纸法：用涂有一层黏性油（松香加蓖麻油等）的滤纸贴于圆盘底部（涂油面向上），放置在采样点暴露 24h，然后将滤纸灰化，进行总 β 放射性测量。

c. 擦拭法或黏带法：当放射性物质沉降在刚性固体表面（如道路、门窗、地板等）引起污染时，用这两种方法采样。擦拭法是将一片蘸有三氯甲烷之类有机溶剂的滤纸装在一个类似橡胶塞的托物上，用其在污染物的表面擦拭，以采集沉降物。黏带法是用一块 $1\sim2cm^2$ 大小黏带（可用涂上凡士林和机油的棉纸制作），对着污染物表面压紧，然后撕下黏带，这样就采集到一个可供直接测定的样品。

d. 高罐法：用一个不锈钢罐或聚乙烯圆柱形罐（壁高为直径的 2.5～3 倍）暴露于空气中，以采集放射性沉降物。放置罐子的地方应高于地面 1.5m 以上，以减少地面尘土飞扬的影响。

② 放射性湿沉降物的采集。湿沉降物是指随雨、雪降落的沉降物。采集湿沉降物除可用高罐和水盘作为采样器以外，还常用一种能同时对雨水中核素进行浓缩的采样器（见图

7-1）。此采样器由一个承接漏斗和一根离子交换柱组成，交换柱的上下层分别装入阳离子和阴离子交换树脂。可以待沉降物中的核元素被离子交换树脂吸附浓集后再进行洗脱，收集洗脱液进一步做放射性核素分离，也可将树脂从柱中取出，经烘干、灰化后测总β放射性。

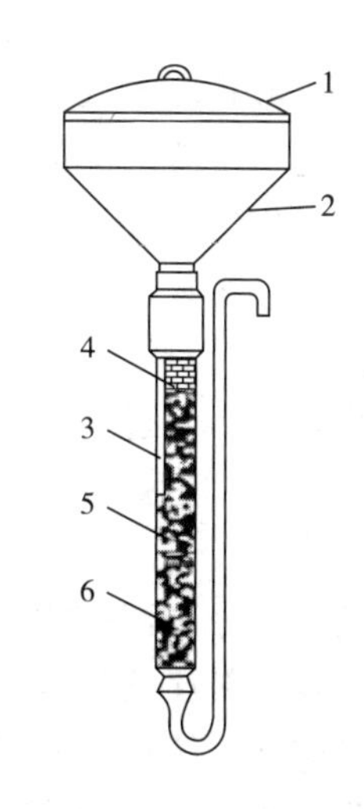

图7-1　离子交换树脂湿沉降物采集器

1—漏斗盖；2—漏斗；3—离子交换柱；4—滤纸浆；5—阳离子交换树脂；6—阴离子交换树脂

（2）放射性气体的采集　环境中放射性气体的采集方法有固体吸附法、液体吸收法和冷凝法。

① 固体吸附法：利用固体颗粒作吸收器，其中固体吸附剂的选择尤为重要。选择时首先要考虑吸附剂与待测组分的选择性和特效性，以使干扰物降到最小，有利于分离和测量。常用的吸附剂有活性炭、硅胶和分子筛等。活性炭是^{131}I的有效吸附剂，因此，混有活性炭细粒的滤纸可作为气体状态^{131}I的吸收器；硅胶是^{3}H水蒸气有效吸附剂，故采用沙袋硅胶包自然吸附或采用硅胶柱抽气吸附^{3}H水蒸气。对于气态^{3}H的采集，必须先用催化氧化法将^{3}H氧化成氚气后，才可再用上述方法采集。

② 液体吸收法：是利用气体在某种液态物质中的特殊反应或气体在液相中的溶解而进行采集的方法，具体操作可参见大气采样部分。为除去气溶胶，可在采样管前安装气溶胶过滤管。

③ 冷凝法：是用冷凝器对挥发性放射性物质进行采集的方法。一般用冰和液态氮作为冷凝剂，制成冷凝器冷阱，收集有机挥发性化合物和惰性气体。气态^{3}H和气态的^{131}I也可用冷凝法收集。

（3）放射性气溶胶的采集　放射性气溶胶包括核爆炸产生的裂变产物、人工放射性物质以及氡、钍射气的衰变子体等天然放射性物质。放射性气溶胶的采集常用过滤法，其原理与大气中的悬浮物采集相同。

（4）其他类型样品的采集　对于水体、土壤、生物放射性样品的采集与非放射性样品采集所用方法基本一致，此处不再重述。

7.1.6.2　放射性样品的预处理

对样品进行预处理的目的是将样品中预测核素处理成易于进行测量的形态，同时进行富集和除去干扰。

放射性样品的预处理方法有衰变法、共沉淀法、灰化法、电化学法、有机溶剂溶解法、蒸馏法、溶解萃取法、离子交换法等。

（1）衰变法　是将采集的放射性样品放置一段时间，使其中一些寿命短的非待测核素衰变除去，然后再进行放射性测定。如用过滤法从大气中采集到气溶胶放射性样品后，放置4～5h，寿命短的氡、钍子体即可发生衰变除去。

（2）共沉淀法　由于环境样品中的放射性核素含量很低，用一般化学沉降法分离时，达不到溶度积（K_{sp}），因而无法达到分离目的。但如果加入与欲分离核素性质相似的非放射性核素（毫克数量级）作为载体，当非放射性核素以沉降形式析出时，放射性核素就会以混晶或表面吸附的形式混入沉淀中，从而达到分离和富集的目的，如用^{59}Co作为载体与^{60}Co发生同晶共沉淀，用新沉淀的水合MnO_2作为载体沉降水样的钚，则二者间发生吸附共沉淀。这种分离富集的方法具有操作简便、实验条件容易满足的优点。

（3）灰化法　将蒸干的水样或固体样品放于瓷坩埚中，于500℃马弗炉中灰化，冷却后称量、测定。

（4）电化学法　通过电解将放射性核素沉积在阴极上，或以氧化物的形式沉积在阳极上。如Ag^+、Pb^{2+}等可以金属形式沉积在阴极，Pb^{2+}、Co^{2+}等可以氧化物的形式沉积在阳极。

该法的优点是分离核素的纯度高，如将放射性核素沉积于惰性金属片上，就可直接进行放射性测量。若放射性核素是沉积在惰性金属丝上的，则先将沉积物溶出，再制成样品源。

（5）有机溶剂溶解法　是用某种适宜的有机溶剂处理固体样品（土壤、沉积物等），使其中所含被测核素溶解浸出的方法。

（6）其他处理法　蒸馏法、溶解萃取法和离子交换法，其原理和操作与非放射性物质的预处理方法没有本质的差别，此处不再做介绍。

用上述方法将放射性样品进行预处理后，有的样品源可以直接用于放射性测量，有的则仍需经过蒸发、悬浮、过滤等操作，进一步制成符合测量要求状态（液态、气态、固态）的样品源。蒸发是指将液体样品移入测量盘或承托片上，在红外灯下慢慢蒸干，制成固态薄层样品源；悬浮是指用水或有机溶剂对沉淀形式的样品进行混悬，再移入测量盘用红外灯慢慢蒸干。

7.1.7　放射性污染监测方法

7.1.7.1　环境空气中氡的标准测定方法

环境空气中氡及其子体的测定方法有四种，分别是径迹蚀刻法、活性炭盒法、双滤膜法和气球法。下面简要介绍前三种。

（1）径迹蚀刻法

① 原理。此法是被动式采样，能测量采样期间氡的累积浓度，暴露20d，其探测下限可达$2.1\times10^3Bq/m^3$。探测器是聚碳酸酯片或CR-39，将其置于一定形状的采样盒内，组成采样器。

氡及其子体发射的α粒子轰击探测器时，使其产生亚微观型损伤径迹。将此探测器在一定条件下进行化学或电化学蚀刻，扩大损伤径迹，以至能用显微镜或自动计数装备进行计数。单位面积上的径迹数与氡浓度和暴露时间的乘积成正比。用刻度系数可将径迹度换算成氡的浓度。

② 测定。测定过程为：采样器的制备、布放、回收，探测器的蚀刻，计数（将处理好的片子放在显微镜下读出面积上的径迹数），通过计算求出氡的浓度。

③ 适用范围。适用于室内外空气中氡-222浓度及其子体α潜能的测定。氡子体α潜能指氡子体完全衰变为铅-210的过程中释放出的α粒子能量的总和。

④ 注意事项

a. 布放前的采样器应密封起来，隔绝外部空气。

b. 用于室内测量时，采样器开口面上方20cm内不得有其他物体。

c. 采样终止时，采样器应重新密封，送回实验室。

（2）活性炭盒法

① 原理。活性炭盒法也是被动式采样，能测量出采样期间平均氡浓度，暴露3d其探测下限可达6Bq/m³。采样盒用塑料或金属制成，直径6～10cm、高3～5cm，内装25～100g活性炭。盒的敞开面用滤膜封住，以固定活性炭且允许氡进入采样器。空气扩散进炭床内，其中的氡被活性炭吸附，同时衰变，新生的子体便沉积在活性炭内。用γ谱仪测量活性炭盒的氡子体特征γ射线峰（或蜂群）强度。根据特征峰面积可计算出氡的浓度。

② 测定。测定过程为：活性炭盒的制备、布放、回收，记录，采样停止3h后测量并计算。将活性炭盒在γ谱仪上计数，测出氡子体特征γ射线峰（或峰群）面积，然后计算氡的浓度。

③ 适用范围。适用于室内外空气中氡-222浓度及其子体α潜能的测定。

④ 注意事项

a. 布放前的活性炭盒应密封起来，隔绝外部空气，同时称量其总质量。

b. 采样终止时，采样器应重新密封，送回实验室。

c. 采样停止3h后，应再次称量活性炭盒质量，以计算水分的吸收量。

（3）双滤膜法

① 原理。此法是主动式采样，能测量采样瞬间的氡浓度，探测下限为3.3Bq/m³。抽气泵开动后含氡空气经过滤膜进入衰变筒，被滤掉子体的纯氡在通过衰变筒的过程中又生成新子体，新子体的一部分为出口滤膜所收集，测量出口滤膜上的α放射性就可换算出氡浓度。

② 测定。装好滤膜，把采样设备连接起来，以一定的流速采样$t$min，在采样结束后一段时间间隔内，用测量仪测出膜上的放射性，计算氡的浓度。

③ 适用范围。适用于室内外空气中氡的测定。

④ 注意事项

a. 室外采样时，采样点要远离公路和烟囱、地势开阔、周围10cm内无树木和建筑物。

b. 在雨天、雨后24h内或大风后12h内停止采样。

c. 采样前应对采样系统进行检查（有无泄漏、能否达到规定流速等）。

d. 室内采样点应设在卧室 、客厅、书房内。

e. 室内采样点不要设在有空调、火炉、门窗等会引起空气变化剧烈的地方。

7.1.7.2 水质放射性监测

（1）水样中总α放射性活度的测定

① 原理。水中常见的放射α粒子的核素有^{226}Ra、^{222}Rn及其衰变产物等。由于α粒子能使硫化锌闪烁体产生荧光光子，因此可用闪烁探测器测定。目前公认的水样总α放射性浓度是0.1Bq/L，当浓度大于此值时，就应对放射α粒子的核素进行鉴定和测量，从而发现主要的放射性核素，由此再判断该水是否需做预处理及其使用范围。

② 测定。水样经过滤、酸化后，蒸发至干，在不超过350℃下灰化，然后在测量盘中将灰化样品铺展成层，使用闪烁体探测器对样品进行计数，计算其活度。

③ 适用范围。适用于饮用水、地面水、地下水。

④ 注意事项

a. 采集的水样首先应过滤除去固体物质。

b. 在蒸发样品时，应慢慢蒸干。

c. 测定样品之前，应先测量空测量盘的本底值和已知活度的标准样品（硝酸铀酰）。

（2）水样中总β放射性活度的测定

① 原理。水样中的β射线常来自^{40}K、^{90}Sr、^{131}I等核素的衰变。由于β射线能引起惰性气体的电离，形成脉冲信号，所以可采用低本底的盖革计数器测量。目前公认的水样总β放射性浓度为1Bq/L，当浓度大于此值时，需进一步测定水样中的放射性核素，确定水质污染状况。

② 测定。水样中总β放射性活度的测定与水样总α放射性活度的步骤相同，但计数装置采用低本底的盖革计数器，且以K的化合物作为标准源。

③ 适用范围。饮用水和灌溉水是首先考虑的对象。

④ 注意事项。同水样总α放射性活度测定。

7.1.7.3 土壤放射性监测

（1）原理　土壤中的放射性核素主要有^{14}C、^{40}K、^{87}Rb、^{90}Sr、^{137}Cs等。土壤样品经采集、制备后，可根据α、β粒子的性质用相应的检测器分别测定。测定结果常用Bq/L（干土）作为计量单位。

取一定量土壤样品，烘干研细后在测量盘中铺成厚样，用相应的检测器测量α、β的比放射性活度。

（2）测定　在取样地点用取土器或小刀取样，并填好采样登记表。将土样除尽石块、草类等杂质后，铺于磁盘中于60～100℃的烘箱中烘干。然后进行测定和计算。

（3）适用范围。适用于各类土壤中总α、β放射性活度的测定。

（4）注意事项

① 土壤采样点宜选地势平坦、表面有小草等植被、未开垦和未被水淹没的地方。

② 采样点上空和附近不应有树木、建筑物，土中不应有大量蚯蚓等活动性强的生物。

③ 采样后应除尽石块、草类等杂物。

【思考与练习 7.1】

1. 什么是放射性污染物？
2. 放射性污染物的来源有哪些？
3. 测定环境空气中的氡的方法有哪些？

7.2 环境噪声监测

7.2.1 噪声的分类、特征及危害

7-2 噪声及噪声标准

（1）噪声的概念　人们生活和工作所不需要的声音叫噪声。从物理现象判断，一切无规律的或随机的声信号都叫噪声；噪声的判断还与人们的主观感觉和心理因素有关，即一切不希望存在的干扰声都叫噪声。

（2）噪声的分类

① 按机理分可分三类：空气动力性噪声、机械性噪声、电磁性噪声。

② 按来源分可分五类：交通噪声、工业噪声、建筑施工噪声、社会生活噪声、自然噪声。

（3）噪声的主要特征

① 噪声是感觉公害。

② 噪声具有局限性和分散性。

（4）噪声的危害　噪声会干扰人们的睡眠和工作，强噪声会使人听力损失。这种损失是累积性的，在强噪声下工作一天，只要噪声不是过强（120dB以上），事后只产生暂时性的听力损失，经过休息可以恢复；但如果长期在强噪声下工作，每天虽可以恢复，但经过一段时间后，就会产生永久性的听力损失。过强的噪声还能杀伤人体。噪声的具体危害如下所述。

① 损伤听力，造成噪声性耳聋。在噪声环境中生活，90dB下20%的人会耳聋，85dB下10%的人会耳聋。

② 干扰睡眠，影响工作效率。噪声会影响人的睡眠质量。连续噪声会加快熟睡到轻睡的回转，使人熟睡时间缩短；突然的噪声可使人惊醒。一般40dB连续噪声可使10%的人受影响，70dB连续噪声可使50%的人受影响，突然的噪声40dB时，使10%的人惊醒；60dB时，使70%的人惊醒。

③ 干扰语言通信。

④ 影响人的心理变化。

⑤ 诱发多种疾病。

噪声→紧张→肾上腺素↑→心率↑ → 血压↑；

噪声→耳腔前庭→眩晕、恶心、呕吐（晕船）；

噪声→神经系统→失眠、疲劳、头晕、头疼、记忆力下降。

7.2.2　噪声监测参数及其分析

7.2.2.1　声功率、声强、声压

（1）声功率（W）　是指单位时间内，声波通过垂直于传播方向某指定面积的声能量。在噪声监测中，声功率是指声源总声功率，单位为W。

（2）声强（I）　是指单位时间内，声波通过垂直于传播方向单位面积的声能量。单位为W/m^2。

（3）声压（p）　是由声波的存在而引起的压力增值，单位为Pa。声压与声强的关系是：

$$I = p^2/\rho_0 c_0 \tag{7-1}$$

式中　p——有效声压，Pa；

ρ_0——空气的密度，kg/m^3；

c_0——空气中的声速，m/s。

7-3 噪声监测

7.2.2.2　分贝、声功率级、声强级和声压级

（1）分贝　人们日常生活中遇到的声音，若以声压值表示，由于变化范围非常大，可以达六个数量级以上，同时由于人体听觉对声信号强弱刺激反应不是线性的，而是成对数比例关系。所以采用分贝来表达声学量值。所谓分贝是指两个相同的物理量（例A_1和A_0）之比取以10为底的对数并乘以10（或20）。分贝可用式(7-2)表示：

$$N = 10\lg(A_1/A_0) \tag{7-2}$$

分贝符号为 dB，它是无量纲的。式中 A_0 是基准量（或参考量）；A_1 是被量度量。被量度量和基准量之比取对数，该对数值称为被量度量的级。即用对数量度时，所得到的是比值，它代表被量度量比基准量高出多少级。

（2）声功率级　声功率级可用式（7-3）表示：

$$L_W = 10\lg(W/W_0) \tag{7-3}$$

式中　L_W——声功率级，dB；

W——声功率，W；

W_0——基准声功率，为 10^{-12}W。

（3）声强级　声强级可用式（7-4）表示：

$$L_I = 10\lg(I/I_0) \tag{7-4}$$

式中　L_I——声强级，dB；

I——声强，W/m^2；

I_0——基准声强，为 $10^{-12} W/m^2$。

（4）声压级　声压级可用式（7-5）表示：

$$L_p = 20\lg(p/p_0) \tag{7-5}$$

式中　L_p——声压级，dB；

p——声压，Pa；

p_0——基准声压，为 2×10^{-5}Pa，该值是对 1000Hz 声音人耳刚能听到的最低声压。

7.2.2.3 噪声的叠加

两个以上独立声源作用于某一点，会产生噪声的叠加。声能量是可以代数相加的，设两个声源的声功率分别为 W_1 和 W_2，那么总声功率 $W_{总}=W_1+W_2$。两个声源在某点的声强为 I_1 和 I_2 时，叠加后的总声强 $I_{总}=I_1+I_2$。但声压不能直接相加。

由于 $I_1=p_1^2/\rho C$，$I_2=p_2^2/\rho C$（ρ 为介质密度，C 为声速），

故 $p_{总}^2=p_1^2+p_2^2$

又 $(p_1/p_0)^2=10^{L_{p1}/10}$

$(p_2/p_0)^2=10^{L_{p2}/10}$

故总声压级：

$$L_p = 10\lg[(p_1^2+p_2^2)/p_0^2]$$
$$=10\lg[10^{L_{p1}/10}+10^{L_{p2}/10}]$$

若 $L_{p1}=L_{p2}$，即两个声源的声压级相等，则总声压级：

$$L_p = L_{p1} + 10\lg2 \approx L_{p1} + 3(\text{dB})$$

也就是说，作用于某一点的两个声源声压级相等，其合成的总声压级比一个声源的声压级增加 3dB。当声压级不相等时，按上式计算较麻烦。可以查阅表 7-1 获得 ΔL_p。然后按下述方法计算：设 $L_{p1}>L_{p2}$，以声压级差 $L_{p1}-L_{p2}$ 值按表查得 ΔL_p，则总声压级 $L_{p总}=L_{p1}+\Delta L_p$。

表 7-1　声源叠加对应的增加值表

声压级差/dB	0	1	2	3	4	5	6	7	8	9	10	11	12	13	14	15
增值/dB	3	2.5	2.1	1.8	1.5	1.2	1	0.8	0.6	0.5	0.4	0.3	0.3	0.2	0.1	0.1

7.2.2.4　响度和响度级

（1）响度（N）　是人耳判别声音由轻到响的强度等级概念。它不仅取决于声音的强度（如声压级），还与它的频率及波形有关。

响度的单位为宋，1 宋的定义为声压级为 40dB、频率为 1000Hz，且来自听者正前方的平面波形的强度。如果另一个声音听起来比 1 宋的声音大 n 倍，即该声音的响度为 n 宋。

（2）响度级（L_N）　是建立在两个声音主观比较的基础上，选择 1000Hz 的纯音作基准音，若某一噪声听起来与该纯音一样响，则该噪声的响度级在数值上就等于这个纯音的声压级（dB）。

响度级用 L_N 表示，单位是方。如果某噪声听起来与声压级为 80dB、频率为 1000Hz 的纯音一样响，则该噪声的响度级就是 80 方。

（3）响度与响度级的关系　根据大量的实验得到，响度级每改变 10 方，响度加倍或减半。它们的关系可用下列数学式表示：$N=2[(L_N-40)/10]$ 或 $L_N=40+33\lg N$。

【注意】响度级合成时，由于响度级不能直接相加，而响度可以相加，所以应先将各响度级换算成响度进行合成，然后再换算成响度级。

7.2.2.5　计权声级

为了能用仪器直接反映人主观响度感觉的评价量，有关人员在噪声测量仪器——声级计中设计了一种特殊滤波器，叫计权网络。通过计权网络测得的声压级，已不再是客观物理量的声压级，而叫计权声压级或计权声级，简称声级。通用的有 A、B、C 和 D 计权声级。

A 计权声级是模拟人耳对 55dB 以下低强度噪声的频率特性；

B 计权声级是模拟 55～85dB 的中等强度噪声的频率特性；

C 计权声级是模拟高强度噪声的频率特性；

D 计权声级是对噪声参量的模拟，专用于飞机噪声的测量。

7.2.2.6　等效连续声级和昼夜等效声级

（1）等效连续声级　A 计权声级能够较好地反映人耳对噪声的强度与频率的主观感觉，因此对于连续的稳态噪声，它是一种较好的评价方法，但对于起伏的或不连续的噪声，A 计权声级就显得不合适了，例如，随车流量和种类而变化的交通噪声。又如，一台机器工作时其声级是稳定的，但由于它是间歇地工作，与另一台声级相同但连续工作的机器对人的影响就不一样。因此提出了一个用噪声能量按时间平均方法来评价噪声对人影响的问题，即等效连续声级，符号“L_{eq}”或“$L_{Aeq.T}$”。它是用一个相同时间内声能与之相等的连续稳定的 A 声级来表示该段时间内的噪声的大小。

例如，有两台声级为 85dB 的机器，第一台连续工作 8h，第二台间歇工作，其有效工作时间之和为 4h。显然二者作用于操作工人的平均能量是前者比后者大一倍，即大 3dB。因此，等效连续声级反映在声级不稳定的情况下，人实际所接受的噪声能量的大小，它是一个用来表达随时间变化的噪声的等效量。

如果数据符合正态分布，其累积分布在正态概率纸上为一直线，则可用下面近似公式计算：

$$L_{Aeq.T}\approx L_{50}+d^2/60,\ d=L_{10}-L_{90} \tag{7-6}$$

式中，L_{10}、L_{50}、L_{90} 为累积百分数声级，其定义是：

L_{10}——测量时间内，10%的时间超过的噪声级，相当于噪声的平均峰值；

L_{50}——测量时间内，50%的时间超过的噪声级，相当于噪声的平均值；

L_{90}——测量时间内，90%的时间超过的噪声级，相当于噪声的背景值。

累积百分数声级L_{10}、L_{50}和L_{90}的计算方法有两种：其一是在正态概率纸上画出累积分布曲线，然后从图中求得；另一种简便方法是将测定的一组数据（例如100个），从大到小排列，第10个数据即为L_{10}，第50个数据即为L_{50}，第90个数据即为L_{90}。

（2）昼夜等效声级　也称日夜平均声级，符号“L_{dn}”。用来表示社会噪声昼夜间的变化情况，表达式为：

$$L_{dn}=10\lg\{[t_d 10^{0.1L_d}+t_n 10^{0.1(L_n+10)}]/24\} \tag{7-7}$$

式中　L_d——白天的等效声级，时间从6:00～22:00，共16h（t_d=16h）；

L_n——夜间的等效声级，时间从22:00～6:00，共8h（t_n=8h）。

为表明夜间噪声对人的烦扰更大，故在计算夜间等效声级这一项时应加上10dB的计权。

7.2.3　噪声测量仪器

7.2.3.1　声级计

声级计，又叫噪声计，是一种按照一定的频率计权和时间计权测量声音的声压级和声级的仪器，是声学测量中最常用的基本仪器。它是一种电子仪器，但又不同于电压表等客观电子仪表。它在把声信号转换成电信号时，可以模拟人耳对声波反应速度的时间特性，对高低频有不同灵敏度的频率特性，以及不同响度时改变频率特性的强度特性。因此，声级计是一种主观性的电子仪器。

声级计可用于环境噪声、机器噪声、车辆噪声，以及其他各种噪声的测量，也可用于电声学、建筑声学等测量。为了使世界各国生产的声级计的测量具有可比性，国际电工委员会（IEC）制定了声级计的有关标准，并推荐各国采用。2013年国际电工委员会发布了《声级计》（IEC 61672—1：2013）新的国际标准，该标准代替《声级计》（IEC 61672—1：2002），我国根据新标准，相应制定了《声级计检定规程》（JJG 188—2017）。

（1）声级计的工作原理　声级计的工作原理见图7-2。声压由传声器膜片接收后，声压信号被转换成电信号，经前置放大器作阻抗变换后送到输入衰减器，由于表头指示范围一般只有20dB，而声音变化范围高达140dB，甚至更高，所以必须使用衰减器来衰减较强的信号，再由输入放大器进行定量放大。放大后的信号由计权网络进行计权，它的设计是模拟人耳对不同频率有不同灵敏度的听觉响应。在计权网络处可外接滤波器，这样可做频谱分析。输出的信号由输出衰减器减到额定值，随即送到输出放大器放大，使信号达到相应的功率输出。输出信号经RMS检波后（均方根检波电路）送出有效值电压，推动电表或数字显示器，显示所测的声压级分贝值。

（2）分类　声级计整机灵敏度是指在标准条件下测量1000Hz纯音所表现出的精度。按其精度可分为四种类型，即O型声级计，是实验用的标准声级计；Ⅰ型声级计，相当于精密声级计；Ⅱ型声级计和Ⅲ型声级计是作为一般用途的普通声级计。

国产声级计有ND-2型精密声级计PSJ-2普通声级计。国际标准化组织（ISO）及国际电工委员会（IEC）规定普通声级计的频率范围是20～8000Hz，精密声级计的频率范围是20～12500Hz。

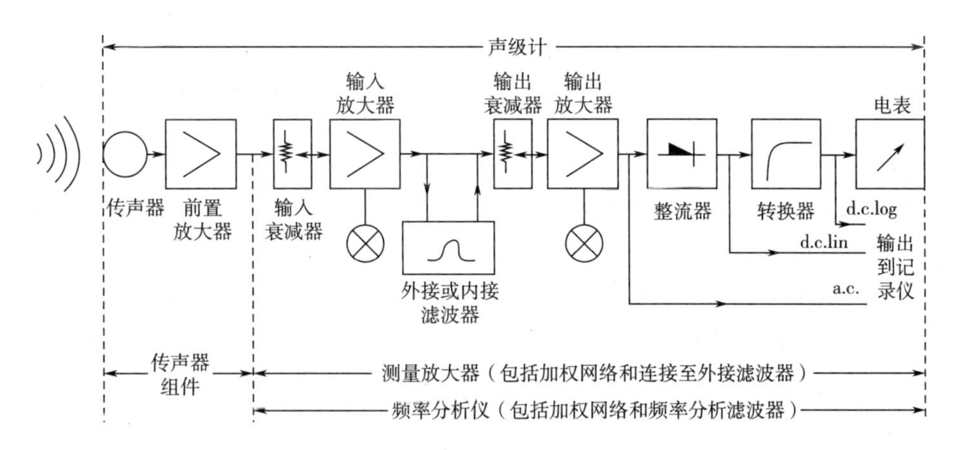

图 7-2　声级计工作原理图

7.2.3.2　频谱分析仪

频谱分析仪是测量噪声频谱的仪器，它的基本组成大致与声级计相似。但是频谱分析仪中，设置了完整的计权网络（滤波器）。借助于滤波器的作用，可以将声频范围内的频率分成不同的频带进行测量。

7.2.3.3　自动记录仪

在现场噪声测量中，为了迅速、准确、详细地分析噪声源的特性，常把声级频谱分析仪与自动记录仪联用。自动记录仪是将噪声频率信号作对数转换，用人造宝石或墨水将噪声的峰值、有效值、平均值表示出来。可根据噪声特性选用适当的笔速、纸速和电位计。

7.2.3.4　实时分析仪

频谱分析仪是对噪声信号在一定范围内进行频谱分析，需花费较长时间，且只能分析稳态噪声信号，而不能分析瞬时态噪声信号。实时分析仪是一种数字式频线显示仪，它能把测量范围内的输入信号在极短时间内同时反应在显示屏上，通常用于较高要求的研究测量，特别适用于脉冲信号分析。

7.2.4　噪声监测方法

7.2.4.1　城市区域环境噪声监测

① 布点：将要普查测量的城市分成等距离网格（例如 500m×500m），监测量设在每个网格中心，若中心点的位置不宜测量（如房顶、污沟、禁区等），可移到旁边能够测量的位置。网格数不应少于 100 个。

② 测量：测量时一般应选在无雨、无雪时（特殊情况除外），声级计应加风罩以避免风噪声干扰，同时也可保持传声器清洁。四级以上大风应停止测量。

声级计可以手持或固定在三角架上。传声器离地面高 1.2 米。放在车内的，要求传声器伸出车外一定距离，尽量避免车体反射的影响，与地面距离仍保持 1.2 米左右。如固定在车顶上要加以注明，手持声级计应使人体与传声器距离 0.5 米以上。

③ 测量时间：分为白天（6:00～22:00）和夜间（22:00～6:00）两部分。白天测量一般选在8:00～12:00时或14:00～18:00间，夜间一般选在22:00～5:00间，随地区和季节不同，上述时间可稍作更改。

④ 评价方法

a. 数据平均法：将全部网点测得的连续等效A声级做算术平均运算，所得到的算术平均值就代表某一区域或全市的总噪声水平。

b. 图示法：即用区域噪声污染图表示。为了便于绘图，将全市各监测点的测量结果以5dB为一等级，划分为若干等级（如56～60dB、61～65dB、66～70dB…分别为一个等级），然后用不同的颜色或阴影线表示每一等级，绘制在城市区域的网格上，用于表示城市区域的噪声污染分布。

7.2.4.2 工业企业噪声监测

监测点选择的原则如下：

① 若车间内各处A声级波动小于3dB，则只需在车间选1～3个监测点；

② 若车间内各处声级波动大于3dB，则应按声级大小，将车间分成若干区域，任意两区域的声级差应大于或等于3dB，而每个区域内的声级波动必须小于3dB，每个区域取1～3个监测点。这些区域必须包括所有工人为观察或管理生产过程而经常工作、活动的地点和范围。如为稳态噪声则测量A声级，记为dB（A）；如为不稳态噪声，测量等效连续A声级或测量不同A声级下的暴露时间，计算等效连续A声级。测量时使用慢挡，取平均读数。

测量时要注意减少环境因素对测量结果的影响，如应注意避免或减少气流、电磁场、温度和湿度等因素对测量结果的影响。

7.2.4.3 监测结果记录

监测数据记录在表7-2中。

表7-2 环境噪声监测数据记录表

<table>
<tr><td>测量时间</td><td colspan="2">年 月 日</td><td colspan="3">时 分至 时 分</td></tr>
<tr><td>星期</td><td colspan="2"></td><td>测量人</td><td colspan="2"></td></tr>
<tr><td>天气</td><td colspan="2"></td><td>仪器</td><td colspan="2"></td></tr>
<tr><td>地点</td><td colspan="2"></td><td>计权网络</td><td colspan="2"></td></tr>
<tr><td>采样间隔</td><td colspan="2"></td><td>快慢挡</td><td colspan="2"></td></tr>
<tr><td></td><td colspan="2"></td><td>取样总数</td><td colspan="2"></td></tr>
<tr><td>监测点编号</td><td colspan="3">同一监测点不同时间 L_{eq}/dB</td><td>$\bar{L}_{eqi}$/dB</td><td>噪声主要来源</td></tr>
<tr><td rowspan="2">1</td><td>时 分</td><td>时 分</td><td>时 分</td><td rowspan="2"></td><td rowspan="2"></td></tr>
<tr><td></td><td></td><td></td></tr>
<tr><td rowspan="2">2</td><td>时 分</td><td>时 分</td><td>时 分</td><td rowspan="2"></td><td rowspan="2"></td></tr>
<tr><td></td><td></td><td></td></tr>
<tr><td rowspan="2">……</td><td>时 分</td><td>时 分</td><td>时 分</td><td rowspan="2"></td><td rowspan="2"></td></tr>
<tr><td></td><td></td><td></td></tr>
</table>

7.2.5　环境噪声自动监测系统

噪声具有瞬时性和空间分布不连续性，只有采用多点采样和连续自动监测，才能较真实地反映区域噪声平均污染水平。2008年我国颁布实施的《声环境质量标准》(GB 3096—2008)中指出："全国重点环保城市以及其他有条件的城市和地区宜设置环境噪声自动监测系统，进行不同声环境功能区监测点的连续自动监测"。2017年又发布了《功能区声环境质量自动监测技术规范》(HJ 906—2017)和《环境噪声自动监测系统技术要求》(HJ 907—2017)。

环境噪声自动监测系统24h连续运行，提供实时监测数据，将以往抽样式的监测数据变为全样监测数据，不必用统计分析的方法便可以从一段时间的监测数据中找到噪声随时间变化的规律，对噪声污染进行预测，为改善环境噪声决策和城市规划提供依据。

7.2.5.1　环境噪声自动监测系统的组成与功能

环境噪声自动监测系统是基于噪声监测设备、数据通信技术及计算机应用软件，实现噪声自动监测并进行环境噪声数据统计分析的系统，由一台或多台噪声监测子站和噪声监控系统组成。

(1) 噪声监测子站　是环境噪声自动监测系统的户外部分，包括全天候户外传声器、噪声采集分析单元、通信单元、电源控制单元及机箱等配套安全防护设施，其主要功能是完成对现场环境噪声的监测和数据传送。

传声器将噪声信号转换成微弱电压或电流信号，经放大后送入A/D模块转换成数字信号，再送至噪声采集分析单元。噪声采集分析单元具有信号采集和数据分析功能，可在自定义时段内测量瞬时声级L_{p}，统计生成各小时等效声级L_{eq}、累积百分数声级L_n ($n=5$，10，50，90，95)、最大和最小声级$L_{\max}$和$L_{\min}$、标准偏差SD和数据采集率（小时有效采集率及昼间、夜间有效采集率）等参数，生成小时统计和天统计数据（L_{d}、L_{n}、L_{dn}），具有录音、远程自检、死机自动启动等功能，同时可保存一定量数据。通信单元的作用是将噪声监测的数据及相关信息传输给数据与信息处理中心，同时将数据与信息处理中心发出的指令传送给噪声监测单元，其传输方式分为有线传输和无线传输。

(2) 噪声监控系统　配备有计算机和相关软件（如数据分析、数据库、地理信息、操作控制等软件）及其外围设备，主要功能是对噪声数据进行分析、计算、统计、相关性检验，显示动态波形图和噪声统计分布、期望值和标准差，进行噪声趋势预测、噪声超标警报及现场录音回放、噪声频谱分析、空间数据地理演示，绘制各种日、月、年统计图表等。

7.2.5.2　环境噪声监测点布设

城市环境噪声监测点的布设，要在对城市功能现状及发展规划、人口及其分布、交通路网状况、城市区域环境噪声适用区划分、声环境质量现状、主要噪声源分布及其类型等情况进行综合分析的基础上，考虑行政区域划分和空间分布适当均衡、人群密集区域和主要道路交通干线优先等问题。所选点位的代表性和可行性是布设监测点的关键问题。具体监测点的设置应符合《环境噪声监测技术规范　城市声环境常规监测》(HJ 640—2012)中的相关技术要求。

【思考与练习 7.2】

1. 什么叫噪声？防治城市噪声污染有哪些措施？
2. 环境噪声监测的基本任务是什么？噪声监测质量保证有哪些要求？
3. 响度级、频率和声压级三者之间有何关系？
4. 试述简单声级计的工作原理、结构和使用方法。

【阅读材料】

《中华人民共和国噪声污染防治法》六大亮点

2021年12月24日第十三届全国人民代表大会常务委员会修订通过的《中华人民共和国噪声污染防治法》（以下简称“新噪声法”）于2022年6月5日起施行。梳理新噪声法的6个方面亮点，供大家进一步学习参考。

【亮点一】明确噪声污染内涵，扩大法律适用范围。重新界定了噪声污染内涵，扩大了法律适用范围，明确“噪声污染指超过噪声排放标准或者未依法采取防控措施产生噪声，并干扰他人正常生活、工作和学习的现象”，从而解决部分噪声污染行为在现行法律中存在监管空白的问题。新噪声法针对部分产生噪声的领域没有噪声排放标准的情况，在“超标＋扰民”基础上，将“未依法采取防控措施”产生噪声干扰他人正常生活、工作和学习的现象，均界定为噪声污染。

【亮点二】完善噪声标准体系，科学精准依法治污。明确建设噪声污染防治标准体系，扩大噪声标准的制定主体范围，明确制定环境振动控制标准。

【亮点三】强化噪声源头防控，筑牢污染第一防线。在规划中防控。要求各级人民政府及其有关部门，在制定、修改国土空间规划和相关规划时，依法进行环境影响评价，充分考虑城乡区域开发、改造和建设项目产生的噪声对周围生活环境的影响，统筹规划，合理安排土地用途和建设布局，防止、减轻噪声污染。

在布局中防控。要求在确定建设布局时，要根据国家声环境质量标准和民用建筑隔声设计相关标准，合理划定建筑物与交通干线等的防噪声距离，并提出相应的规划设计要求；在交通干线两侧、工业企业周边等地方建设噪声敏感建筑物，还应当按照规定间隔一定距离，并采取减少振动、降低噪声的措施。

在产品中防控。要求国务院标准化主管部门会同有关监管部门，对可能产生噪声污染的工业设备、施工机械、机动车、铁路机车车辆、城市轨道交通车辆、民用航空器、机动船舶、电气电子产品、建筑附属设备等产品，在其技术规范或者产品质量标准中规定噪声限值；市场监督管理加强对电梯等特种设备使用时发出的噪声进行监督抽测，生态环境主管部门予以配合。

【亮点四】强化各级政府责任，明确目标考核评价。将噪声污染防治目标完成情况纳入政府考评，对未完成声环境质量改善规划设定目标的地区以及噪声污染问题突出、群众反映强烈的地区，省级以上人民政府生态环境主管部门，要会同其他负有噪声污染防治监督管理职责的部门实施约谈，要求及时整改，同时整改情况要向社会公开。

【亮点五】分类防控噪声污染，对症下药、精准施策。对工业噪声，增加了排污许可管理制度，增加了自行监测制度，同时要求可能产生噪声污染的新改扩建项目进行环境影响评价，要求建设项目的噪声污染防治设施应当与主体工程同时设计、同时施工、同时投产使用，建设项目在投入生产或者使用之前，建设单位要对配套建设的噪声污染防治设施进行验收，编制验收报告，并向社会公开。

对于建筑施工噪声，一是明确施工单位噪声污染防治责任。二是明确建设单位自动监测责任，并对监测数据的真实性和准确性负责。三是增加了禁止夜间施工的规定，除非是因生产工艺要求或者其他特殊需要必须连续施工的抢修、抢险施工作业。四是增加了优先使用低噪声施工设备的要求，工信部会同生态环境部、住建部等部门，公布低噪声施工设备指导名录，并适时更新。

对于交通运输噪声，一是基础设施选址要考虑噪声的影响。二是在基础设施相关工程技术规范中要有噪声污染防治的要求。三是加强对地铁和铁路噪声的防控。四是加强对使用警报器的管理。

对于社会生活噪声，一是鼓励培养减少噪声产生的良好习惯，日常活动中，要尽量避免产生噪声对周围人员造成干扰。二是预防邻里噪声污染，使用家用电器、乐器或者进行其他家庭场所活动，要控制音量或者采取其他有效措施。三是预防室内装修噪声，要按照规定限定作业时间，采取有效措施。四是鼓励创建宁静区域，在举行中考、高考时，对可能产生噪声影响的活动，作出时间和区域的限制性规定等。

【亮点六】聚焦噪声扰民难点，保障安宁和谐环境。一是禁止广场舞噪声扰民。二是禁止机动车轰鸣“炸街”扰民。三是禁止酒吧等商业场所噪声扰民。以上这三种行为，如果经劝阻、调解和处理未能制止，持续干扰他人正常生活、工作和学习，或者有其他违反治安管理行为的，由公安机关依法给予治安管理处罚；构成犯罪的，依法追究刑事责任。

参考文献

[1] 奚旦立. 环境监测. 5版. 北京：高等教育出版社，2019.
[2] 李广超. 环境监测. 2版. 北京：化学工业出版社，2017.
[3] 刘德生. 环境监测. 北京：化学工业出版社，2001.
[4] 李弘. 环境检测技术. 北京：化学工业出版社，2001.
[5] 陈玲，赵建夫. 环境监测. 2版. 北京：化学工业出版社，2014.
[6] 国家环境保护总局. 环境监测技术规范. 北京：中国环境科学出版社，1990.
[7] 姚运先. 环境监测技术. 北京：化学工业出版社，2004.
[8] 马玉琴. 环境监测. 武汉：武汉工业大学出版社，1998.
[9] 何燧源. 环境污染物分析监测. 北京：化学工业出版社，2001.
[10] 吴邦灿. 现代环境监测技术. 3版. 北京：中国环境出版社，2014.
[11] 国家环境保护总局《水和废水监测分析方法》编委会. 水和废水监测分析方法. 4版(增补版). 北京：中国环境科学出版社，2002.
[12] 国家环境保护总局《空气和废气监测分析方法》编委会. 空气和废气监测分析方法. 4版(增补版). 北京：中国环境科学出版社，2007.
[13] 张兰英. 环境样品前处理技术. 北京：清华大学出版社，2008.
[14] 宋广生. 室内环境监测及评价手册. 北京：机械工业出版社，2002.
[15] 刘凤枝. 土壤和固体废物监测分析技术. 北京：化学工业出版社，2007.
[16] 王焕校. 污染生态学. 3版. 北京：高等教育出版社，2012.
[17] 施汉昌. 污水处理在线监测仪器原理与应用. 北京：化学工业出版社，2008.
[18] 李虎. 环境自动连续监测技术. 北京：化学工业出版社，2008.